扔掉情绪的包袱，给自己最大的解脱

脾气没了，便是晴天

别让情绪左右你

人的幸福或不幸依赖于他们的情绪，
谁能掌控自己的情绪，
谁就能主导自己的人生。

情绪不失控
心态不失衡
做人不失态
做事不失败

学会管理好自己的情绪，是人生的必修课；
掌控和疏导情绪，可以帮助我们改善人际关系。

郑一/编著

中国纺织出版社

内 容 提 要

情绪直接影响着人的状态乃至事情的结果，它的波动像迷一样，难以预测，更难破解。只有善于调节情绪，并懂得运用情绪的力量，才能让自己更加积极，让事情取得更好的结果。

本书对情绪进行全方位的深刻解析，教会读者在各种场合以及情境下，运用适宜的方法调节自己的情绪，引导自己的心理，调动积极的情绪。全书结合了诸多有趣的例证，让读者能够身临其境，真正掌握掌控情绪的有效方法，从而学以致用，让自己受益一生。

图书在版编目(CIP)数据

别让情绪左右你/郑一编著.—北京:中国纺织出版社,2015.9(2024.1重印)

ISBN 978-7-5180-1878-9

Ⅰ.①别… Ⅱ.①郑… Ⅲ.①情绪—自我控制—通俗读物 Ⅳ.①B842.6

中国版本图书馆CIP数据核字(2015)第184941号

责任编辑:闫 星　　责任印制:储志伟

中国纺织出版社出版发行

地址:北京市朝阳区百子湾东里A407号楼　邮政编码:100124

销售电话:010—67004422　传真:010—87155801

http://www.c-textilep.com

E-mail:faxing@c-textilep.com

中国纺织出版社天猫旗舰店

官方微博 http://weibo.com/2119887771

永清县晔盛亚胶印有限公司印刷　各地新华书店经销

2015年9月第1版　2024年1月第4次印刷

开本:710×1000　1/16　印张:19

字数:250千字　定价:55.00元

凡购本书,如有缺页、倒页、脱页,由本社图书营销中心调换

前言

情绪，一般而言指的是人的感觉及人特有的思想、心理和生理状态、行动的倾向性。情绪所展现的特征通常是这样的：不管对与错，所爆发的时间是短暂的；但如果是长时间积累，则容易爆发；当然，内在情绪会影响一个人的行为；也可以通过合适的渠道发泄情绪。人的一切决定和行为，都会或多或少地受到情绪的影响。不管是学习还是工作，情绪都充当着一个十分重要的角色。

当然，情绪又分为正面情绪和负面情绪。正面情绪，可以促使一个人爆发出正能量；负面情绪，则会使一个人变得颓废、沮丧。所以，对于那些情绪容易受到外界干扰的人而言，应该先处理好情绪，再投入精力处理其他事情。在生活中，我们要时刻关注自己的情绪，避免坏情绪害了自己。

坏情绪会让人变得悲观消极，明明是一件再正常不过的事情，但若是坏情绪蔓延，则会让人看到的全是负面的东西。当人们正想努力的时候，坏情绪来了，瞬间就想到了放弃；当人们开心的时候，坏情绪来了，瞬间就会感到悲哀。甚至，在某种程度上而言，坏情绪只会带来坏结果；正面情绪则会促使事情最终成功。所以，能够控制自己的情绪，对每个人而言都是十分重要的。因为这不仅仅是成功的前提，更是身心健康的保证。

美国著名心理学家詹姆斯认为："人并非因为发愁才哭泣、生气才争吵、害怕才发抖，正好相反，人是因为哭泣才发愁、因为争吵才生气、因为发抖才害怕。”换而言之，情绪是对身体变化的一种直觉，当外界的刺激引起身体的变化，而这些变化的知觉就是情绪。通常情况下，正面的情绪能够帮助人们增强身体的抵抗力，而消极的情绪则会给身体带来很大的伤害。人的“喜、怒、忧、思、悲、恐、惊”七种情绪过度时，就会引发生理疾病。

而且，坏情绪是可以传染的，会形成踢猫效应。现代社会中，压力无处不在，买房买车养孩子，工资却停滞不涨，许多人感觉到很大的压力，情绪也变得很负面。坏情绪传染，往往可以影响到身边的人。工作压力大，回家就可能带给家人的是一张苦瓜脸，结果三言两语爆发战争，给孩子的成长环境带来很大的破坏。

那么，当压力和情绪来临，我们应该怎么做呢？

最好的办法就是控制和疏通。首先，培养自己的自制力，想要生气时暂停三秒，努力克制，情绪就会慢慢平静下来；其次，想办法将负面的情绪通过合理的渠道释放出去，可以向人诉说，也可以通过运动发泄出去；最后，培养有情调的兴趣爱好，比如插花、阅读等，可以帮助自己平缓激烈的情绪。当然，在这个过程中，我们需要牢牢掌控情绪的主导权，争做情绪的主人，不给负面情绪以可乘之机！

编著者

2015 年 4 月

目录
CONTENTS

第 1 章

做情绪的主人,何必动气摧残自己

马克·吐温说:“世界上最奇怪的事情是,小小的烦恼,只要一开头,就会渐渐地变成比原来厉害无数倍的烦恼。”智者总是不畏惧烦恼,他会让阳光照进心房,晒出好心态,从而使内心滋生的怨气消失得无影无踪。

认识自我，面对真实的自己

早在两千多年以前，古希腊人就把“认识你自己”刻在了阿波罗神庙的门柱上，但是，直到今天，我们也只能遗憾地说，人们离“认知自我”仍有一段遥远的距离。许多人对自己并不了解，他们只是不断地挑剔自己，并因为自己这样或那样的缺陷而生气，这无非都是没有办法“认知自我”的表现。很多时候，我们之所以无法了解真实的自己，大部分原因在于我们容易受到外界信息的影响和干扰，比如他人的言行，等等。那些来自外界信息的暗示，会令我们很容易出现自我知觉的偏差，比如明明是一个很可爱的女孩子，因为别人的言行，她会无限自卑，直至被自卑所吞噬。实际上，她并不像自己所想象的那么平凡，甚至在某些人眼中，她跟其他漂亮的女孩子并无两样。

琳达是一位电车车长的女儿，她从小就喜欢唱歌和表演，她梦想着自己能够成为一名出色的好莱坞明星。然而，琳达长得并不算漂亮，她的嘴看起来很大，而且还有讨厌的龅牙。每次公开演唱，她都试图用嘴唇遮住自己的牙齿。

有一次，她在新泽西州的一家夜总会演出，为了表演得更加完美，她在唱歌时努力用自己的嘴唇来遮住那讨厌的龅牙，但是，结果却令她出尽洋相，这真是一次失败的演出。琳达看起来伤心极了，她觉得自己注定了要失败，她真的打算放弃自己当初的梦想了。但是，就在这时，同在夜总会听歌的一位客人却认为琳达很有天分，他告诉琳达：“我跟你说，我一直在看你的演唱，我知道你想掩盖的是什么，你觉得你的牙齿长得很难看。”琳达低下了头，觉得无地自容，可是，那个人继续说道：“难道说长了龅牙就是罪大恶极吗？不要想去掩盖，张开你的嘴巴，观众看到你自己都不在乎，他们就会喜欢你的。再说，那些你想掩盖住的牙齿，说不定能给你带来好运呢。”琳达接

受了男士的建议，努力让自己不再去注意牙齿。从那时候开始，琳达只要想到台下的观众，她就张大了嘴巴，热情地歌唱，终于，她成为了好莱坞当红的明星。

赛德兹说："你应庆幸自己是世上独一无二的，应该将自己的禀赋发挥出来。"无论是像龅牙一样的缺点，还是难以弥补的缺憾，它同样是组成生命的重要部分，在生命中占据着不可或缺的位置。我们应该理智地认清自己，并以良好的心态接纳自己。

认知自我，还包括面对自己，不要因为自己有"缺陷"或者认为那就是缺陷，就想通过自己的方式将缺陷遮盖住，这样的行为恰恰是很愚蠢的。如果你蒙上了自己的眼睛，就能真正遮住自己身上的缺陷了吗？认知自我的必经之路，实际上就是正视自己的缺点和优点。

1921 年夏天，年近 39 岁的富兰克林·罗斯福在海中游泳时突然双腿麻痹，后来经过诊断是患了脊髓灰质炎。这时，他已经是美国政府的参议员了，是政坛上的热门人物，遭到了疾病的打击，他心灰意冷，打算退隐回到家乡。刚开始的时候，他一点都不想动，每天都坐在轮椅上，但是，他讨厌整天被别人抬上抬下。于是，到了晚上，他就一个人偷偷地练习怎么样上楼梯。经过一段时间的练习，一天他得意地告诉家人："我发明了一种上楼梯的方法，表演给你们看。"他先用手臂的力量把自己的身体支撑起来，慢慢挪到台阶上，然后再把双腿拖上去，就这样一个台阶一个台阶艰难地爬上了楼梯。母亲阻止儿子说："你这样在地上拖来拖去，给别人看见了多难看。"富兰克林·罗斯福却断然地说："我必须面对自己的缺陷。"

即使遭遇了疾病的折磨，富兰克林·罗斯福也并没有与生活斗气，而是选择挑战命运，以阳光的心态接纳自己。其实，无论是身体的缺陷还是来自生活中的困难与挫折，这都不是斗气的借口，更不是自暴自弃的理由。我们要敢于突破内心的束缚，释放自己最真实的内心。

有时生活让我们受尽了折磨，我们所面对的都是他人的嘲笑和谩骂，在这样的情况下，我们逐渐失去了自我认知的能力。然而，对于我们每个人来

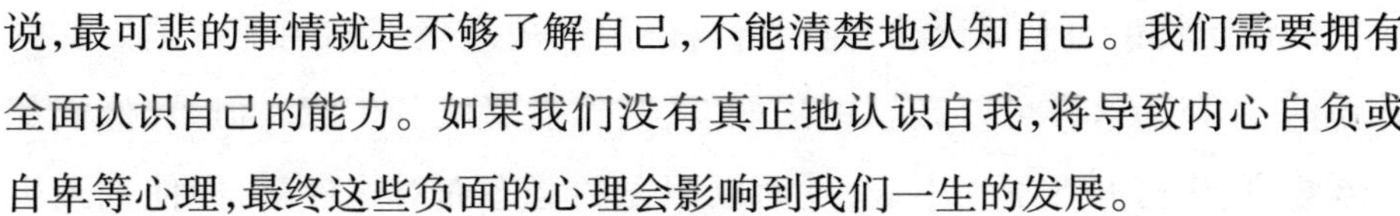

说，最可悲的事情就是不够了解自己，不能清楚地认知自己。我们需要拥有全面认识自己的能力。如果我们没有真正地认识自我，将导致内心自负或自卑等心理，最终这些负面的心理会影响到我们一生的发展。

巧看问题，他人生气我不气

佛说："烦由心生。"在很多时候，气是来源于我们那缺乏阳光的阴霾笼罩的内心。因此，不妨学得阳光一点，他人生气我不气，做一个不会生气的智者。在生活中，总是有一些人气性很大，总会为了绿豆芝麻那样的小事情生气，其实，在很多时候，我们只是在拿别人的错误来惩罚自己。如果犯错的是别人，我们何必要生气呢？当别人生气时，我们何苦也要生气呢？心态放阳光一点，心胸宽阔一点，即便对方很生气，我们也要保持笑容，暗示自己"我很好"、"我没有必要生气"，慢慢地，你那激动的情绪就会逐渐平复下来，这时再回想自己刚才的表现，或许就会哑然失笑，自己是多么的可笑，竟然为一些不明所以的事情而生气！

在美国的一个市场里，一个中国妇女的摊位生意特别好，这引起了其他摊贩的嫉妒。于是，大家总是有意或无意地把自己门口的垃圾扫到她的店门口。出人意料的是，中国妇人只是宽容地笑了笑，从来不计较，反而把那些垃圾都清扫到自己摊位的角落。

旁边那位卖菜的墨西哥妇人观察了好几天，忍不住问道："大家都把垃圾扫到你这里来，你为什么不生气？"中国妇女回答说："在我们国家，过年的时候，都不会把垃圾往外扫，垃圾越多就代表会赚很多的钱，现在，每天都有人送钱到我这里，我怎么会舍得拒绝呢？你看我的生意不是越来越好吗？"从这以后，那些垃圾就再也没有出现过了。

原本，中国妇女生意的红火惹来了别人的嫉妒，别人生气了，并将这种

生气的情绪转化为实际行动，他们将自己门前的垃圾都扫到了中国妇女的摊位前，本以为这样可以激怒中国妇女，甚至会影响其生意。但是，他们都没有想到，中国妇女不气不恼，反而以阳光的心态面对这件事，即使别人生气了，自己也不生气。更没想到的事情在后面，当别人意识到中国妇女没有生气时，那些堆放在她门前的垃圾也不见了。

清朝时期，宰相张廷玉与叶侍郎都是安徽桐城人，两家是邻居，由于都要建房造屋，两家为地皮而发生了争执。张老夫人修书北京，希望张宰相出面交涉。谁知，张廷玉看了来信，立即作诗劝导老夫人："千里家书只为墙，再让三尺又何妨？万里长城今犹在，不见当年秦始皇。"张老夫人看见了书信，立即主动把墙退后三尺，叶侍郎家看见了，也马上把墙退后了三尺。这样，张叶两家的院墙之间形成了六尺宽的街巷，成了有名的"六尺巷"。

哲人说："人生就像一朵鲜花，有时开，有时败，有时候面带微笑，有时候却低头不语。"无论人生这朵花几时开几时凋谢，我们还是依然会过着自己的生活，即便你昨天才遭遇了失恋的打击，你依然需要保证第二天准时打卡上班，因为没有哪一家公司是可以为那些失恋的人提供假期的，也没有人会关注到你的心情如何。因此，为了这样一点小事情，我们值得生气吗？

天空可以容纳每一片云彩，不管其美丑，所以，天空变得广阔无比；高山可以容纳每一块岩石，不论其大小，所以，高山变得雄伟壮观。在我们的一生中，烦恼、困惑都是不可避免的，若凡事都斤斤计较，处处斗气，那我们只能整天生活在苦闷里。要想自己活得潇洒、从容，我们就必须拥有阳光的心态，即便他人生气了，我们也不能生气，以乐观的心态来面对所有的一切，你会发现事情远没有自己想象中那么糟糕。

摆正好心态，即使天塌下来，也不是什么大不了的事情。还是努力享受眼前的美景，对于那些烦心的问题，如果实在找不到解决的办法，不妨先放一放，等到自己心情完全平静之后，再寻思解决的办法，那时说不定所有的问题都会"柳暗花明又一村"，迎刃而解。

不做傻瓜，斗气是在惩罚自己

生活中，那些喜欢斗气、经常斗气的人是傻瓜，只有那些时刻保持好心情的人才是真正的智者。当然，斗气的理由都是千差万别的，可能是受到了别人的冷嘲热讽，受到了别人的辱骂，受到了别人的欺骗等等。但斗气的结果却是大同小异，斗气所带来的恶劣情绪会挑拨内心的冲动，冲动的结果就是很容易做错事情。一个人在斗气时就好像是在喝酒一样，一旦喝下了第一杯，就会一杯接着一杯喝下去，最后，越喝越醉。那些经常斗气的人很愚蠢地陷入了生气的旋涡，直至被旋涡所淹没。斗气是一种最具破坏性的情绪，不仅伤害自己，而且很容易殃及旁人，它给人们所带来的负面情绪可能远远地超过了我们的想象。一个人在斗气时，他的行为都是极其愚蠢的，都带着冲动的痕迹，虽然，在斗气的那一瞬间，内心是很舒畅的，但后果却要由我们自己去买单。所以，别做斗气的傻瓜，保持好心情才真正聪明。

从前，有一个妇女，她心胸狭窄，总是为一些小事斗气，每一次斗气，她都没有办法控制自己。长此以往，妇女的脾气变得越来越坏，为了改掉自己的坏毛病，妇女向一位大师求助。见到大师，妇女就把自己的苦恼一股脑儿全倒了出来，大师听了，一句话不说，把妇女带到了一个封闭的柴房里，然后把大门锁了。妇女气得破口大骂，她一个人在漆黑的屋子里骂了很久，但是没有一个人来理会她。妇女骂累了，她想到自己无论骂多久都是没用的，就又开始哀求大师开门，但是大师还是无动于衷。

后来，妇女沉默了，大师才来到了门外，问道："你还生气吗?"妇女回答说："我气的是我自己，我真是瞎了眼，怎么会到你这种地方来受罪。"大师眼睛看着远处，说道："连自己都不原谅的人怎么能心如止水?"说完，拂袖而去。过了一会儿，大师又来了，问道："还生气吗?"妇女回答说："不生气了。"

大师追问："为什么？"妇女无奈地回答："气也没有用呀。"大师点点头，说道："但是，你的气并没有真正的消失，那团气还压在心里，一旦爆发将会更加剧烈。"说完，大师又离开了。

大师再次来到门前，妇女主动告诉大师："我不生气了，因为这根本不值得。"大师笑着说："还知道值得不值得，可见你心中还有衡量，还是有气根。"妇女不解，问道："大师，什么是气？"这时，大师打开了房门，将手中的茶水洒在地上，妇女想了很久，恍然大悟，向大师叩谢而去。

当别人犯了错，或者得罪了自己，斗气并不能真正地解决问题，斗气的结果只会让事情变得越来越糟糕。而且，斗气并不是一件好事情，反而对自己身心不利。斗气，你所伤害的只是自己，你自己在生气或者闹情绪，估计那个始作俑者还在那里开怀大笑，这样想来，斗气是一件更加不值得的事情。

古代有位老禅师，一天晚上，禅师在院子里散步，突然看见墙角边上有一张椅子，他一看就知道有位出家人违反寺规越墙出去玩了，老禅师没有声张，而是走到墙边，移开了椅子，就地蹲下。不一会儿，果真有一个小和尚翻墙过来，黑暗中踩着老禅师的脊背跳进了院子里。小和尚双脚着地的时候，才发觉刚才踏的不是椅子，而是自己的师傅。顿时，小和尚惊慌失措，张口结舌，但是，出乎意料的是，师傅并没有严厉责备他，而是关切地说："夜深天凉，快去多穿一件衣服。"

当我们都认为老禅师会为弟子出去玩耍而生气的时候，没想到他依然心情很平静，在这个时刻，他所惦记的依然是弟子的身体状况。当然，我们可以说这是一种特别的教育，老禅师深知如果自己严厉责备，弟子暂时会听话，但转眼还是会犯同样的错误。不妨拿出自己的好心情，原谅其过错，将自己的责备化为温情的关怀，这样一来，弟子在禅师平心静气的教导下，意识到了自己的错误，并下定决心改正错误。

斗气，从来都是愚蠢者所做的事情，也只有那些头脑简单的人才会选择"斗气"这样不值得的行为，并让自己的身心受到伤害。智者则不一样，他们

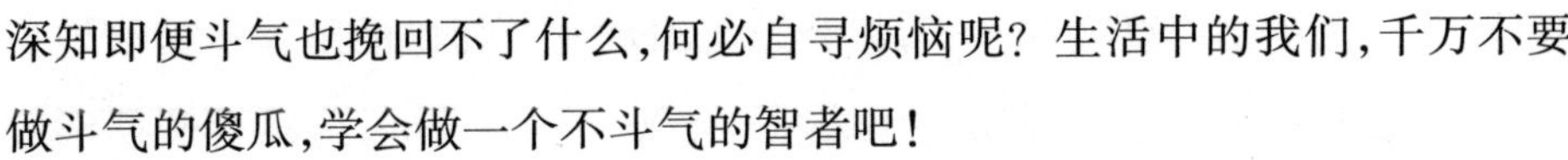
深知即便斗气也挽回不了什么，何必自寻烦恼呢？生活中的我们，千万不要做斗气的傻瓜，学会做一个不斗气的智者吧！

情商高的人不会落入斗气的陷阱

在生活中，那些情商高的人，往往会选择“斗心”，而不是斗气。在这里，“斗心”实际上就是塑造良好的心态，努力克制自己的情绪。情商，其实就是情绪智力，主要是指人在情绪、情感、意志、耐受挫折等方面的品质。所谓情商高，其实就是明智的另外一种说法，这并不是智力上的聪明，而是人们妥善处理生活事务的能力，比如如何为人处世、如何控制自己的情绪，是否关心别人以及是否能有效地激励自己。高情商是幸福生活的推动力。高情商的人从来都不选择斗气，他们只会努力修炼自己的心境，塑造积极乐观的心态，让自己经得起怨气的挑逗。高情商的人们，把每一天都会当成新的一天，当他们这样想的时候，他们已经精神百倍地去开始新的生活了。无论生活中发生了什么样的事情，他们从来都不斗气，因为在他们看来，每天早上醒来，能够自由地呼吸，能够灿烂地微笑，那就是一种幸运。

薛尔德太太住在密歇根州沙支那城，她以前靠推销《世界百科全书》之类的书籍生活，后来因为有了自己的家庭便辞去了工作，那时候日子虽然不富足但是也过得很安乐。但是很快，她安逸的生活就陷入了苦难之中。在1937年，她的丈夫死了，她自己几乎身无分文，这令她非常恐慌。那段时间，她极度颓废，几近崩溃，甚至差点自杀。后来，她给以前的老板奥罗区先生写信，请求他能让她做回以前的工作。于是，她四处借钱凑足了首付，以分期付款的方式买了一辆旧车，她重新开始以推销那些书籍为生。

薛尔德太太希望能够通过繁忙的工作来抵消自己的颓废和不安，可是她很快发现不行。毕竟她的丈夫已经不在了，只有她一个人驾车，一个人做

饭吃，一个人生活，这所有的一切都令她无法承受。而她的工作也带给她一些困扰，在有些地方根本就卖不出去书，所以业绩不太好，虽然她按期偿还买车的钱不是很多，但是对于她来说还是很难凑齐。她整天心情很沮丧，对生活也没有什么希望，她甚至又绝望得差点自杀。

有一天，她读到了一篇文章，正是那篇文章中的一句话让她活了下来："对一个聪明人来说，每天都是一个新的人生。"这句话令她精神振奋，于是，她把这句话打印出来，贴在汽车前面的挡风玻璃上，为的就是自己开车的时候能随时看见它。薛尔德太太发现每次只活一天一点都不难，就这样，她摆脱了孤寂和恐慌，她觉得很幸福，工作业绩也上去了。

遭遇生活的打击之后，薛尔德太太每天都在跟自己、跟生活斗气，她生活得毫无希望；后来，虽然找到了工作，但失去丈夫的她仍未从打击中恢复过来，她依然陷在绝望的深渊中难以自拔，直到她读到了"对一个聪明人来说，每天都是一个新的人生"，这句话给了她新生的力量，她不再斗气，而是意气风发地工作、生活，她逐渐感受到那种久违的幸福。而在这个过程中，薛尔德太太逐渐从一个低情商女人成为了一个高情商女人，她所拥有的是积极乐观的心态以及较高的情绪控制能力。

从前，有一位禅师，他十分喜爱兰花，在平日讲经之余，禅师花费了许多时间来栽种兰花，弟子们都知道禅师把兰花当成了自己生命的一部分。

有一次，禅师要外出云游一段时间，在临行前，禅师特意交代弟子："要好好照顾寺庙里的兰花。"在禅师云游的这段时间里，弟子们都很细心地照料着兰花，但是，有一天，一位弟子在浇水时不小心将兰花架碰倒了，于是，所有的兰花盆都跌碎了，兰花也撒了一地。弟子感到十分恐慌，并决定等禅师回来后，向禅师赔罪。

过了一段时间，禅师云游归来，听说了这件事，便立即召集了所有的弟子，禅师非但没有责怪那位弟子，反而安慰他道："我种兰花，一是希望用来供佛，二是为了美化寺庙环境，不是为了生气而种兰花的。"

禅师喜欢兰花，是一种情感的自然释放，并不是为了生气而种兰花的。

哪怕自己辛苦培植的兰花被弟子弄坏了，但自己所铸就的却是良好的心态。所以，在得知自己的兰花已经被损坏后，禅师不仅不生气，反而安慰弟子，希望以此减少弟子内心的愧疚感。

其实，人生就是这样，它注定是一条充满曲折、艰难的路。或许，烦恼无处不在，但是，面对这样的现实，如果我们能够尝试着打开心灵的另一扇窗户，以一种积极、乐观的心态去面对，你会发现，所谓的烦恼根本不存在。

找到生气的原因，让自己学会静心

有人说："经常性的斗气就好像不断的感冒一样，会很严重地影响自己工作时的表现。"尽管，在斗气的时候，每个人都会意识到这是愚蠢的行为，会严重影响自己的生活和工作，但心中的那团怒火却越烧越旺，难以浇灭。实际上，当怒火攻心的时候，我们应该试着平静下来，找到生气的根源，然后斩草除根，将怒火扼杀在萌芽状态。权威的心理学家也表示：破解怒火的关键在于一定要找到生气的根源在哪里。虽然，在生气的时候，恶劣的情绪会从心中不断地涌现出来，它们如同火山下翻涌的岩浆，不断加温、加热，以至于在最后的时刻爆发出来。不过，如果我们追根究底，却往往会发现那些不断积累的怨气只是来自一些微不足道的小事情，由小积大，最终成为我们生气的根源。因此，当我们弄清楚了生气的根源之后，就只需要找到合适的办法将之根除掉就可以了。

心理学家认为，一个人心中的怨气是一点点郁积起来的，或许，在刚开始，我们的心情只是稍微有点不愉快，但是，如果这时候再遇到一些令人头疼的事情，这样的情绪就会升温，火势就开始迅速地蔓延开了，最终所形成的结果无疑是"火山爆发"。生活中，我们明白，阻碍大火向四处蔓延的唯一有效方法是，彻底消灭火源。到底什么才是火源？自己生气的根源到底是

什么？事实上，只有我们自己最清楚，毕竟，在这个世界上，并没有无缘无故的怒气，它始终会出于某种原因。

心理学家讲述了一个案例：

那天，一位貌似大学生的女孩走进了我的心理咨询室，刚一坐下，她就开始向我“控诉”：“前两天我正在准备一次重要的考试，可是，就在前天晚上，隔壁王阿姨带着一对双胞胎女儿来串门，我暗示王阿姨说，我明天要考试，需要安静的环境。但是，妈妈特别喜欢那对双胞胎，极力挽留王阿姨再玩一会儿，小孩子很顽皮，我本来想静下心来好好复习功课，结果她们在外面嘻嘻哈哈，我一点也看不进书去，愤怒之余，内心感到一阵委屈，不禁趴在桌上大哭了一场。这时，又想起之前的种种不顺利的事情，结果越哭越伤心，几乎是整个晚上都在哭，第二天感觉晕乎乎的，只得昏昏沉沉地去考试，当然，这次考试很不理想。”

我听完了她的讲述，明白了是怎么回事，我慢慢帮助她找到生气的源头：“这样看来，你似乎挺喜欢生气的，从你刚才的讲述中，我可以知道，你其实有自己的房间，一开始，你也可以告诉两个孩子别闹，说否则会影响你学习，这样就可以互不干扰了。后来，你在屋子里复习功课，其实，不知道你发现没有，真正扰乱你心绪的并不是小孩待在家里所发出的声音，而是你内心对于这件事一直耿耿于怀，由于你心里太在乎这件事情，只要意识到小孩的存在，就会感到心烦意乱，更不用说她们真正地来影响你了。”听了我的话，她点点头，说道：“嗯，我感到十分委屈，每次我遇到了重要的事情，总是被别人影响，这样，白白浪费了我的许多时间和精力。”

看着她那痛苦而又无奈的表情，我试着用理解的口吻说道：“你不要着急，其实，你应该清楚自己为什么总是那么容易生气，主要是你以前处理问题的方式不对。每个人的生活并不可能一帆风顺，总是会遇到这样或那样的麻烦，但是，如果这些问题没有得到及时解决，往往会产生较坏的影响。时间长了，在你心中就形成了这样一种思维定式：一旦遇上问题，就会采取消极的反应方式，诸如发脾气、斗气等，于是，生气就成为了你固定的条件反应。其实，任何事情都是可以解决的，只要你积极地思考，遇到事情不要总是闹情绪或生气，你可以试着平静下来，或者向值得信任的朋友倾诉一番，这样，你的心里就会豁然开朗了。”当她走出我的心理咨询室的时候，我清楚地看见洋溢在她脸上的笑容。

如果在心中的熊熊大火燃烧起来之前，我们能够及时地找到火源，并将其彻底地浇灭，使之不能复燃，那我们易怒的情绪就很容易恢复到平静的状态，这对于我们的工作和生活也是很有益的。

反之，如果生气的根源不被彻底清除，就会变成我们成功路上的绊脚石，有时候，我们之所以失败了，并不是因为缺少机会，或者能力不足，而是生气的根源成为了最大的绊脚石。一旦我们对愤怒的情绪失去了控制，我们也就失去了理智，可能会做出一些错误的判断，下一些错误的指令，自然也就很容易错过成功的机会。所以，在愤怒情绪即将爆发之前，我们应该想办法及时彻底地清除生气的根源。

不给气恼的毒瘤以生长的空间

美国前总统林肯在患抑郁症期间说了一段感人肺腑的话：“现在我成了世界上最可怜的人，如果我个人的感觉能平均分配到世界上每个家庭中，那么，这个世界将不再会有一张笑脸，我不知道自己能否好起来，我现在这样真是很无奈，对我来说，或者死去，或者好起来，别无他路。”所幸的是，林肯终于战胜了抑郁症，成为了美国历史上最著名的总统之一。对每个人来说，悲观、抑郁就是漂浮在天空中的乌云，它遮住了生活的阳光，给我们的心情带来了无尽的阴霾。对此，如果我们想要让内心的“气焰”无处藏身，那么我们就应该远离悲观、抑郁，积极乐观地生活。对于隐藏在内心深处的那些“气焰”而言，悲观的心境是肥沃的土壤，它可以从中得到很好的营养，因而

不断地壮大，直至成为一团烈火；而乐观则好像是灭火器，将那些隐藏在暗处的“气焰”浇灭，最终换得平静的心境。

小时候的里根非常乐观，然而，他的弟弟却是个典型的悲观主义者。有一天，爸爸妈妈希望改变悲观的弟弟，于是，他们做了一些事情：送给里根一间堆满马粪的屋子，送给悲观的弟弟一间放满漂亮玩具的屋子。过了一会儿，爸爸妈妈走进了弟弟的屋子，发现弟弟正坐在角落里哭泣，而大多数的玩具几乎没有动过，爸爸妈妈询问原因，原来，弟弟不小心弄坏了其中一个小玩具，害怕爸爸妈妈会骂自己，所以，他哭了起来。

爸爸妈妈牵着弟弟的手，来到了里根的屋子，打开门，发现里根正兴奋地用一把铲子挖着马粪。里根看到爸爸妈妈来了，高兴地叫道：“爸爸，这里有这么多马粪，附近一定会有一匹漂亮的小马，我要把这些马粪清理干净，一会儿小马就来了。”

长大后的里根做过报童、好莱坞演员、州长，最后成为了美国总统，他是第一位演员出身的美国总统。在他的一个成长过程中，里根也遭遇了不少失败和窘境，但生性乐观的他从来不斗气，而是坚信自己一定能成功。最终，乐观成为了里根成功路上的助推器，并帮助他消灭了潜藏在内心深处的“气焰”。

波姬·戴尔是一位眼睛有残疾的妇女，她只有一只满是疮疤的眼睛，只能靠眼睛左边的小洞来观察这个世界。当她看书的时候，她必须把书贴近脸，然后努力使眼睛往左边斜。虽然她的眼睛是这个样子，但是她拒绝别人的怜悯，靠自己的乐观心情来享受生活的快乐。

小的时候，她渴望跟其他孩子一样玩跳房子，但是由于眼睛的关系，她看不见地上的线。于是，她等伙伴们都回家了，就自己一个人趴在地上，将眼睛贴到线上看来看去，并且牢牢记在心里。不久之后，她成了玩跳房子的高手。读书时，她把大字印的书紧紧贴在自己的脸上，艰难地学习着，谁也没有想到，她凭着自己的毅力，得到了两个学位，分别是明尼苏达州州立大学学士学位和哥伦比亚大学硕士学位。

完成学业之后，她开始了自己的教书生涯，通过自己的努力，她不但成为了文学教授，工作之余还在一些妇女俱乐部发表演讲，还到一家电台主持读书节目，她说："我脑海深处，常常怀着完全失明的恐惧，为了打消这种恐惧，我采取了一种快活而近乎游戏的生活态度。"

戴尔并没有因为自己只有一只眼睛，就开始与生活斗气，而是愉快地融入到人们的生活中。她甚至不需要人们的怜悯，而是希望自己看起来跟别人没什么两样。事实上，她做到了，虽然付出了比常人多几倍的努力，但是她依然活出了最优秀的自己，而这其中的秘诀就是积极乐观的性格。她把别人眼中的不幸，变成自己的幸运，并且乐在其中，所以她在失明50年以后，还能通过手术重见光明。

通常积极乐观的心态会让自己的"气焰"无处藏身，而对于那些习惯于活在抑郁、悲观中的人，一点小小的烦恼恰似一颗毒瘤，每天它都在不停地生长着，最终，毒瘤化脓，最终将他吞噬了。所以，如果你不想继续与生活斗气，跟自己置气，倒不如先学会培养积极乐观的心态，有了这样的心态，再多的"气焰"也不怕。

消灭气焰，用精神胜利法安慰自己

阿Q，本来只是鲁迅先生笔下所描绘的一个人物，但在现实生活中，人们越来越发觉自己需要阿Q精神，于是，越来越多的阿Q出现在我们身边，甚至我们自己也成为了阿Q。对于阿Q精神，人们总是分为两个派别：有些人觉得阿Q精神是民族的一种劣根性，是中国传统遗留下来的祸根；而有的人却觉得阿Q精神自有它的积极性，生活中正需要这样的精神。在这里，我们对阿Q精神不作任何评价，只是将其积极的方面当做我们学习的对象，至于它是否带有民族的劣根性，那不是我们在这里要思考的问题。在阿Q身上，

有一个引人注目的特点:"在任何挫败或生气时都会以虚幻的胜利感来安慰自己或欺骗自己。"由此而延伸,人们将这一种情绪调节法称为"阿Q的精神胜利法"。在生活中,如果我们经常斗气,那是很有必要学习阿Q精神胜利法的,学习阿Q,即便遇到再生气的事情,也要懂得安慰自己,让自己活得更逍遥。

在《三国演义》里,有众人皆知的"诸葛亮三气周瑜的故事":

赤壁之战结束后,孙刘两家均欲取荆襄之地,如此一来,才能据长江之险,与曹操抗衡。刘备屯兵在油江口,周瑜知道刘备有夺取荆州的意思,便亲自赶赴油江与刘备谈判。谈判之前,刘备心中忧虑,孔明宽慰他说:"尽着周瑜去厮杀,早晚教主公在南郡城中高坐。"后来,周瑜在攻打南郡时付出了惨重的代价,不仅吃了败仗,自己还身中毒箭,不过,周瑜最终还是将曹仁击败。可是,当周瑜来到南郡城下,却发现城池已经被孔明袭取,周瑜心中十分生气:"不杀诸葛村夫,怎息我心中怨气!"

周瑜一直想夺回荆州,先后与刘备谈判均无结果,这时,刘备夫人去世,周瑜便鼓动孙权用嫁妹之计将刘备诱往东吴,伺机杀之,继而夺取荆州。没想到此计又被诸葛亮识破,将计就计让刘备与孙权之妹成了亲。到了年终,刘备依孔明之计携夫人几经周折离开东吴,周瑜亲自带兵追赶,却被关羽、黄忠、魏延等将阻拦。追到河边,蜀军齐声大喊:"周郎妙计安天下,赔了夫人又折兵!"这次,周瑜气得昏厥过去。

过了一段时间,周瑜被任命为南郡太守,为了夺取荆州,周瑜设下了"假途灭虢"之计,名为替刘备收川,其实是夺荆州,不想再次被孔明识破。周瑜上岸后不久,就有大队人马杀过来,言道"活捉周瑜",周瑜气得箭疮再次迸裂,昏沉将死,临死前长叹:"既生瑜,何生亮!"

周瑜才能过人,但终因自己心胸狭窄,在诸葛亮的"攻心"之计下被活活气死。或许,周瑜至死都不知晓精神胜利法的存在。同样是拥有卓越才华的司马懿,却善于化解对自己不利的局面,即使诸葛亮派人给司马懿送去了"巾帼女衣"对其进行羞辱,司马懿却并不生气,反而笑着对下面的人说"孔

明视我为妇人焉”，若无其事，丝毫不受影响。

在未庄，阿Q是一个极其卑微的人物，然而在他看来，整个未庄的人都不在自己的眼里。赵太爷进城了，阿Q并不羡慕，还说出了自尊自大的话来：“我的儿子将来比你阔得多。”阿Q进了几回城，变得十分自负，甚至，有点瞧不起城里人，遇到别人嘲笑自己头上的癞头疮疤时，阿Q也不生气，反而以此为荣，笑着回答：“你还不配。”

遇到与别人打架的时候，如果是自己吃亏了，阿Q也不生气，心想：“我总算被儿子打了，现在世界真不像样……”于是，本来愤愤不平的心理也得到了宽慰，以胜利的姿态回去了。赌博赢来的钱被人抢走了，阿Q也不气恼，如果没有办法摆脱“闷闷不乐”，他就自己打自己，这样感觉被打的是“另外一个”，这样，阿Q在精神上又一次转败为胜。

精神胜利法就如同麻醉剂，让阿Q一次次摆脱内心的烦恼，变得无比的快乐，即便在别人看来他是如何穷困潦倒，但他依然活得很逍遥自在。阿Q依然是阿Q，面临绝望的物质困境，唯有用精神胜利法来安慰自己。

孔子曾这样评价自己的得意门生颜回：“一箪食，一瓢饮，居陋巷，人不堪其扰，回也不改其乐。”颜回以求道为乐，他获得了其乐融融的生活。虽然，阿Q与颜回相差十万八千里，但是，他们有一个共同的特点，他们都游刃有余地掌握了快乐的哲学，不斗气，不气恼，哪怕遇到了再大的事情，却依然懂得安慰自己，所谓的“自欺欺人”，其实也是阿Q精神的一种。

第2章

化解心中的怒气，在心底留一片感激

生活中，那些为小事而生气的人，他们的幸福是短暂而模糊的，因为只有那些心怀感恩和宽容的人，才会编织出属于自己的幸福。感恩与宽容就好像是和煦的春风，可以融化心中的“斗气”冰山。

心存感恩，就会少一分怨气

一位喜欢抱怨的女孩走进了心理咨询室，她刚坐下，就向心理医生抱怨：“我十分痛苦，因为我发现，最亲密的人也不能包容我的脆弱。”心理医生好奇地询问：“比如在什么地方，他不会包容你？”女孩满脸苦恼：“我向他袒露自己的痛苦，他却一点都不理解，反而指责我，这令我非常痛苦。这样的爱情有什么意义呢？我真想分手。”心理医生继续问道：“你男友说了什么话，最让你印象深刻？”女孩子想了想，说道：“他说受不了我的抱怨，说我总是看到事情消极的一面，却对积极的一面视而不见。”心理医生问道：“那你知道自己为什么喜欢抱怨吗？”女孩迟疑了一会儿，含糊地说：“因为我有个爱抱怨的妈妈。”

心理医生对女孩说：“那男友对你的抱怨的看法，像不像你对妈妈的抱怨的看法？”女孩点点头说道：“是的，从小到大，我饱受妈妈抱怨的折磨，但是没有想到，我也像妈妈一样，成为了一个喜欢抱怨的人。”心理医生安慰道：“那你再多说说对妈妈的抱怨的理解和感受吧。”女孩回答说：“第一感觉就是烦，然后就想逃跑。小时候，我一听到妈妈的抱怨，就想努力去改变，希望能够消除妈妈抱怨的根源，但是，即使事情有所改变，妈妈还是会抱怨。那时候，妈妈总是抱怨爸爸不给钱，但是，后来我发现，妈妈似乎从来不主动找爸爸要钱。当时，我实在难以理解，妈妈抱怨所追求的到底是什么，似乎只是在追求抱怨似的。”心理医生点点头说道：“你妈妈已经深陷抱怨的‘毒’中，而你现在的状况也很危险，再这样抱怨下去，抱怨会成为你的一种习惯，并不断地伤害那些跟你关系亲密的人。”女孩内心充满了忧虑，却不知道该怎么办。心理医生向女孩建议：“正如你男友所说，试着去看事情积极的一面，怀着一颗感恩的心，这样你就会慢慢改掉抱怨的坏习惯。”

有人说:“抱怨就好比口臭,当它从别人的嘴里吐露时,我们就会注意到;但从自己的口中发出时,我们却毫无察觉。”在某些时候,当我们听到身边的人不停地抱怨,可能我们会觉得这样的行为很愚蠢、很可笑,但你是否发现自己也会犯同样的毛病呢?你是否也有抱怨的习惯呢?

小恩是快餐店里的一名普通员工,他每天的工作简单又枯燥,需要不停地做许多相同的汉堡,虽然这份工作看起来没有什么新意,但是,小恩却感觉到十分快乐。无论面对多么挑剔或尖酸刻薄的顾客,小恩从来都报以满怀善意的微笑,这么多年来一直如此。小恩那发自内心的真挚快乐,感染了许多人,同事有时候会忍不住问他:“为什么你对这种毫无变化的工作感到快乐?到底是什么让你对这份工作充满了热情呢?”小恩回答道:“每当我做好了一个汉堡,就想到一定会有人因为汉堡的美味而感到快乐,这样,我也就感到了自己工作带来的成功,这是一件多么美好的事情,因此,每天,我都感谢上天给了我这么好的一份工作。”

或许,正是由于小恩那种感恩的心理,使得那家快餐店的生意越来越好,名气也越来越大,最后,小恩的名字传到了老板的耳朵里。没过多久,小恩就荣升为快餐店的店长,对此,他更感激自己能拥有这份令人快乐的工作了。

感恩和抱怨就好像一对性格互异的孪生兄弟,感恩象征着美好,而抱怨则意味着堕落。当我们陷入抱怨的泥潭难以自拔的时候,我们会觉得整个世界都是黑暗的,好像身边没有任何一件事情令人满意,这样想来,我们心中好像装满了火药,随时有可能爆炸,于是,便总是斗气。感恩是完全不一样的感觉,因为感恩,我们懂得珍惜,懂得爱护生活,更懂得生活中幸福的点点滴滴,即便是最平凡的日子,我们也能从中品尝到幸福的味道。

以德报怨，化解心中怒气

以德报怨是一种宽容的心态，维克多·雨果曾说：“最高贵的复仇是宽容。”宽容，会让我们忘记心中的仇恨，不再愤怒，甚至会以一种平静的心态面对事情的发展。生活中，能够以德报怨的人并不多，人们大多都是以怨报怨，对于别人的苛责或非难，他们从来不会忍受，心中的怒火很容易就被燃起，在激烈的情绪下，他们会采用恶语相向，以牙还牙的方式进行报复，结果弄得两败俱伤。最后这样的结果又何必呢？俗话说：“冤冤相报何时了。”如果我们心眼小得容不下别人无意之中造成的伤害，无法忍受自己遭受一点点的责备，那斗气就会成为我们的习惯。人生短短几十年，何必非要跟自己过不去呢？学会宽容，以自己的仁厚去包容他人的过错，这样我们才能拓宽人生的境界，同时，还能化解心中的怒气。

有一天，迈克尔在路上走着，他边走边把竹条缠绕在自己的身上玩，谁料一不小心，迈克尔的竹条一端就脱了手。当时，迈克尔站在木桥边，正对着一家农户的大门，一位农民的儿子在那里放了一罐水，准备挑回家。不巧的是，迈克尔的竹条反弹回来把水罐打翻了，不过，装水的罐子并没有破碎。发现自己闯祸了，迈克尔急忙赔礼道歉，可是，农民的儿子却跑过来就开骂，一点也不理会迈克尔的解释。令迈克尔没想到的是，对方竟然一把抓住了自己的竹条，并将那只竹条扭折了。

这竹条可是父亲送给自己的，如今却扭成了这个样子，迈克尔十分生气，回家的路上，他不停地咕哝：“我一定要报复他，我要他从心底感到后悔。”正在花园里散步的父亲听见了他的话，好奇地问：“你要让谁从心底里后悔呀？”迈克尔向父亲说了事情的经过，父亲笑着说：“他的确是一个坏孩子，但是，他已经受到了惩罚，他没有朋友，也没有娱乐，这就是对他的惩

罚。”迈克尔却执意说:“那竹条可是你送给我的礼物,那么漂亮的竹条,我只是无意打翻了他的罐子,我一定要报复他。”父亲抚摸着迈克尔的头,温和地说:“迈克尔,我知道你是一个好孩子,做任何事情都应该思考清楚,我向你承诺,我可以再送你更漂亮的竹条。其实,你执意要报复,并且认为那才是对他最好的惩罚,这只不过是你现在的想法,以后你肯定会后悔的,你是自己才会从心底里后悔。”迈克尔陷入了沉思,他暂时放弃了报复的念头。

几天过去了,迈克尔已经忘记了那天的事情,那天,他又遇到了那位农民的儿子。这一次,他正挑着一担重重的木柴朝家里走去,却不小心摔倒在地,爬也爬不起来。迈克尔看见了,急忙跑过去帮他捡起了木柴,这时,那位农民的儿子感到很愧疚,并为他之前的行为感到后悔,甚至,在迈克尔离去的时候,他还小声说了一句:“那天,对不起!”而迈克尔则高高兴兴地回家了,他想:“或许这才是最好的行为,以德报怨,我不会后悔的,如果不是当初父亲提醒我,可能我现在正在忏悔呢。”

本来,自己已经道歉了,但竹条还是被农民的儿子给折断了,小迈克尔很气愤,他发誓一定要报复那个不知天高地厚的小子。但就在芬芳四溢的花园,迈克尔听从了父亲的教诲,决定放下心中的愤怒和仇恨,以宽容的胸怀对待对方。果然,当迈克尔学会宽容以后,以德报怨的作用就发挥了,那位看上去蛮横的家伙竟然不好意思说了一句:“那天,对不起!”如此看来,以德报怨,确实是化解一切怒气的法宝,不仅能化解自己内心的愤怒,而且还融化了对方那颗冰冷的心。

以德报怨受益最大的却是我们自己。以德报怨所体现的宽容大度和涵养,是一种积极的生活态度和高尚的道德观念的表现。虽然,对方做了一些侵犯我们,或对不起我们的事情,但我们若是可以给予对方一个宽容的拥抱,那所换来的将是皆大欢喜的结局。斗气,害人害己;以德报怨,化解彼此心中的怒气。如果你是一个渴望幸福的人,那么你一定会选择后者,因为以德报怨可以令你收获甘甜的幸福。

宽容他人，也是放过自己

美国心理学家克里斯托弗·皮特森说："宽恕与快乐紧紧相连，宽恕是所有美德之中的王后，也是最难拥有的。"宽容，就好像荆棘丛中开出来的美丽花朵，你对别人宽容，其实就是给自己留下一片天空；宽容了别人，也治愈了自己。生活中，那些内心充满仇恨和愤怒的人，源于其心理问题，心态比较消极，心胸不够宽阔，一旦他人侵犯了自己，就争执不休，势必要追回属于自己的利益。这样人的心理是需要治疗的，他们需要学会放下仇恨，放下心中的愤怒，让自己的心胸变得宽广起来，这样才会收获更多的东西。人生就是这样，当那些心怀仇恨的人固执地想要得到的时候，结果往往是更快地失去。但对于那些懂得宽容的人而言，他们在宽容别人的同时，却收获了一些意想不到的东西。所以，学会宽容，不仅治愈了内心的偏执，而且也放过了他人。

在一次战斗过后，只剩下两名战士，他们与大部队失去了联系。有缘的是，这两人来自同一个小镇，而且，还是一对好朋友，他们在森林中艰难跋涉，互相安慰。可是，十多天过去了，他们仍然没有与部队联系上。有一天，他们打死了一只鹿，他们靠着鹿肉艰难地度过了几天。在之后的几天里，他们再也没看到任何动物，只剩下一点鹿肉，还得继续前行。

这一天，两名战士在森林中与敌人相遇，经过一场激战，两人巧妙地避开了敌人。就在他们脱离了危险的时候，枪声却响了。走在前面那个年轻战士中了一枪，幸运的是伤在了肩膀上。后面的那位士兵惶恐不安地跑过来，他害怕得语无伦次，抱着年轻战士的身体泪流不止，赶快撕下自己的衬衣将战友的伤口包扎好。那天晚上，没有受伤的战士一直念叨着母亲的名字，他们都认为自己熬不过这一关了，尽管他们十分饥饿，但谁也没有动那

仅存的鹿肉。不过,幸运的是,第二天部队救了他们。

这是一个发生在"二战"时期的故事,30 年过去了,那位曾受伤的战士坦言:"我知道是谁开的那一枪,他就是我的战友。当时在他抱住我时,我感觉到他的枪管是热的,令我感到疑惑的是,他为什么对我开枪?但是,当天晚上我就原谅了他,我知道他想独吞那点鹿肉,我知道他想为了母亲而活下来。于是,我假装根本不知道这件事,也从来不提起这件事。战争还没有结束,他的母亲就去世了,我们一起祭奠了她。在那一天,战友跪下来,请求我原谅他,我没有让他继续说下去,我们继续做了几十年的朋友,我宽恕了他。"

其实,宽恕别人就是宽恕自己。一个人的心里如果总是充满着愤怒,那么,他是没有办法去宽恕他人的错误的。在任何时候,当我们宽恕别人的时候,我们也治愈好了自己内心的偏执、狭隘、自私,我们会从中学到更多的东西,更懂得珍惜生活的点滴快乐。

夜晚,在一家餐厅,老人的手机不见了,他身体微微颤抖了一下,然后立即平静了下来,看了看四周。这时候,老人发现站在门口的年轻人正在伸手拉门,他似乎明白了什么,他马上站起来,走向门口的年轻人,说道:"小伙子,你等一下。"年轻人一愣,问道:"怎么了?"老人恳切地说道:"是这样的,昨天是我 70 岁的生日,我女儿送了我一部手机,虽然我不是很喜欢它,可是那毕竟是我女儿的一片孝心,刚才我把它放在了桌子上,现在发现它不见了,可能是我不小心碰到了地面上,我的眼花得厉害,弯腰对于我来说不是一件容易的事情,能不能麻烦你帮我找找?"年轻人放松了紧张的神情,他擦了擦额头上的汗水,对老人说:"哦,您别着急,我来帮您找找看。"年轻人弯下腰去,沿着桌子转了一圈,又转了一圈,然后直起身把手机递了过来:"老人家,您看,是不是这个?"老人紧紧握住年轻人的手,激动地说:"谢谢!真是不错的小伙子,你可以走了。"

一位餐厅服务员走过来,对老人说:"您本来已经确定手机就是他偷的,却为什么不报警呢?"老人回答说:"虽然报警同样能够找回手机,但是我在找回手机的同时,也将失去一种比手机更宝贵的东西,那就是——宽容。”

老人最后所说的话意味深长,我们当然可以通过其他的途径,用其他的方式来惩罚那些做错事情的人,但与此同时,我们也失去了一件最宝贵的东西——宽容。所以,我们才会说,当我们宽容了他人的同时,也治愈了自己,令自己的心境更广阔无垠。

用内心的强大战胜怒气的侵扰

赛涅卡说:“愤怒犹如坠物,将破碎于它所坠落之处。”易怒是人性格中的缺陷,而能够受它摆布的往往是那些生活中的弱者,也就是那些内心脆弱的人。当生活遭遇变故或不幸时,他们无法抵御其带来的伤害,于是乎变得容易生气,脾气也很坏,虽然,他们生气时的样子不可一世,但其内心是比较脆弱的。卡尔多瓦说:“人应当有一张用粗绳索编织的荣誉保护网。”对于那些内心情感脆弱的人来说,似乎更需要一张保护自己的网,人们自以为“生气”是可以保护自己的那张网,即便生活中仅出现了一些小问题,他们也会选择生气,在他们看来,除了生气,别无其他的解决办法。因此,我们可以说,那些容易生气的人内心情感比较脆弱。

在生活中,我们经常看到这样的场面:孩子因为一点点事情不顺心,就有可能会坐在地上或者直接躺在地上,他已经生气了;有的人因为家中的琐碎小事,就大吵大闹,闹得不可开交;老人发怒的时候,几乎是用颤抖的手指着儿子说:“你这个不肖子”;一些身患重病或者被告知患了绝症的人,他们会在医院里处处与医生护士作对,只要稍不如意,就摔东西,大喊大叫。诸如此类的场面还有很多,综观这些场景,我们会发现一个共同点,那就是似乎那些脾气不好,容易生气的人都是内心情感脆弱的人,他们可能遭遇过不幸,或许他们在社会上就是“弱者”。若是从心理角度分析,正因为他们内心

情感脆弱，所以他们才会比较容易发脾气，他们将“生气”当作一种舒缓压力的方式。

罗宾逊是一个农民的儿子，妈妈在他很小的时候就离开了人世，村里的玩伴经常取笑他说：“你是一个没有妈妈的孩子。”他受不了来自别人的怜悯，感觉那是赤裸裸的嘲笑，当有人好心地说道：“这个孩子真可怜！”罗宾逊就会生气地说：我“不稀罕你的可怜。”说完，还用充满仇恨的眼睛盯着对方。

有一次，罗宾逊看到了一只蜜蜂在花丛中飞来飞去，就想把它抓住再揪掉它的翅膀。可是没想到自己很倒霉，不仅没有抓到蜜蜂，反而被蜜蜂蜇了一下，接着，蜜蜂飞进了蜂巢，罗宾逊被疼痛激怒了，心想：“就连一只小小的蜜蜂都来欺负我，我要让你知道我的厉害。”罗宾逊发誓一定要报仇，于是，他找来了一根棍子，朝蜂巢捅了几下，顿时，一群蜜蜂飞了出来，向他扑去，蜇得他浑身上下都是包。

内心情感脆弱的罗宾逊心中时刻有一团怒火，他见不得别人的怜悯，也不能容忍他人的挑衅。哪怕是一只小小的蜜蜂蜇了自己，他也会怒气冲冲地想要报复，然而，在怒火的蔓延下，罗宾逊自己却吃了不少苦头。当我们的内心情感已经足够脆弱，若是再陷入“斗气”的泥潭，那只会让我们变得更加脆弱。

在生活中，有三种人容易被激怒：一种是那些内心十分敏感的人，他们的情感太脆弱，一点点小事就可以刺激到他们，即使有的事情在别人看来是微不足道的，但却总能引起他们的心中的怒火；一种是那些自认为被轻视的人，他们的内心也是相当的脆弱，对他们来说，来自别人的轻视会令他们怒火中烧，所造成的后果与伤害一样，甚至是有过之而无不及，因此，轻蔑肯定会激怒他们心中的怒火；一种是自认为名誉受到伤害的人，他们所担心的就是害怕自己名誉受到伤害，对他们而言，这会使他们异常愤怒。

那么，我们应该怎样改掉易怒的坏习惯呢？首先，我们应该努力让自己的内心强大起来，内心情感越是坚韧，我们就越是可以承受更多的东西；其次，当愤怒的情绪袭来，我们应该努力克制自己，暗示自己“不要生气”，慢慢地将激动的心情平静下来；最后，学会宽容与感恩，这样会让我们的内心变得美好，同时，也变得坚强，从而不会再因为一些小事就生气。

别用他人的错误惩罚自己

生气是拿别人的错误惩罚自己，单单就生气本身而言，对我们的身体也会带来诸多不利。美国心理学家埃尔马进行了一个简单的实验：把一只玻璃管插在盛有水的容器里，然后让实验者把气吐到水里，以此收集人们在不同情绪状态下的“气”水。通过实验发现：一个心平气和的人吐出来的气进入水中，水澄清透明，一点杂色都没有；一个有点生气的人吐出的气进入水中后，水会变成乳白色，而且，水底还有沉淀；一个怒发冲冠的人吐出的气进入水中，水会变成紫色，水底有沉淀。埃尔马将那一些紫色的“气”水抽出部分注射在小白鼠身上，没想到只过了几分钟，小白鼠就死了。对此，他得出了这样一个结论：一个人在生气时，体内会分泌出许多带有毒素的物质。现在，我们应该相信，生气确实是拿别人的错误惩罚自己。所以，在生活中，不要生气，即便错在别人，自己也不要生气，我们应该学会放下内心的愤怒与仇恨。

白隐是一位修行很深的禅师，不管面对别人的什么评价，他总是淡淡地说一句：“就是这样的吗？”

在白隐禅师居住的寺庙旁边，住着一对夫妇，他们有一个漂亮的女儿。有一段时间，夫妇俩发现自己女儿的肚子无缘无故大了起来，像这种见不得人的事情，怎么会发生在自己家里呢？夫妇俩十分生气，他们严厉逼问自己的女儿：“到底是谁的孩子？”女儿在父母的再三追问之下，终于吞吞吐吐地说出了“白隐”两个字。夫妇俩听了，马上怒不可遏地去找白隐理论，白隐大师听了，不说话，既不为自己辩护，也不生气，只是心平气和地说：“就是这样的吗?”于是,那个孩子生下来后,夫妇俩就将孩子抱给了白隐,这时,白隐禅师的已经名誉扫地,但是,白隐并不生气,他的内心就像平静的湖面,激不起半点浪花。每天,白隐都会细心照料那个孩子,有时候,他向邻居乞求婴儿所需要的奶水和其他生活用品,都会遭到邻居的白眼,甚至是冷嘲热讽,但是,白隐大师依然处之泰然,仿佛自己是在抚养别人的孩子一样。

一年过去了,夫妇俩的女儿还没有结婚,她终于不忍心再欺骗下去了。有一天,她向父母吐露了实情:白隐不是孩子的父亲,孩子的生父其实是另外一位青年。夫妇俩立即将女儿带到白隐那里,向他道歉,请他原谅,并将孩子带回家。白隐依然平静如水,在交回孩子的时候,他轻声说道:“就是这样的吗?”仿佛什么都不曾发生过一样,即使有,也像那波光盈盈的水面,微风吹过,又回归了平静。

在整个过程中,白隐大师没有生气,他知道自己没有必要生气,因为错不在自己。即使因为别人误解而使自己受到了无端的指责,这也并不是自己的错,自己只需要等待,等待那个可以证明自己清白的机会到来。所以,白隐大师只是做好自己应该做的事情,至于生气,他恐怕早已经忘记了。

有一天,佛陀在竹林休息的时候,突然,有一个婆罗门闯了进来,由于同族的人都出家到佛陀这边来了,这位婆罗门对此感到很生气。见到了佛陀,婆罗门就开始胡乱责骂,佛陀并没有说话,等到他将心中怒气发泄完以后,安静了下来,佛陀才说:“婆罗门啊,在你家偶尔也会有访客吧!”婆罗门感到很奇怪:“当然有,你何必这样问?”佛陀笑了,说道:“婆罗门啊,那个时候,你也会款待客人吧。”婆罗门点点头道:“那是当然了。”佛陀继续说道:“婆罗门啊,假如那个时候,访客不接受你的款待,那么,这些菜肴应该归于谁呢?”婆罗门想也不想,就回答说:“要是他不吃的话,那些菜肴只好再归于我!”

佛陀看着他,又说道:“婆罗门啊,你今天在我的面前说了这么多坏话,但是,我并不接受它,所以,你的无理谩骂,还是要归于你的!婆罗门,如果我被谩骂,反过来也恶语相向,就犹如主客一起用餐一样,因此,我不接受你的菜肴。”然后,佛陀说了这样几句话:“对愤怒的人,以愤怒还击,是一件不应该的事情。对愤怒的人，不以愤怒还击的人，将可以得到两个胜利：知道他人的愤怒，而又自己镇静的人，不但能胜于自己，也能胜于他人。”婆罗门接受了这番教诲，并出家于佛陀门下，后来，他成为了阿罗汉。

佛陀的话昭示我们，生气本身就是拿别人的错误惩罚自己，与其耗费自己的时间和精力，不如学会释然。

央视主持人朱军曾说：“得意时淡然，失意时坦然。”境由心造，我们所面对的是一个多变的世界，可能我们改变不了环境，但是我们却可以改变自己；可能我们改变不了事实，但是我们可以改变自己的态度。正所谓“大肚能容容天下难容之事；开口便笑笑天下可笑之人”，人生百态，是是非非，没有必要将时间浪费在“生气”这件事上，更不要拿别人的错误惩罚自己。

面对他人的错误，动气怎能解决问题

萨谬尔森说：“人们在交往中应多一些体谅而非责难。”在生活中，从来不犯错误的人是不存在的，每个人难免都会因疏忽而犯下错误，所谓人有失手马有失蹄，更何况我们所面对的还是一个变幻莫测的世界呢。因此，我们应该允许他人犯错，当对方犯了错的时候，应该少责骂多教导。责骂，只是变相地强调对方的过错，这样会给犯错者带来很大的伤害；反之，教导会令一个人醒悟和进步，他会意识到自己的错误，并下定决心努力改正。在生活中，也有不少习惯于“责罚”别人的人，他们总是以审判者自居，似乎自己就是某种权威的象征，一旦别人犯了一点错误，他就紧抓着不放，习惯于指责对方，甚至会采用一些过激的方式对其进行责罚。他们自以为通过这样的方式可以使对方得到教训，改正错误，殊不知他们的责骂只会让犯错者继续犯错，而唯有教导才可以令犯错者知错能改。

王先生在午休的时候有个特别的习惯，就是外出散步，或许每次他都认

为自己走得并不远，因此，即使他一个人在家里，他也不会锁门。这天中午，王先生像往常一样外出散步回来，突然，他听到卧室传来轻微的响声，王先生摇了摇头，家里怎么会有别人呢？这时，小提琴的声音响起来了，而且，声音越来越大，王先生脑中冒出个念头，难道是有小偷？他慢慢走进了卧室，果然看见一个衣衫褴褛的少年正在抚摸自己珍藏的小提琴，那小提琴就好似自己的生命一般，一向性格温和的王先生沉下脸，他觉得这个少年一定是小偷，于是，王先生站在了门口，用身体挡住了孩子的去路。这时，王先生看见少年眼里满是胆怯和绝望，那种眼神十分熟悉，不禁让王先生想起了自己的童年。那一瞬间，王先生脸上慢慢浮现出笑容，他决定宽恕这个孩子。

王先生笑着说："你也是来找王先生的吗？我猜你一定是他的学生吧，而且，看你小提琴拉得不错哦。"少年愣了一下，警惕地问道："那你是谁？"王先生回答说："我？我是王先生的朋友，本来打算邀请王先生一起散步，没想到他已经走了，真是扫兴啊！"说完，他的目光移到了小提琴上，好奇地问道："这是你的小提琴吧，真漂亮，王先生曾经也有一把跟这样子差不多的小提琴，听说他赠送给了一个学生，希望这个学生跟你一样，是一个聪明好学的孩子。"少年迟疑了一会，点点头，说道："既然王先生不在家，那我先告辞了。"说完，少年小心翼翼地将小提琴拿走了。

三年过去了，在一次音乐大赛中，王先生被邀请担任决赛评委，最后，一位名叫科奇的男孩夺得了第一名。在评分时，王先生觉得自己好像在哪里见过他，但一时又想不起来。这时，科奇拿着一只小提琴匣子来到了王先生面前，他涨红了脸，说道："王先生，你还认识我吗？"王先生一片茫然，科奇眼里似乎有泪："您曾送我一把小提琴，我一直珍藏着，直到今天！三年前，我无意中走进了您家里，被您发现了，可是，好心的您并没有责怪我，反而说自己是王先生的好朋友……"科奇打开了琴匣，王先生一眼就认出了自己那把心爱的小提琴，他笑了，因为这位少年并没有让自己失望。

王先生的宽容让少年重新拾起了自尊，同时也挽救了一个迷途少年的灵魂。如果时间倒流，王先生选择怒骂、责罚等方式来对待少年，那么，世界上可能就少了一位优秀的小提琴家了。三年过去了，科奇对王先生的宽容依旧难以忘怀，因为那份宽容带给他的触动，让他对王先生充满了敬仰之情。

当你战胜了嗔恨的心魔，生命会因此更自主、自在与自由，原谅了别人，我们才是真正的强者。那些怒骂、责罚他人的人并不是真正的强者，他人的错误需要我们的指正，而我们内心的心魔则需要我们自省，克制内心愤怒情绪所带来的不良言行，战胜自己。怒骂与责罚他人并不会消减我们内心的不愉快，反而使那种恶劣的情绪有加剧之势，同时，还增加了一个情绪不满者，就是那个被自己怒骂、责罚的人。所以，克制自己的心魔，以教育的方式引导那些犯错者改正错误，在正确的道路上前行，做一个合格的引导师吧。

别让怒气毁坏原本珍贵的情谊

人生匆匆，如果要让一生没有遗憾，那就要学会珍惜。不管我们的生活是否一帆风顺，都不妨以珍惜的心态面对，让自己的生活多几分舒适，少几分牵挂的苦楚，多几分惬意，少几分不满的抱怨，多几分珍惜。珍惜，在汉语字典里被解释为珍重爱惜。大海之所以广阔无垠，那是因为它懂得珍惜每一条小溪；树叶发荣滋长，因为它懂得珍惜每一缕阳光；群山连绵巍峨，因为它懂得珍惜每一块砾石。人生在世，有许多东西需要我们珍惜，不过，现实生活中的人们却往往不懂得珍惜，只会自怨自艾，无休止地抱怨，在抱怨中自暴自弃，最终被自己的怒火所吞噬。所以，在现实生活中，我们要学会以珍惜的心态面对生活中的不如意。

珍惜，会让我们的心变得谦卑起来，对于自己所得到的一切，我们会小心翼翼，心怀感恩，不奢求那些自己不能得到的东西，这样一来，我们所能抱怨的东西就少了，因为我们的心灵花园已经被阳光充满了。仅仅是“幸福”

这样简单纯粹的事情，不同的人理解起来也不一样。颜回的一箪食一瓢饮是清贫者的幸福；财源滚滚，生意兴隆是商人的幸福；“春种一粒粟，秋收万颗子”是农民的幸福；官运亨通青云直上是政治家们的幸福。但对于我们任何人而言，幸福始终是不容易把握，容易失去的东西，到最后，我们才会发现“知足常乐”，珍惜现在才是最大的幸福。

从前，有一个国王陷入了烦恼之中，他总是感觉自己缺点什么，他十分纳闷，为什么自己对生活还不满意呢？

有一天早上，国王决定四处走走，寻找一位幸福而知足的人。当他路过御膳房的时候意外地听到了快乐的小曲，循着声音，国王看到了一个厨子正在快乐地歌唱，脸上洋溢着幸福。国王十分奇怪，向厨子问道：“你为什么如此快乐？”厨子笑着回答：“陛下，我虽然只是一个厨子，但是，我一直尽我所能让我的家人快乐，我们所需的并不多，一间草房，不愁温饱。家人是我的精神支柱，他们很容易满足，哪怕我带回一件小东西，他们都会感到很快乐，所以，我也十分快乐。”

国王对此感到不解，向丞相请教，丞相回答：“你只要做一件事情，他就会变得不快乐了。”国王好奇地追问：“什么事情？”丞相回答道：“在一个包里，放进去 99 枚金币，然后把这个包放在那个厨子的家门口，到时候你就会明白了。”按照丞相所说，国王命人将装了 99 枚金币的布包放在那个快乐的厨子家门前。回家的厨子发现了门前的布包，他好奇地将布包拿到房间里，当厨子打开布包的时候，先是惊诧，然后是一阵狂喜，他不禁大喊：“金币！金币！全是金币！这么多的金币啊！”他将包里的金币倒在桌上，开始查点金币，一共是 99 枚。“这不可能啊，应该不是这个数。”厨子心想，又数了一遍，还是 99 枚，他开始纳闷了：“怎么只有 99 枚呢？没人只会装 99 枚啊？还有 1 枚金币到哪里去了呢？会不会掉在哪里了呢？”厨子开始寻找，可是，找遍了整个房间和院子，他都没有找到那枚金币。厨子感到十分绝望，沮丧到了极点。

厨子紧皱眉头，决定自己从明天开始，加倍努力工作，争取早点挣回那枚金币，这样自己的财富就有100枚金币了。由于前一天晚上找金币太累，第二天早上，厨子起来得比平时晚，情绪也变得很差，对家里人大吼大叫，责怪他们没有及时叫醒自己，影响了自己财富目标的实现。厨子匆匆赶到御膳房，他看起来愁容满面，不再像往日那样兴高采烈，不哼快乐的小曲，只顾埋头拼命地工作。国王悄悄观察着厨子的变化，大惑不解：得到了这么多的金币应该更快乐才是啊，为什么反而变得愁容满面了呢？

怀着满腔疑虑，国王向丞相询问，丞相回答说："陛下，这个厨子心中有怨气，虽然他自己拥有很多，但是他并不会满足，他拼命工作，就是为了挣到那1枚金币。以前，生活对于他来说是多么快乐和满足的事情，但是，现在却突然出现了100枚金币的可能性，一切幸福都被打破了，他竭力去追求那个并没有实质意义的'1'，不惜以失去快乐为代价。"

那些懂得珍惜的人，他们视万物皆为恩赐，只有当心中充满了感恩与珍惜的时候，这个世界才会变得美好。无论什么时候，我们都要学会珍惜，以平常心看待功名利禄，以平静心观赏云起云落，宠辱不惊，那我们就是最幸福的人。懂得珍惜，就会赢得幸福。

学会了珍惜，我们就每天都可以呼吸到幸福的氧气，心中的怨气便会消失得无影无踪。珍惜是一种感恩，面对充满着烦恼与琐事的生活，尝试着通过思想或行动，表达出自己的感恩之情，同时，学会珍惜上天赐予自己的、人们给予自己的和自己所经历的。如果能长存珍惜之情，那我们的人生之旅就是充满快乐与幸福的，而且，一路芬芳相伴。

第3章

面对失败别灰心，人生谁不曾遭遇失意

智者说："请享受无法回避的痛苦，比别人更勤奋地努力，才能尝到成功的滋味。"在生活中，有的人一旦失败面临挫折，就会偃旗息鼓，自暴自弃。其实，在这个关键时刻，如果你只是沉浸在个人的痛苦中，处处斗气，那还不如迎难而上，吸取经验教训，抓住机会反败为胜。

聪明的人绝不会因失败哀号

古人云："胜而不骄，败而不馁。"在生活中，当我们赢得成功的时候，决不可骄傲；而当遇到挫折与失败之后，也决不能气馁。不管我们做什么事情，都应该采取这样的态度。我们应该明白，成功只是一时的，失败也是不可避免的，成功者不应该以为自己好像是常胜将军，而失败者不应该失去进取的信心。如果你总是成功后骄傲自满，而在失败后垂头丧气，自暴自弃，那这样的态度就意味着你在跟自己斗气，这些态度是不应该有的，我们应该做到"胜不骄，败不馁"，戒骄戒躁，努力寻找自身的优点和长处，强化自己，努力做到心平气和来面对成功和失败。在生活中，任何事业都有可能受挫，虽然成功的人是伟大的，但那些在失败面前能再次抬头前进的人才是值得尊敬的。

俗话说："失败乃成功之母。"其实，我们所遭遇的每一次挫折或不利，都是一笔宝贵的财富，挫折可以增长我们的经验，而经验则能够丰富智慧。所谓"胜不骄，败不馁"，明智的人绝不会因失败哀号，他们一定会积极地寻找办法，重新尝试，努力获得成功。

年轻时候的富兰克林很骄傲，有一次，一个工友把富兰克林叫到一旁，大声对他说："富兰克林，像你这样是不行的！凡是别人与你意见不同的时候，你总是表现出一副强硬而自以为是的样子，你这种态度令人觉得如此难堪，以致别人懒得再听你的意见了。你的朋友们都觉得不同你在一起时比较自在，你好像无所不知、无所不晓，别人已经对你无话可讲了，他们都懒得来和你谈话，因为他们觉得自己费了力气反而招来不愉快，你以这种态度来和别人交往，不去虚心听取别人的见解，这样对你自己根本没有好处，你从别人那里根本学不到一点东西，但是实际上你现在所知道的却很有限。"富

兰克林听了工友的斥责，讪讪地说道：“我很惭愧，不过，我也很想有所长进。”“那么，你现在要明白的第一件事就是，你已经太蠢了，现在已经太蠢了！”这个工友说完就离开了。

这番话让富兰克林受到了打击，他猛然醒悟了过来，他开始重新认识自己，与自己的内心作了一次谈话，并提醒自己：“要马上行动起来！”后来，他逐渐克服了骄傲、自负的毛病，成为了著名的科学家、政治家和文学家。

如果我们仅仅在取得了一次小小的成就之后，就翘起了骄傲的尾巴，那我们最后所遭遇的极有可能会是失败。在案例中，听了工友的话，骄傲的富兰克林意识到了自己的缺点，开始重新认识自己，并逐渐克服了自负的毛病。最后，他真的迎来了人生的成功。

有一只小雁，曾经得过幼雁百米短飞赛的冠军，从此它就变得骄傲起来，不再参加飞行训练。同伴叫它一起去练习，它不但不去，反而把它们讥笑一番。

很快，冬天到了，雁群要远迁到南方，小雁很想出风头，就离开了雁群，独自使劲地往前飞，第二天就飞不动了。这时，暴风雨来了，小雁被击落在湖边。当小雁离队伍越来越远时，它才认识到了自己的错误，就但它并不气馁，它坚定地表示：“我一定要赶上去！”于是，它开始了追赶雁群的艰难旅程。在飞行的途中，它的翅膀又痛又累，它忍受着；身子疲软乏力，它忍受着；伤口红肿发炎，它还是忍受着。这时，它脑海中只有一个念头：一定要回到队伍里去！终于，通过一些小动物的帮助以及自己的努力，它终于回到了队伍里。

从此以后，它再也不骄傲自满了，而是踏踏实实地参加飞行训练。

小雁经历了骄傲之后的失败，也从失败中重新站了起来。在生活中，我们何尝没有这样的经历呢？但令人惋惜的是，多少人都像开始时的小雁一样，赢得了一点成绩就骄傲自负，但在失败后，他们却停止了前进的脚步，往往像只斗败的公鸡一样垂头丧气。

当一个人赢得成功之后，如果他只知骄傲自满，那他很有可能即将面临

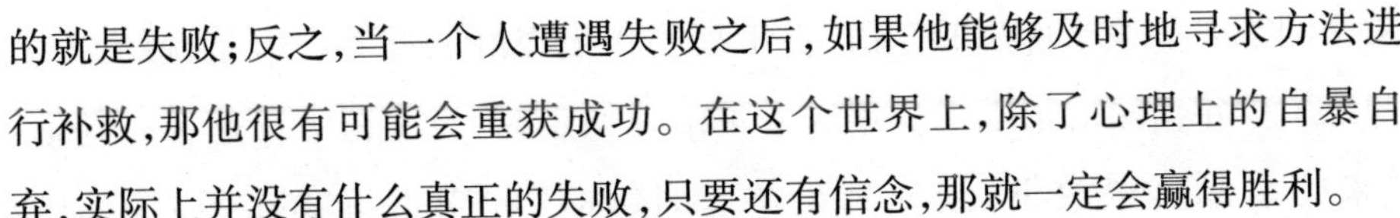
的就是失败；反之，当一个人遭遇失败之后，如果他能够及时地寻求方法进行补救，那他很有可能会重获成功。在这个世界上，除了心理上的自暴自弃，实际上并没有什么真正的失败，只要还有信念，那就一定会赢得胜利。

成大事者要经得起失败的打击

哲人说：“挫折造就生活。”凡是能够成大事者，他们都必须经得起挫折的历练，经得起失败的打击，因为成功是需要风雨洗礼的。一个人要想成功，就应该有意识地培养自己的忍耐力，因为成大事者是不畏失败的。挫折与失败就好像是成功路上的石头，对于那些内心脆弱的人而言，它是一块绊脚石，让他们止步不前；而对于内心极具忍耐力的人而言，它就是一块垫脚石，会让你站得更高，看得更远。一个人若是经不住失败，受不了风雨的洗礼，那他只会沉浸在失败带来的痛苦之中，除了不断地抱怨，别无他法，在他们心中，没有希望，也没有前进的动力。实际上，挫折从来都不是绊脚石，在经受失败和挫折的过程中，锻炼了我们承受挫折的忍耐力，而我们从失败中所汲取的经验和教训将成为我们赢得成功的有力保证。一个想成大事的人，应该不畏惧失败和挫折，努力培养自己的忍耐力，彻底清除心中的“败气”。

一位少年自认为看破了红尘，放下了一切，历经了千辛万苦找到了隐藏在深山里的寺院，他求见方丈想出家，他认为自己只有在这里才能真正地洗去尘世的繁华与浮躁。方丈仔细打量着少年，问道：“做和尚要独守孤灯，终身不娶，你能做到吗？”少年坚定地回答：“能。”方丈又问：“做和尚要每日三餐粗茶淡饭，粗衣薄褂忍受夏热冬寒，你能忍受得了吗？”少年回答说：“能。”方丈又问：“做和尚要无欲无求、无怨无恨，不问恩情，不记仇恨，无论任何时候都要心如明镜不染尘埃，你能做到吗？”少年斩钉截铁地说：“能。”然后，方

丈又问了一些关于佛法的东西,少年都能作出很好的回答。但是,最后方丈拒绝了少年出家的请求把少年送下了山。临走时,方丈留下了这样一句话:“未曾拿起莫谈放下,当你真正拿起时,你再回来告诉我你还能不能放得下。”

真正的放下,应该是“无欲无求,无怨无恨,不问恩情,不记仇恨,无论任何时候都要心如明镜不染尘埃”,而这需要强大的忍耐力。没有真正地经历过挫折,自然就没有足够的忍耐挫折的能力,挫折一旦降临,少年便冲动地想要逃避整个现实世界,想来在他心中还是有怨气,同时,还有一股“败气”,所以,他的请求遭到了方丈的拒绝。

杨润丹是美国杨氏设计公司的总裁,同时,她也是一位资深设计师。早年,她毕业于纽约大学的室内设计专业,后来在美国密歇根大学获得硕士学位。作为设计行业的领军人物,她已经从事设计工作三十年了,在工作中,她倡导创造高品质的生活,并将不同的潮流设计带入到室内外的设计中。与此同时,她所创造的品牌不断发展壮大,得到了越来越多人的支持与认可。

初识杨润丹,发现她是一个优雅恬淡的女子:细柔的言语、恬淡的笑容。但是,随着交谈的深入,很快发现她并不是一个柔弱的女子,在她的骨子里有着一份比男人更强的坚韧、执着。在受传统思想影响的社会,一个女人想要做成事真的很难,她们往往比男人付出更多,却收效甚微。杨润丹说:“我并不想做一个女强人,也不喜欢别人这样称呼我。在中国,大部分的女性都很优秀,而我只是找到了自己想要去坚持和努力的信仰,凭着那份坚韧与执着一步步走下去而已。”

早年,移居美国的杨润丹随着父亲第一次踏上中国的土地,后来,由于设计便常常往返于中国与美国之间。随着对中国的熟悉,心有志向的杨润丹决定在中国成立工程公司。刚开始创业的时候,她白天做设计,晚上去工地检查、指导、学习,回忆那段辛苦的日子,她说:“一个女人在中国、在北京,我们没有任何背景,没有任何关系,一开始赔了很多钱,无数次地想背包回

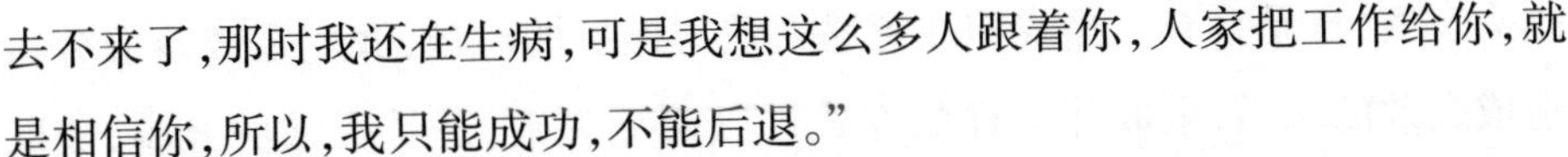

去不来了，那时我还在生病，可是我想这么多人跟着你，人家把工作给你，就是相信你，所以，我只能成功，不能后退。”

杨润丹，就是一个耐心与耐力兼具的女子，她心中的那份强劲的忍耐力，为其成功奠定了扎实的基础。

问到成功的秘诀，杨润丹坦言：“忍耐力是杨氏在中国成功的秘诀。”在杨润丹这个执着而认真的女子身上，从来不缺乏忍耐力。孤身在北京，过得十分辛苦，而且一开始就面临了失败，虽然她也曾无数次想背着包回家，但她依然以强大的忍耐力坚持了下来，最后，她成功了。做成一件事情，必然要经历挫折与困难，在这时若是不能坚持住，若缺乏一定的忍耐力，那事情肯定不会成功。

那些对未来有追求和抱负的人总是视失败为动力，将失败当成他们走向成功的跳板，他们从来不去抱怨，也从来不去埋怨别人，更不会与自己斗气。因为他们比谁都明白，失败是人生的一门必修课，自己是否能顺利毕业，取决于内心是否有强劲的忍耐力。当然，并不是所有失败都不可挽回，它有一定的破坏性，因此，即便我们遭遇了失败，也不要与自己斗气，不要怨天尤人，埋怨只会无限地扩大失败带来的损失，它只会让我们越来越堕落。面对失败，我们所需要做的就是不畏惧，直面失败，将“败气”、“怨气”通通都咽下，将生活中的每一次失败当成是一次考验，只要你拥有足够的忍耐力，就一定能战胜失败，赢得最终的成功。

失败了不放弃，调整心态继续上路

生活中，挫折与失败可以锻炼我们的忍耐力，但即便是拥有强大的忍耐力，我们离成功还是有一步之遥。在某些时候，要想赢得成功，还需要适时调整我们的心态。一旦遭遇失败，就应该选择重整旗鼓，迎难而上，而不是

垂头丧气,自暴自弃。当我们在遭遇失败与挫折的时候,我们需要冷静分析造成失败的原因,采取什么样的方式可以避免失败,总结失败的经验,吸取其中的教训,鼓舞自己,重拾信心,再一次给成功一个热情的拥抱。一个人在面临失败时,心态往往是最关键的,如果没有调整好心态,即便这个人很有能力,也是难以成功的。反之,那些本身能力欠缺的人,若是调整好了心态,那必然会赢得成功。

1832 年,亚伯拉罕·林肯失业了,这令他感到十分难过,他下定决心要成为政治家,当一名州议员。但糟糕的是,他在竞选中失败了,在短短的一年里,林肯遭受了两次打击,对他而言无疑是痛苦的,心中还有一些无法排解的怨气。接着,林肯开始自己创业,他开办了一家企业,可是还不到一年,这家企业倒闭了,林肯感觉到,似乎老天总是与自己作对,这是考验还是宿命呢?林肯不知道。但是,在之后的时间里,他即使心中有怨,还是到处奔波,偿还债务。不久之后,林肯又一次参加竞选州议员,这次他成功了,在林肯内心深处有了一线希望,他认为自己的生活有了转机,心想:“可能我就可以成功了。”

然而,人生的逆境好像永远没有结束的那一天。1835 年,亚伯拉罕·林肯与漂亮的未婚妻订婚了,在离结婚的日子还差几个月的时候,未婚妻却不幸去世,林肯心力交瘁,几个月卧床不起。没过多久,他就患上了精神衰弱症,他对任何事情都失去了信心,一种负面情绪萦绕在心中。1838 年,林肯觉得自己身体好些了,他决定竞选州议会议长,但是,在这次竞选中他又失败了,不过,那份永不放弃的精神一直鼓舞着林肯。1843 年,林肯参加竞选美国国会议员,这次他所面临的依旧是失败。但是,林肯却一直没有放弃,心中的怨气在一点点消减,他并没有想:“要是失败会怎样?”而是怀着一种平常心来对待,他想:如果自己不在意失败,那么,事情或许将有好的转机。

1846 年,林肯参加竞选国会议员,这次他终于当选了,两年任期过去,林肯面临着又一次落选。1854 年,他竞选参议员失败了,两年之后他争取美国副总统提名,但是却被对手打败,两年之后他再一次参加竞选,还是失败了。

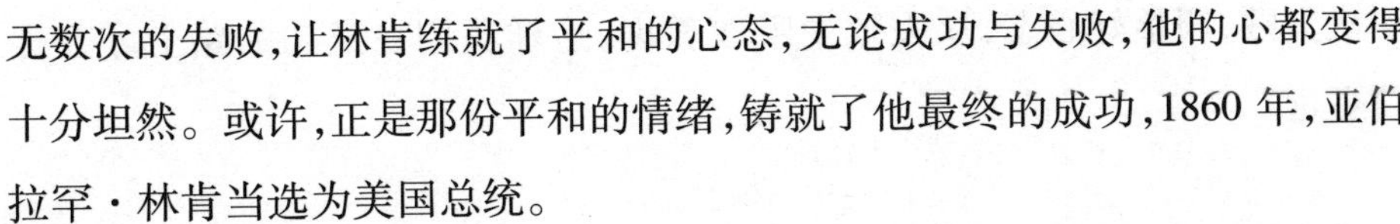

无数次的失败，让林肯练就了平和的心态，无论成功与失败，他的心都变得十分坦然。或许，正是那份平和的情绪，铸就了他最终的成功，1860 年，亚伯拉罕·林肯当选为美国总统。

孟子说：“天将降大任于斯人也，必先苦其心志，劳其筋骨，饿其体肤，空乏其身，行拂乱其所为，所以动心忍性，曾益其所不能。”面对每一次失败，林肯都以平和的心态面对，而且敢于迎难而上，在这一过程中，似乎命运也在跟他暗暗较劲，然而最终，林肯在与命运的博弈中取得了胜利。

小时候，妈妈总是这样说：“你能做到，玫琳凯，你一定能做到。”对于每一位年轻人来说，最为重要的是懂得“你不可能每件事都能成功”。在失败的时候，母亲总是鼓励玫琳凯展望未来：“你绝不可能每一次都是最棒的，接受失败，学会如何从失败中吸取教训，你才能继续前进。”“面对失败，不要气馁”，玫琳凯女士不仅将这句话作为自己的座右铭，而且将这句话作为公司的理念来激励更多的女性。玫琳凯坦言，自己创建公司的想法是在遇到了一些挫折之后才真正开始形成的。

玫琳凯说：“我建立公司时的设想是让所有女性都能够获得她们所期望的成功，这扇门将为那些愿意付出并有勇气实现梦想的女性带来无限的机会。”然而，在创业之初，她就经历了失败，玫琳凯用 5000 美元建立了“美梦公司”，自己包装产品，贴标签，在标签上写着“玫琳凯化妆品”。但是，就在公司开张一个月的时候，丈夫因心脏病发作不幸去世，同时，律师警告她，经营化妆品公司的失败率极高，但是，玫琳凯仍决定再试一次。一路走来，她也经历了不少弯路，但是，玫琳凯从来不灰心、不泄气。

有一句很受玫琳凯推崇的话：“失败一次，就向成功靠近一步。”那些成功者绝不会害怕人生所面临的失败，从来不畏惧再次尝试。玫琳凯经常对公司员工说：“如果比较一下我们的双膝，你们会看到我膝上的伤疤比在场的任何一个人都要多，这是因为我一生中有过无数次摔倒再站起的经历。”

其实，我们应该把人生的每一次失败都当作是尝试，不要抱怨上天的不公平，不要责怪家人和朋友，抱怨只会让我们离成功越来越远，试着接受每

一次失败，调整好心态，从失败中吸取教训，这样我们在成功的路上才会走得更远。

用乐观对抗消极，用磨难成就梦想

拿破仑说："人与人之间只有很小的差异，但是这种很小的差异却可以造成巨大的差异。很小的差异即积极的心态还是消极的心态，巨大的差异就是成功和失败。"当生活的灾难从天而降的时候，人们总会有两种截然不同的心态：有的人感觉到天塌下来了，什么都完了，除了抱怨还是抱怨，似乎他的整个生活都被不幸所吞噬了；有的人则心态乐观，他们甚至会将那些灾难和不幸当作朋友，最后，他们真的在磨难中有所收获，并赢得了人生的一笔财富。前者是拥有消极心态的人，在不幸遭遇面前，他只会斗气、抱怨；后者是拥有乐观积极心态的人，他们总是将生活的不幸当朋友一样看待。所以，当生活的不幸来临时，乐观积极的心态是一个人战胜艰难困苦，走向成功的助推器。

在大山里，有一个悲惨的男孩，在他 10 岁时母亲就因病去世了，父亲是一个长途汽车司机，长年累月不在家，没有办法照顾男孩。于是，自从母亲去世后，小男孩就学会了自己洗衣、做饭、照顾自己。然而，上天似乎并没有过多地眷顾他，在男孩 17 岁的时候，父亲在工作中因车祸丧生，在这个世界上，男孩没有什么亲人能够依靠了。

可是，对于男孩来说，人生的噩梦还没有结束。男孩走出了失去父亲的悲伤，外出打工，开始独立养活自己。不料，在一次工程事故中，男孩失去了左腿，惨遭人生的挫折，男孩并不抱怨，也不生气，反而让他养成了乐观的性格。面对生活中随之而来的不便，男孩学会了使用拐杖，有时候不小心摔倒了，他也从来不请求别人帮忙，同时，他还从事着一份简单的工作。

几年过去了，男孩用自己全部的积蓄开了一个养殖场，但老天似乎真的存心与他过不去，一场突如其来的大火，将男孩最后的希望都夺走了。

终于，男孩忍无可忍，气愤地来到了神殿前，生气地责问上帝："你为什么对我这样不公平？"听到了男孩的责问，上帝一脸平静地问："哪里不公平呢？"男孩将自己人生的不幸，一五一十地说给上帝听，听了男孩的遭遇后，上帝说道："原来是这样，你的确很悲惨，失败太多，但是，你干吗要活下去呢？"男孩觉得上帝在嘲笑自己，他气得浑身颤抖："我不会死的，我经历了这么多不幸，已经没有什么能让我害怕的了，总有一天，我会凭借着自己的力量，创造出属于自己的幸福。"上帝笑了，温和地对男孩说："有一个人比你幸运得多，一路顺风顺水走到了生命的终点，可是，他最后遭遇了一次失败，失去了所有的财富，不同的是，失败后他就绝望地选择了自杀，而你却坚强、乐观地活了下来。"

人生的不幸历练了男孩坚强的性格，生活的失败铸就了男孩积极乐观的心态。遭遇事业的失败后，男孩忍不住了，责问上帝为什么对自己这样不公平。这样的行为，我们似乎在大多数失败者身上都能看到，每每遇到人生不如意的时候，他们总是质问："老天，为什么我总是不幸的，为什么对我这样不公平？"在上帝的启发下，男孩明白了。即使自己失去了所有，他也不会退缩，或许真的就如他自己所说的那样，总有一天，他会凭借着自己的力量，创造出属于自己的幸福。

罗斯福在参选总统之前被诊断出患了小儿麻痹症，医生对他说："你可能会丧失行走的能力。"听了医生的宣判，罗斯福没有泄气，反而乐观地说："我还要走路，而且我还要走进白宫。"对于一个拥有着乐观心态的真正的强者而言，人生的一点挫折、失败并不算什么，罗斯福最终走进了白宫，成为美国最伟大的总统之一。乐观的心态总会让我们在磨难中迅速成长，最终助我们采摘成功的果实。

让脾气成为战胜困难的助推器

在某些时候,脾气也可以成为我们迎战困难的动力,特别是一些人执着、冷静的性格,更可以成为战胜困难的助推器。如果我们总是在追问为什么有的人总是能置之死地而后生,那不妨先看看他们的脾气秉性到底是怎么样的。在生活中,有的人是永不服输的个性,不管自己遭遇了多么大的磨难,他们从来不低头,也从来不妥协,而是一次次执着地走下去。当然,有这样脾气的人,我们可以称之为"固执",但从他们身上透露出来的是对成功的渴求,以及对信念的坚持。或许,在平时的时候,我们不会觉得脾气对我们赢得成功有什么帮助,但一旦遭遇失败,"执着"的优势就显现出来了,那些天性"固执"的人,他们不会轻易就被困难吓倒,即便前面荆棘满地,他们也会咬牙坚持到底,因为骨子里执着的脾气令他们没有丝毫的懈怠。

许多年前,一位在政届颇有分量的女性到美国南卡罗来纳州的一个学院给学生发表讲话。虽然,这个学院规模并不是很大,但这位女性的到来,还是使得本来不大的礼堂挤满了兴高采烈的学生,学生们都为有机会聆听这位大人物的演讲而兴奋不已。

经过州长的简单介绍,演讲者走到麦克风前,她用眼睛扫视了一遍下面的学生们,然后开口说:"我的生母是聋子,我不知道自己的父亲是谁,也不知道他是否还活在人间,我这辈子所得到的第一份工作是到棉花田里做事。"

台下的学生们都呆住了,那位看上去很慈祥的女人继续说:"如果情况不尽如人意,我们总可以想办法加以改变。一个人若想改变眼前的不幸或无法尽如人意的情况,只需要回答这样一个简单的问题。"随后,她以坚定的语气接着说:"那就是我希望情况变成什么样,然后全身心投入,朝理想目标前进即可。我是一个不服输的人，这样的脾气推动着我走到现在。”说完，她的脸上绽放出美丽的笑容：“我的名字叫阿济·泰勒摩尔顿，今天我以第一位美国女财政部长的身份站在这里。”顿时，整个礼堂爆发出热烈的掌声。

阿济·泰勒摩尔顿是一位女性，一位生母是聋子、不知道亲生父亲是谁的女性，一位没有任何依靠饱受生活磨难的女性，而恰恰是这位表面柔弱的女性，竟成为了美国女财政部长。说到自己的成功，她只是轻描淡写地说：“我希望情况变成什么样，然后就全身心投入，朝理想目标前进即可。”这句看似平常的话语，透露出她性格中的坚韧与执着，那骨子里不服输的脾气，竟然成为了她战胜困难的无限动力。

威廉、约克和李维相约去美国旧金山淘金，当他们达到目的地以后，却发现现实远没有想象中美好。在当地，比金子更多的是淘金者。面对这样的情况，三人都感到很失望，不知道该怎么办。

威廉满腹失望，但是内心却不甘，既然来到了旧金山，说什么还是去寻找金子才是正确选择，于是，他决定还是去淘金，几年过去了，他依然过着劳苦而贫困的生活；约克对淘金已经没有太大兴趣了，他暂时打消了自己淘金的念头，想在当地另谋生路，后来，他发现了废弃在沙土中的银，便开始了自己冶银的事业，几年过去了，他成为了当地的富翁；李维与约克一样，他觉得淘金虽然有可能成功，但是，面对着比金子还多的淘金者，他预感到做一个淘金的工人似乎并不是理智的选择，等到平静下来之后，李维想到了自己的手艺，他决定卖耐磨的帆布裤。他对帆布裤加以改造，发明了牛仔裤，后来，李维创立了世界名牌levi’s。

有时候，冷静的脾气也可以为我们带来成功。就好比这个案例中，约克和李维面对所处的环境，做出了冷静的选择，及时地改变了一事无成的局面。当遭遇了挫折时，我们在战胜逆境的过程中，最重要的是保持平和的心态，冷静地思考什么样的选择才是正确的。

我们从来不否认某些性格对于我们战胜困难会发挥出巨大的作用，但我们也不主张，无限制地将“脾气”发挥出来。比如，脾气固执的人，可能会

一头钻进死胡同，这样对成功同样是极为不利的；而习惯于冷静的人，也可能因太过于冷静而变得优柔寡断，等等。在人生的旅途中，我们要善于发挥出性格的优势作用，使之成为迎战困难的推动力。

别在痛苦中生气，让悲伤化为动力

在生活中若是遭遇了灾难和不幸，我们本该静下心来寻找新的解决办法，但现实生活中的大多数人却总是不能自已，他们总是纠结在失败的痛苦之中，总会反反复复地考虑：为什么不幸的总是我？为什么我的命运如此多舛？为什么上天总是这样不公平？如果在这时，他们看见别人正幸福地生活着，他们更会觉得不甘心，觉得自己是如此无辜。就这样，他们沉浸在失败的痛苦之中，慢慢地，身心变得越来越颓废，他们对未来失去了希望，内心的斗志已经被失败的痛苦所腐蚀，他们早已经忘记了奋斗，他们只是不断地纠结在过去的失败和不幸之中。意志消沉导致他们失去了挣扎的勇气，就这样年复一年，日复一日，如同行尸走肉般地生活着。对于这样的人而言，人生还有什么意义呢？所以，如果我们的生活遭遇了磨难和不幸，应该学会放松下来，而不是沉浸在失败的痛苦之中。

金蒙特在18岁的时候，就成为了全美国最受欢迎的滑雪选手之一，“金蒙特”这个名字出现在美国的大街小巷，照片也上了许多杂志的封面。美国人全部都看好金蒙特，认为她一定能为美国夺得奥运会的滑雪金牌。

然而，不幸总是降临在那些满怀希望的人身上。在奥运会预选赛最后一轮的比赛中，由于雪道太滑，金蒙特不小心摔了出去。当她从医院里醒来，发现自己虽然捡回了性命，但是自肩膀以下的身体却永远失去了知觉。金蒙特明白：人活在世界上只有两种选择，奋发向上或者意志消沉。最后，金蒙特选择了奋发向上，因为她对自己的能力坚信不疑。

虽然，金蒙特不可能再成为滑雪冠军，但在艰难的日子里，她依然追求着有意义的生活。她学会了写字、打字、操作轮椅和自己进食，同时，金蒙特确立了自己新的理想，那就是成为一名教师。由于行动不便，当金蒙特向教育学院提出教书的申请时，学校的领导都认为她不适合当教师。但是，金蒙特想成为教师的信念十分坚定，她继续接受康复治疗，同时不放弃自己的学业，终于，金蒙特获得了华盛顿大学教育学院的聘请，实现了自己的愿望。

金蒙特在失去了做一名滑雪运动员的机会以后，她并没有放弃自己的人生，虽然，这样的打击是残酷的，但她更明白，面对不幸只有两种选择，奋发向上或者意志消沉。最后，金蒙特没有沉浸在失败的痛苦之中，而是重新开始，她给自己树立了适合自己的目标——做一名教师。或许，对一名正常人而言，做一名教师是很简单的事情，但对于金蒙特来说，这却是非常困难的，但她能够坚持下去，终于，她的所有努力换来了应有的回报。

一天夜里，小偷潜入了谈迁的家里，但是，小偷发现谈迁家里空荡荡的，根本没有什么值钱的东西。正当小偷准备失望而归的时候，他一眼瞥见了屋子角落里有一个锁着的竹箱，小偷如获至宝，以为里面装着值钱的东西，就把整个竹箱偷走了。其实，那个竹箱里并没有什么值钱的东西，而是谈迁刚刚写好的《商榷》，对于小偷来说，这东西一文不值，而对于谈迁来说，却是珍贵的书稿。

二十多年的心血化为乌有，这对谈迁来说，是一个致命的打击。他已经年过半百，两鬓花白，似乎无力坚持下去了。但是，谈迁没有放弃，他不断地鞭策自己：再写一本将会更精彩。在强大信念的支撑下，谈迁从痛苦中崛起，重新撰写那部史书。10 年以后，又一部《商榷》诞生了，新写的《商榷》共有 104 卷，500 万字，而且内容比之前的那部更精彩、翔实，谈迁也因而名垂青史。

如果在书稿被盗之后，谈迁就一直沉浸在痛苦之中，那估计我们现在就无法阅读到如此精彩的《商榷》了。值得庆幸的是，谈迁虽然年过半百，但他还是放下了心中的痛苦，不断地鞭策自己，在痛苦中崛起，铸就了《商榷》这部传奇。

生活中，有的失败和不幸是不可避免的，我们所能做的就是接受，然后想办法改变现状。如果面对失败与不幸，你还有时间和精力去痛苦、悲伤，还不如好好利用现有的时间去打磨自己，从而放下内心的不甘和痛苦，然后重新拥抱成功。

第4章

别跟自己太较真，遇事无须埋怨自己

在生活中，有的人习惯于自己生自己的气，在他们看来，自己身上总是有那么多不如意的地方，于是，埋怨自己，贬低自己，最后变得自暴自弃。实际上，那些自己跟自己生气的人是愚蠢的，人生在世，我们要善待自己，而不是总是和自己较劲。

欣赏自己、接纳自己、善待自己

在生活中，我们需要善待自己，认同并欣赏自己，而不是总是与自己较劲。善待自己，其实是一种自我解脱，了解自己的优点和缺点，会让你对生活有更深刻的认识，在任何情况下，心理都会保持相对的平和，对于自己的某些缺点能够坦然面对，这样才能活出大气的人生。然而，在现实生活中，有的人总是不能够善待自己，他们总是纠结于自己身上的某些缺点，总觉得自己不够完美，结果，在这种心理状态下，他就逐渐变得自卑起来，而且往往会自寻烦恼，甚至造成难以挽回的悲剧。所以，在生活中，我们要学会善待自己，不要与自己较劲，要学会欣赏自己。

波波拉是位女教师，她一直很不满意自己的长相，她觉得自己哪儿看起来都不顺眼，在经过一番心理挣扎之后，她决定去整容。整形医师仔细打量了她的五官，认为她长得并不难看，关键问题在于波波拉内心的失衡，她把自己估计得太低。在波波拉的强烈坚持下，整形医师还是为她动了手术，不过只是稍微改善了她的五官，这比她自己所要求的要少很多。

手术之后，波波拉显得很不高兴，她一边打量镜子中的自己，一边埋怨："你并没有对我的面孔做太大的改变。"整形医师解释说："你的面孔本来就只需要稍作改善，问题是你使用面孔的方式错了，你把它当作一个面具，用来遮掩你的真实感觉。"波波拉低下头："我已经尽自己最大的努力了。"医师没有说话，只是默默地看着她，波波拉沉默了许久，才说道："每天我到学校去的时候，就像戴了张面具，尽量表现出自己最好的一面，我认为自己不够好，我把所有的感情全部隐藏起来，只留下我认为正确的一部分。但是，令我难过的是，在我三年的教学生活中，孩子们总是嘲笑我。"

整形医师微笑着说："孩子们嘲笑你，是因为他们已经看出你一直在演

戏,他们了解你已经自我失衡。其实,作为一名教师,并不一定要使自己表现得十分完美,偶尔也可以表现得愚蠢一点,这样孩子们就会尊重你了。记住,你就是你,不需要改变自己的容貌,而需要调整自己的心态,学会善待自己,不要总是跟自己较劲。”波波拉接受了医师的建议,从那时候开始,她再也不去在意自己的容貌,而是完全地接纳自己,最后,她成为了孩子们最喜欢的老师。

自己看自己不顺眼,自己找气生,这都是自己在跟自己较劲。这时我们需要给自己的心灵寻找出路,从内心深处来接纳自己,让自己与心灵融为一体,这才是真正的善待自己。有时候,自己与自己较劲的根源并不在于外在因素的影响,或者自己身上的某些缺点,而是源于自己内心的阴霾,人们总是羡慕别人,总是觉得自己哪里都不对劲,于是,烦恼就产生了。长此以往,会造成严重的后果。

一群研究生曾向心理学家请教:你怎么解释“烦恼都是自己找来的”呢?心理学家微笑着不说话,一会儿,他从房间里拿出了20多个水杯摆在茶几上,杯子各式各样,是不同的材料制成的,有的是玻璃杯,有的是塑料杯,有的是瓷杯,有的是纸杯,有的杯子看起来很高贵,有的杯子看起来很粗陋。

心理学家开始说话了:“你们都是我的学生,我就不把你们当客人看待了,你们要是渴了,就自己倒水喝吧。”这天正值天气闷热,大家便纷纷拿了自己中意的杯子倒水喝,当学生们都拿起了杯子,心理学家说话了:“大家有没有发现,你们挑去的杯子都是比较好看、比较别致的,像这些塑料杯和纸杯,都没有人拿。其实,这就是人之常情,谁都希望手里拿着的是一只好看一点的杯子,但是,我们需要的是水,而不是水杯,所以说,杯子的好坏,并不影响水的质量。”接着,心理学家解释道:“想一想,如果我们总是有意或无意地把选杯子的心思用在了那些琐碎的事情上,甚至用在攀比上,那么,烦恼自然而然就来了。”

世界歌王迈克尔·杰克逊因心脏病突发去世,根据其经纪人透露:杰克逊的死是一幕心理悲剧。杰克逊认为自己长相不好,皮肤黝黑,因而心理失衡,多次通过漂白全身和整容来改变自己,然而,这更使他承受了心灵与肉体的双重打击,最终导致了最后悲剧的发生。

生活中,许多人的烦恼、郁闷都是自找的,本来没有烦恼,或者说原本就不是烦恼,但由于内心对自己的苛责,不自觉地把一切事情都当作烦恼。所以,请善待自己,接纳自己,抛弃心中的烦恼,不要自己跟自己较劲。

看重自己,自信的人不斗气

子曰:“不患人之不知己,而患人之不己知。”对于一个人来说,最值得担心的事情就是自己不够了解自己,不懂得欣赏和肯定自己,因为有时候一些莫名其妙的斗气其实是源于内心的自卑。内心自卑,却又追求完美的人习惯了对自己的挑剔,总是觉得自己这里不完美,那里不如意,而这也成为他们自己跟自己斗气的理由。他们常常会自言自语:“如果我再瘦一点就好了”、“要是我的皮肤再白一点就完美了”。然而,生活哪里会有“如果”,最终,他们的心理会陷入一个恶性循环的过程:在欣赏自己的同时,否定自我,最终将自己否定得一无是处。因此,我们更需要学会欣赏自己,相信自己,因为自信的人是从来不和自己斗气的。

林黛玉刚刚进荣国府的时候,对她就有一句评语:“心较比干多一窍。”后来,林黛玉看到史湘云挂了金麒麟,宝玉最近也得到了一个金麒麟,林黛玉便开始生气:“便恐就此生隙,同史湘云也做出那些风流佳事来。”于是,林黛玉便去偷听,结果却听到了宝玉厌烦史湘云劝他留心仕途经济的话,宝玉说:“林妹妹不说这样的混账话,若说这话,我也和他生分了。”黛玉听到这样的话,“不觉又惊又喜,又悲又叹。所喜者,果然眼力不错,素日认他是个知己。所惊者,他在人前一片私心称扬于我,其亲热厚密,竟不避嫌疑。所叹者,你既为我之知己,自然我亦可为你之知己,既你我为知己,则何必有金玉

之论哉；既有金玉之说，亦该你我有之，则又何必来一宝钗哉！所悲者，父母早逝，虽有刻骨铭心之言，无人为我主张。况近日每觉神思恍惚，病已渐成，医者更云气弱血亏，恐致劳怯之症，你我虽为知己，但恐自不能久持；你纵为我知己，奈我薄命何！”

有一次看戏，大家都看出那个演小旦的有点像林黛玉，只是都不肯说，史湘云却是快人快语，一下子就说了出来，林黛玉感觉自己受辱了，马上就生气了。怕黛玉生气，宝玉使眼色给史湘云，本来宝玉是一片好意，黛玉却是更加生气。

后来，黛玉说起宝琴来，想到自己没有姊妹，不免心中悲戚，又哭了，宝玉忙劝道：“你又自寻烦恼了，你瞧瞧，今年比去年越发瘦了，你还不保养，每天好好的，你必是自寻烦恼，哭一会儿，才算完了这一天的事。”黛玉拭泪道：“近来我只觉得心酸，眼泪却好像比旧年少了些的，心里只管酸痛，眼泪却不多。”宝玉说道：“这是你平时哭惯了心里疑的，岂有眼泪会少的！”

林黛玉自己也明白，自己的病是因性情所起，但是，她却没有为之做出改变，真是令人叹息。虽然，林黛玉各方面条件都不差，但是，父母都已经不在人世，自己又寄人篱下，心中未免有点自卑，这成为她产生怨气的根源。在林黛玉身上所体现出来的特点是：既才华出众，却又多疑多惧，甚是自卑。很多时候，她不懂得欣赏自己，自然就没有办法快乐起来，越是跟自己斗气，心病也就越来越重。

有一个衣衫不整、蓬头垢面的女孩，她长得很美，不过却总是满脸怒气。有人跟她聊天，她也显得心不在焉，聊天的人都沉默了。有一天，一位心理学家惊讶地问她：“孩子，你难道不知道你是一个非常漂亮、非常好的姑娘吗？”

“您说什么？”姑娘有些不相信地看着对方，美丽的大眼睛里噙满了泪水，更多的是惊喜。原来，在生活中，她每天所面对的都是同学的嘲笑、母亲的责骂，在这样的环境中，她已经失去了自信，而自卑则成为了她斗气的根源。

哲学家黑格尔说:“世界精神太忙碌于现实,太驰骛于外界,而不遑回到内心,转回自身,以徜徉自怡于自己原有的家园中。”世界上没有两个完全相同的人,每个人都是独立的个体,在我们身上有许多与众不同的甚至优于别人的地方,这是每一个人值得骄傲的地方。我们完全有理由肯定并欣赏自己,这会有效地提升我们的自信,同时,也会彻底清除我们内心的怒气和怨气,从此自己不再跟自己斗气。

有这样一句话:“人活着,或许有不少人值得欣赏,但你最应该欣赏的应该是你自己。”不管我们自己身上有着什么样的缺点,都不要自卑,更不要嫌弃自己,我们应该变得自信起来,以一种欣赏的眼光来看待自己,因为这个世界更需要一份独特的美丽。

摆脱悲观心态,培养乐观情绪

悲观是一种比较普遍的情绪,对于生活中那些不如意的事情,我们的心情会变得悲伤,内心也会产生一些悲观的情绪。但是,许多人都没意识到悲观的危害性,可能在某些人看来,悲观没什么大不了的,又不是得了抑郁症。不过,据心理学家观察,长时间的悲观心态,会让一个人感到失望,丧失其心智,若是长时间生活在悲观的阴影里,自己也会变得气郁沉沉。小小的烦恼,一旦开了头,就会渐渐地膨胀成多的烦恼。对于持悲观心态的人而言,那烦恼就好像是心中长了一颗毒瘤,那些生活中不如意的事情,总是让他们备受煎熬。悲观心态给我们生活带来的影响是巨大的,一个有着悲观心态的人,不管是工作还是生活,都没办法获得成功,悲观的心态会成为他们走向成功路上的绊脚石。所以,要想积极乐观地生活,我们就应该想办法摆脱悲观心态,把控健康情绪。

有两个人,一个叫乐观,一个叫悲观,两人一起洗手。刚开始的时候,端

来了一盆清水，两个人都洗了手，但洗过之后水还是干净的，悲观说："水还是这么干净，怎么手上的脏物都洗不掉啊？"乐观却说："水还是这么干净，原来我手一点都不脏啊！"几天过去了，两个人又一起洗手，洗完了发现盆里的清水变脏了，悲观说："水变得这么脏啊，我手怎么这么脏？"乐观却说："水变得这么脏啊，瞧，我把手上的脏东西全部洗掉了！"同样的结果，不同的心态，那么就会有不同的感受。

拥有悲观心态的人，他们只会看到天空暂时的阴霾，却忽视了躲在乌云后面的太阳。持悲观心态的人，他看什么都会带着悲观的情绪，即便是他们到了春天的田野，他们所看到的依然是折断了的残枝，墙角的垃圾，他们总是忽视了身边美丽的风景，因此，他们的心灵永远无法收获快乐。而乐观的人则不一样，因为心怀感恩，他们总是发现生活中不经意的美，即便是残枝败叶的冬天，他们也会感受到一种萧瑟的美。

有两位年轻人到同一家公司求职，经理把第一位求职者叫到办公室，问道："你觉得你原来的公司怎么样？"求职者脸色阴郁，漫不经心地回答说："唉，那里糟透了，同事之间尔虞我诈，钩心斗角，我们部门的经理十分蛮横，总是欺压我们，整个公司都显得死气沉沉，生活在那里，我感到十分的压抑，所以，我想换个理想的地方。"经理微笑着说："我们这里恐怕不是你理想的乐土。"于是，那位满面愁容的年轻人走了出去。

第二个求职者被问了同样的问题，他却笑着回答："我们那里挺好的，同事们待人很热情，互相帮助，经理也平易近人，关心我们，整个公司气氛十分融洽，我在那里生活得十分愉快。如果不是想发挥我的特长，我还真不想离开那里。"经理笑吟吟地说："恭喜你，你被录取了。"

人们总是欣赏那些乐观积极向上的人，而对那些拥有悲观心态的人采取回避的态度。原因并不是因为拥有悲观心态的人欠缺能力或者资历不足，而在于他们的心态不够健康。悲观者总是看不到未来和希望，因此，他们总是会生活在漫无边际的黑暗之中，即便美好的生活就摆在他们面前，他们也会视而不见，继续沉浸在一个人的痛苦之中。

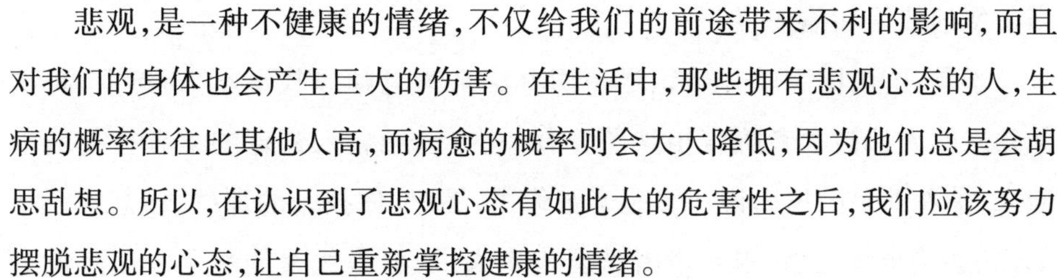

悲观，是一种不健康的情绪，不仅给我们的前途带来不利的影响，而且对我们的身体也会产生巨大的伤害。在生活中，那些拥有悲观心态的人，生病的概率往往比其他人高，而病愈的概率则会大大降低，因为他们总是会胡思乱想。所以，在认识到了悲观心态有如此大的危害性之后，我们应该努力摆脱悲观的心态，让自己重新掌控健康的情绪。

少一点比较，做特别的自己

在生活中，我们常常会痴迷于“比较游戏”，我们总是会说“某某家里真有钱，哪像我的家里啊，穷得连一件电器都买不起”、“某某真是有福气，找了一个这么好的老公，哪像我嫁了一个没用的男人”。原以为“比较”只是表达了羡慕，殊不知，越是比较，越是觉得自己处处不如别人。于是，在比较之中，自己变得越来越自卑起来。然后，烦恼就产生了，在比较之后，他们开始挑剔自己的生活，将自己生活中不如意的事情与别人的幸福相比，无论怎么比较，他们都会觉得自己不如别人。如果说在比较之前，他们还能安心地生活，那在比较之后，他们已经无法静下心来好好生活了，他们一天只会沉浸在“比较”带来的失衡心理中，痛苦、自卑在心中无限地反复，直至自我堕落。当然，我们一点也不否定“适当比较”可以促进一个人进步，但若是比较太多，则会令一个人陷入比较的痛苦之中。所以，在生活中，我们还是少一点比较，学会做独特的自己，因为你本来就是独一无二的。

一位学者到了风烛残年的时候，感觉到自己的日子已经不多了，他想考验和点化一下自己那位看起来很不错的助手。于是，他把助手叫到床前说：“我需要一位最优秀的传承者，他不但要有相当的智慧，还必须有充分的信心和非凡的勇气……这样的人直到目前我还没有见到，你帮我寻找和发掘出一位，好吗？”助手坚定地回答说：“好的，好的，我一定竭尽全力去寻找，不

辜负您的栽培和信任。”

于是，这位助手就开始想尽一切办法来为老师寻找继承人，然而，每次他领来的人都被学者婉言拒绝了。有一次，已经病入膏肓的学者挣扎着坐起来，拍着助手的肩膀说：“真是辛苦你了，不过，你找来的那些人，其实还不如你……”半年之后，眼看学者就要告别人世，但最优秀的继承人还是没有找到，助手十分惭愧，泪流满面地对老师说：“我真对不起您，令您失望了！”学者叹息着说道：“失望的是我，对不起的却是你自己……本来最优秀的人就是你自己，只是你不敢相信自己，总是与他人相比较，才把自己给忽略、给耽误、给丢失了……其实，每个人都是最优秀的，差别就在于如何认识自己、如何挖掘和重用自己……”话还没有说完，学者就永远离开了这个世界，而那位助手一辈子都活在了深深的自责之中，因为自己辜负了老师的期望。

在上面这个故事中，那位助手不敢相信自己，在学者面前，他总是“谦逊”地表示“别人比我更优秀”。而他之所以产生这样的想法，也是源于内心的不自信，最终辜负了老师的期望。其实，生活中的我们，就好像那位学者所说“每个人都是最优秀的，差别在于如何认识自己、如何挖掘和重用自己，而不是沉浸在比较的游戏之中”。

约瑟芬在中学的时候，成绩还不错，每次考试都是前十名。但面对这样的成绩，约瑟芬总是不满意，他天天与班里那些成绩更优异的同学比较：“他数学总是满分，为什么我总会丢几分呢?”“他家里很穷，成绩却这样好，我家里条件还不错，成绩却不如他好”。约瑟芬沉迷于这样的比较，越是比较，他越是难以自拔，越是比较，他自己的成绩越是下降。后来，他直接从前十名跌到了倒数。面对这样的约瑟芬，老师说：“你已经无可救药了。”对此，约瑟芬觉得很沮丧，他觉得自己这辈子也不会有什么出息了。

有一天，班里来了一个著名的学者，老师神秘地点了5个同学的名字，其中包括了约瑟芬。约瑟芬感到十分紧张：难道自己又要受批评？来到了办公室，那位著名的学者讲话了：“孩子们，我仔细研究了你们的档案和家庭以及现在的学习情况，我认为你们5个人将来会成大器的，好好努力吧。”约瑟芬感到一阵眩晕，以为自己听错了，可是，看着在场人的表情，约瑟芬知道这是真的。原来自己与那些成绩优秀的人是一样的，约瑟芬的成绩很快就上来了，再也没有人说他是无可救药的了。

在学习生活中，约瑟芬常常与那些所谓的尖子生比较，结果，越比较越泄气，内心的怨气让他开始“破罐子破摔”，而这样的行为和观点正是通过比较而得出来的。直到遇见那位学者，约瑟芬才发现原来自己跟那些成绩优异的人并无两样，这样想来，他变得无比自信起来，成绩自然也就上升了。

生活中，每个人都是独一无二的，我们应该对自己充满自信，如果你只是沉迷于比较的游戏，那表示你内心对自己还是缺乏自信。所以，相信自己，少作比较，因为你就是这个世界最独特的，同时也是最耀眼的。

别奢望所有人都对你满意

不知道有没有人发现，在很多时候，当我们去做一件事情的时候，总会有诸多的顾虑——“爸妈会满意吗?”“身边的朋友会怎么看我呢?”“领导和同事怎么样看我呢?”这样多重考虑下来，最终还是决定不做了。原来，我们做事情的初衷，只是希望让所有的人都满意，我们希望成为被大家认可的人。尽管，一个人生活在这个世界，最大的价值就是得到他人的认同，但是，这并不意味着我们要将这样的目标作为自己行动的束缚，我们在做任何事情的时候，总是会想“大家都满意吗？如果有人不满意，该怎么办呢？难道放弃自己喜欢的吗?”那些总是在意别人眼光和态度的人，他们会放弃自己所喜欢的，而选择让大家都满意的事情去做。但是，这样做了，自己真的会开心吗？你放弃自己行为快乐，只会换来别人的一个点头或认可，这何尝对自己不是一种残忍呢？在生活中，我们要学会爱惜自己，遵从于自己内心的决定，更应该明白，我们不可能让所有的人都满意。

王娜是同事们公认的“好人缘”，或者说她是一个从来不唱反调的人，在任何时候，她的观点都与大家保持一致。在办公室里，一个东西，只要是同事们都说“这个东西真的很好”，她就会随声附和“真的很好啊”；一件衣服，同事们都说漂亮，她也会表示“颜色十分均匀，款式也很新颖”；一份策划案，大家都说不错，她也会承认“设计比较独特，很不错”。每天，为了应付那些同事，王娜总说“好啊，这个好”、“不错，不错”，即使心里面觉得这个东西真的不咋样，但是，为了赢得一份好人缘，以免得罪同事，王娜还是满脸笑容说：“我也觉得很不错。”

可是，每天回到了家里，王娜就开始抱怨了：“真累！搞不懂那些同事是什么欣赏眼光啊，明明那个东西没有什么用，偏偏宝贝得不得了；一件过了季的衣服，还说漂亮；策划案完全是抄袭网上的一篇文章，大家都称赞得不行了，为了应付他们，每天真的好累！”

其实，生活中那些所谓的“好人缘”、“好脾气”，他们的内心都是无比痛苦的，因为他们总是在做让别人满意的事，他们不敢表露自己真实的想法。如果说那些敢于表达自己观点的人活得率真，那这些害怕表露内心的人肯定会活得很累。在他们内心，始终有一股怨气在不断地积累、膨胀，时间长了，就会令他们濒临崩溃的边缘。

事实上，每一个人都不可能让所有的人满意，满足了这个人的愿望，就难以满足其他人的喜好，难道我们总是在做被别人操控的木偶娃娃吗？难道我们从来就不敢做回自己吗？

其实，我们也是可以的，我们可以做回自己，做自己喜欢的事情，既然不能让所有的人满意，那至少应该让我们自己满意。做自己喜欢的事情，这就是爱惜自己，善待自己的一种方式，也是对自己最有益的一种生活方式。

原谅自己，有了错误改正就好

生活中，我们既是独特的，又是不完美的，因为在这个世界上，并不存在十全十美的人。所谓“金无足赤，人无完人”，同样，我们也会犯错，也会嫉妒、也会口无遮拦、也会在某个路口走错路，这都是容易理解的。对于自己无意或有意犯下的错误，我们应该选择原谅，而不是纠结其中，更不要陷入无休止的自责之中。我们并不是圣贤，应该允许自己犯错，只要能及时地改正错误，那就是值得庆幸的事情。一个人总是有犯错的时候，谁也不能保证自己就是完美无缺的，许多人难以忍受自己的错误，他们总是会苛责自己，甚至不能原谅自己所犯下的错误。即便他人已经原谅自己了，但自己还是会陷入深深的自责之中，整个人变得萎靡不振。在这样的过程中，我们都忘记了，不犯错误的人是不存在的，既然这样，我们为什么要苛责自己呢？

约翰尼·卡特是著名的歌手，谁曾想他过去也犯过一次错误呢。在约翰尼·卡特的事业蒸蒸日上的时候，他却感觉到自己的身体已经被拖垮了。为了保证演出，每天，他需要借助安眠药才能入睡，还需要服用兴奋剂来维持第二天的精神状态。

后来，卡特的坏习惯越来越严重，一位行政司法长官对他说：“约翰尼·卡特，今天我要把你的钱和麻醉药还给你，因为你比别人更明白你能充分自由地选择自己想干的事，这就是你的钱和麻醉药，你现在就把这些药片扔掉吧，否则，你就去麻醉自己，毁灭自己，你自己作出选择吧！”那一瞬间，卡特醒悟了，然而，自己的过错能获得歌迷的原谅吗？

卡特并不知道，但是，他明白，只有自己才能原谅自己，于是，他开始戒毒，经过了长时间的坚持，他成功了，重新回到久违的舞台。在那里，他获得了所有歌迷的原谅，不过，每每说到过去的事情，卡特总不忘说一句：“我可

以允许自己犯错，但我更会用自己的行动告诉别人，我可以改正错误。”

既然错误已经发生了，我们所需要做的就是如何弥补错误，改变自己，以免再犯类似的错误。卡特虽然犯下了错误，但值得庆幸的是他并没有纠结于自己的错误，而是用行动来向人们证明“我是可以改正错误的”，并再次赢得了歌迷的喜爱。试想，如果卡特只是沉浸在犯错的痛苦之中，无心继续自己的歌唱事业，那他就真的犯下了人生的大错了，这样的他也是难以得到歌迷的谅解的。

有一天，一个身材高大魁梧的人走在库法市场上，他的脸被晒得黝黑，而且，还遗留着战场上负伤的痕迹。市场里坐着一个无聊的商人，他看到那个高大的人走过来，便想逗逗他，以显示自己的搞笑本领。于是，商人将垃圾扔向那个过路人，但是，那个高大的过路人并没有因此而生气，继续迈着稳健的步伐朝前走去。

当那个人走远了以后，旁边的人对那无聊的商人说道：“你知道刚才你侮辱的人是谁吗?”商人笑着回答：“每天有成千上万的人从这里经过，我哪有心思去认识他呀？难道你认识这人?”旁边的人立即惊呼：“你连这人都不认识！刚才走过去的就是著名的军队首领——马力克·艾施图尔·纳哈尔。”商人涨红了脸，似乎不太相信：“是真的吗？他是马力克·艾施图尔·纳哈尔！就是那个不但敌人听到他的声音就四肢发抖，连狮子见到他都会胆战心惊的马力克吗?”旁边的人再次肯定地回答：“对，正是他。”商人惊恐地说：“哎呀！我真该死，我竟做了这样的傻事，他肯定会下令严厉地惩罚我。”

想到关于马力克·艾施图尔·纳哈尔的传言，商人吓得心惊胆战，深深为自己的行为感到自责。他马上关了店门，整个人蜷缩在被子里，等着马力克的惩罚，可是，一天过去了，马力克没有来，一周过去了，马力克还是没有来。虽然，马力克并没有出现，但是，商人内心的恐惧却越来越重，他不能原谅自己的过错。邻居们都来劝慰：“马力克将军是多么有修养的人，怎么会跟你计较呢?”商人还是摇摇头，整个人看上去既憔悴又疲惫。

商人已经陷入了自责的情绪中，即使马力克表示已经原谅了他，他自己也还是解不开那个心结，难逃自责的折磨。商人之所以无法原谅自己，是缘于内心的害怕，他不断自责之前所犯下的错误，是因为害怕受到严厉的惩罚。

那些不允许自己犯错的人，其实是有着完美追求的人，他们总认为自己是完美的，容不得半点瑕疵。同时，他们也是对自己太过苛责的人，一旦自己犯了错，就不能原谅，情绪也会陷入无边无际的黑暗之中。终究，他们忘记了自己不过是一个最普通的人，既然避免不了犯错，那就要学会接受那个犯错的自己，允许自己犯错，不要自责，不要萎靡不振，而是学会改正错误。

不要沉浸在后悔和自责中

生活中，即使自己对未来做了错误的估计，也不要自责，不要后悔，因为谁也无法预知未来。很多时候，当我们做好了充分的准备，却不料有意外的情况发生，在这样的情况下，事情难免会出现一些纰漏或错误，甚至整件事情都会变得更加糟糕。面对这样的情况，那些对自己严格要求的人会比较自责，后悔自己当初所作出的决定，他们的时间和精力都耗费在后悔与自责上，而对于事情的既成状态，他们竟然毫不理会。在这里，我们只想说，当事情已经成为了既定的状态，后悔与自责都是没用的，因为没有一个人能回到过去，我们所能做的就是想办法解决问题，力求将损失降到最低。后悔与自责无异于自己跟自己斗气，这对事情的进展是毫无帮助的。

后悔与自责会成为一个恶性循环，有的人因对未来的设计与打算有了失误而后悔，后悔之后又是自责，然后愈加懊恼，如果这个人永远解不开心结，那他的余生都将在后悔与自责中度过。不论是后悔，还是自责，那都是自己跟自己斗气，自己跟自己过不去。因为你所后悔的事情已经发生了，这

个世界是没有后悔药的，你越是后悔，越是置自己于痛苦的深渊中。自责更是一种自我折磨的行为，无限制地责备自己，好像自己真的成为了世界上最大的罪人，越是自责，越是痛苦。但是，事情的结果呢？后悔与自责都不能将时光追回来，更何况那些对未来的估计本来就是一种猜测，我们谁也保证不了未来会怎么样，谁也不能预料到未来会发生什么。

老陈一家六口居住在七八十平米的小房子里，上有两位老人，下有两个小孩，虽然条件并不算最差，但老陈对自己的现状还是不满意。个性偏执的他总是在后悔、自责，责怪自己当初为什么不咬牙买下大一点的房子。

原来，早在两年之前，老陈夫妻起早贪黑做点小生意攒了一笔钱，在这个小城市，很容易就可以购买大一点的房子。当时，就连妻子都在盘算着买房子需要多少钱，装修需要多少钱。但老陈自以为眼光很独到，他觉得房子的价格还会稍微降一点，过一段时间再买，自己就可以多存一点钱。可没想到，两个月之后，房价直线上升，老陈天天关注新闻报道，看到自己之前看过的房子现在竟然卖到了天价，顿时，他肠子都悔青了，觉得自己真是失算啊。即便不买来住，如果当初买过来，那自己现在不也从中赚了一笔钱了吗？老陈越想越生气，后悔、自责、悲伤，各种情绪涌上心头，竟然病倒在床上，躺了三天三夜。

让老陈更怄气的事情还在后面，房价从此一直飙升，本来老陈的积蓄可以买一套好一点的房子。但按照现在的房价算下来，自己连郊区的房子都望尘莫及了，更别说昂贵的装修费了。老陈天天跟自己怄气："如果当初我能买下房子，该多好啊，现在我们一家已经住进大房子了，可怜我现在这点钱，干什么都无指望了……"他很是自责，更是后悔自己当初的决定，就这样，老陈在这种悔恨交加的情绪中迅速苍老了。

房价的陡然上升，是老陈根本预料不到的事情，而房价上涨之后对自己积蓄的影响，这也是必然的事情。但老陈总是觉得是自己当初错误的决定，才使得现在一家人还是挤在小房子里，而手头的积蓄也难以再买到好一点的房子了。越是这样想，他越是生自己的气，就这样，在后悔与自责的情绪中，他慢慢苍老了，而他们一家人还是住在拥挤的房子里，一点都没改变。

对于已经因错误估计而发生的意外情况，我们已经没有办法挽回了，再多的悔恨和自责都没有用。我们所能做的就是如何将糟糕的情况变得稍微好一点，降低预料之外的风险带来的破坏性，这样对弥补损失才会有更多帮助。花时间与自己斗气，不断地自责和后悔，这都是极其愚蠢的行为。所以，在生活中，如果我们对未来做了错误的估计，不要后悔，不要自责，因为未来是谁也预料不到的。

第5章

别因压力而动气，不要过分苛则自己

生活中，总会有许多人叫嚷“压力大，活着累”，事实上，在很多时候，这些压力并不是外在因素施加的，而是自己造成的。一个人若是太过苛责自己，那他就会感觉到压力重重。因此，请学会善待自己，对自己不要太苛责，释放压力，让心灵拥抱久违的快乐。

工作赚钱是为享受生活，不要本末倒置

徐静蕾自导自演的电影《杜拉拉升职记》确实火了一把，在许多人的眼中，杜拉拉也许是我们职场中的代表，她没有多少背景，受过良好的教育，全部靠个人的努力，当然，最终她取得了成功。仅仅从这个角度来说，杜拉拉当然可算是每个人的偶像，不过，尽管我们对杜拉拉的坚韧和成功十分敬佩和羡慕，但我们若是从另外一个角度来看，拼命的工作作风和八面玲珑的为人处世方式却也不会是每个人都能做到的，或者说，并不是每个人都想过这种生活。对于我们大部分人而言，与其成为一个不要命的工作狂，还不如做回自己，静心地享受生活。生活中，那些工作狂为什么那么拼命地付出呢？他们最主要的目的就是挣钱，而挣钱为了什么呢？难道仅仅是要让自己的生活更物质一些吗？在物欲横流的今天，越来越多的人物质充足，但精神却很贫瘠，心灵无法得到休息。这主要是因为他们模糊了一个概念，挣钱的意义在于享受生活，而不是折腾生活。

中国的文化崇尚努力工作，在这样文化的影响下，许多人经常在办公室挑灯夜战，或者从来不出门旅游，这样拼命工作的人其实已经忽略了生活的美好，更何况工作得多并不意味着应该受到表彰或加薪。过度工作很有可能会降低自己的工作效率、消磨自己的创造力，甚至对你与家人以及朋友的关系产生负面影响。尽管，有激情有梦想是一个人前进的动力，为自己热爱的事业而努力更不会是一种错误。但是，我们的休息也很重要，除去忙碌的工作时间以外，我们应该更多地享受生活，享受与家人朋友呆在一起的感觉，这样我们才能收获更多来自心灵深处的快乐。

王先生来自于偏远的山村，用光了家里所有的钱，挤进了大学的门槛，大学毕业之后，他已经是负债累累。虽然，品学兼优的王先生通过老师的介

绍获得了一份不错的工作，但他并不满足于普通的职位，自己读书欠下的债也成为了他拼命工作的动力，早上他第一个到岗，下班他最后一个离开。在无数个深夜，他孤身一个人待在办公室，思考一个企划案，或着手一个新产品的研发。当然，付出是有回报的，王先生很快晋升到了管理层，不仅如此，他还清了所有的债务。就在这时，他结识了一位女士，组建了一个幸福美满的家庭。

这样看起来，王先生的生活算是美满幸福了，但王先生并没有放松下来，他依然是公司最拼命的一个，妻子每每抱怨："你已经很久没陪我们去公园了，我们一家人从来没去旅游过。"这时王先生总是以惯有的口吻说："我这样还不是为了这个家。"妻子辩解道："可我们已经不缺什么了，我和孩子唯一缺的就是你，再富足的物质生活也比不上一家人在一起啊。"话还没说完，王先生已经西装革履地出门上班了。

没想到加班到凌晨一点的王先生回到家里，竟然发现妻子带着孩子走了，桌上只留下一个地址。第二天，王先生破天荒地向公司请了假，按照妻子所给出的地址找了过去，没想到竟然是一处山清水秀的森林公园。远远地，王先生看到妻子、孩子，还有自己白发苍苍的老母亲坐在一起，孩子嬉戏着，妻子则和母亲聊着天。看着这样的景象，王先生的眼睛湿润了，在那一刻，他明白了很多。

从此以后，王先生不再是拼命三郎了，他从自己工作的时间里抽出一部分陪家人和朋友，在这段时间里，他才发现生活是多么美好、多么轻松！

当一个人拼命工作到忘记了家人和朋友，尽管他的物质生活是富足的，但其精神世界却是一片贫瘠，他的内在心灵更是一片荒芜的沙漠。因为他不懂得享受生活，自然感受不到来自生活的快乐。工作的功利性目的是为了挣钱，但这并不是最终的目的，享受生活才是最终目的。

享受生活是人生的重要体验，在越来越喧嚣的尘世中，我们逐渐背离了生活的本质。在拼命工作的过程中，我们变得越来越提得起，放不下，把挣钱、占有当作是生活的终极目的。这样一来，生活中感受到的是苦多乐少。

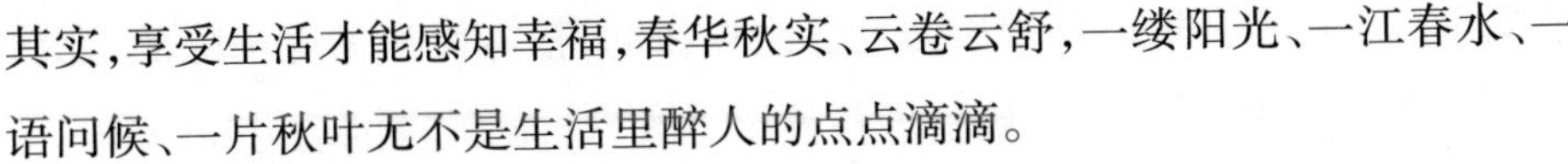
其实，享受生活才能感知幸福，春华秋实、云卷云舒，一缕阳光、一江春水、一语问候、一片秋叶无不是生活里醉人的点点滴滴。

背着压力走路，很快就会疲惫

生活中，从来不缺乏各种各样的压力：生存的压力、工作的压力、挣钱的压力、来自他人的压力，等等。在这个充斥着压力的社会中，我们该如何缓解压力呢？太过沉重的压力对我们的情绪是有着重要影响的，一旦压力来袭，情绪就会变得很恶劣，容易生气、烦躁，似乎看什么都不顺眼，内心的情绪积压过久，总想痛快地发泄一通。那些给自己太大压力的人，他们也是总喜欢与自己斗气的人。如果我们将任何事情都当成了一种负担，并在重压下生活，那我们会整日生活在压力、痛苦、烦躁和苦闷之中。一个人若是背负着压力走路，再平坦的路也会让他感到身心疲惫，他终有被压垮的一天。当重重压力袭来的时候，不妨巧将压力变成动力，不但能让自己如释重负，而且还能将事情做得更好。

这些天，小王正在学习弹琴，由于基本功不太扎实，他练起琴来很费力，尽管自己付出了许多辛勤的汗水，可是，就是不见效果。他心里又极度渴望在琴技方面能够有所突破，于是，他每天强迫自己练琴四个小时。

这样，时间长了，他变得焦虑起来，心理上把练琴当成了一种压力，他常常烦躁地问老师："我是不是练不好了？""我还能行吗？""怎么这么练都不见效果，我干脆还是不练习了吧，""难道我就要这么放弃了吗？"老师听了，只是微微一笑："你不要怀疑自己，放松自己，缓解心中的压力，卸下负担，将压力变成动力，这样，心情好了，琴艺自然会有所进步。"过了不久，小王的琴艺真的进步了，而之前弥漫在脸上的阴霾已经消失得无影无踪。

人一生中都会面临两种选择，一是改变环境，让环境来适应自己，二是

改变自己去适应环境。既然压力是已经存在的，根本无法彻底消除的，那我们何不积极地改变自己，正确引导各种压力成为自己前进的动力呢？

一位留学英国的朋友回国，向同学们讲述了自己在国外的生活："刚开始，我在国外的时候，由于自己英文很烂，害怕出糗，整天就把自己关在屋里，看书、上网、看电影，这样的生活状态整整持续了一个月，让我几近崩溃，我开始想：自己是否应该干点什么？"后来，她去了国家应用科学院求学，刚开始的时候，老师讲课她有一半都听不懂，而且，老师讲课也没有教材，只能靠自己做笔记，压力非常大。当时，她想自己只要及格就行了，没有必要追求名列前茅。于是，每天她都拿着同学的笔记来抄，然后，就跟自己的男朋友出去约会。

临近考试的时候，她才开始"临时抱佛脚"，背诵笔记，每天只睡三个小时，第一次考试，她及格了，虽然分数并不是很高。令她高兴的是老师给全班同学发了一封邮件，在信里，老师这样说："这次考试，我以为出的题目比较难，但是，令我没有想到的是，班里的三个留学生考得还不错，希望你们继续努力。"老师的鼓励令她受到了鼓舞，她开始认真听课，成绩也越来越靠前了，到了第二年，她的成绩就排在了全班第一，这样的成绩不仅令同学感到惊叹，连她自己都觉得不可思议。最后，她这样说道："在国外求学的经历堪称跌宕起伏，但是，我并不觉得有什么不好，这些所谓的挫折与困难，让我学会了如何承受，让我赢得了最后的胜利。我们的生活需要适当的压力，压力教会了我们什么是坚持，最重要的是，让我远离了那种无聊、烦闷的生活，而重新拾起了久违的快乐。"

当压力成为自己前进的动力，生活将会变得异常美好。生活中其实是需要压力的，当我们感觉不到压力的时候，就会发现充斥在生活中的都是无聊、烦闷的气息。但是，一旦生活有了某种压力，在压力的驱使下，不自觉地将这种压力当成动力，那我们做什么事情都是精神十足，因为压力驱使着我们将事情做得更完美。

在现代社会，几乎每一个人都有压力，其实，适当的压力对我们自身是

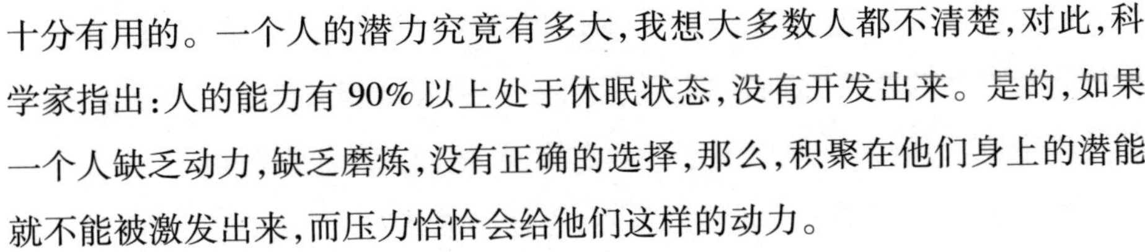

十分有用的。一个人的潜力究竟有多大，我想大多数人都不清楚，对此，科学家指出：人的能力有90%以上处于休眠状态，没有开发出来。是的，如果一个人缺乏动力，缺乏磨炼，没有正确的选择，那么，积聚在他们身上的潜能就不能被激发出来，而压力恰恰会给他们这样的动力。

不苛责他人也是在宽容自己

生活中，总有那么一群人：他们对身边的人极为苛刻，要求十分严格，一旦对方出了一点点差错，或者有一点不是按照自己的意愿去做的，他们都会严厉斥责，结果不仅令身边的人厌恶，而且也让自己的情绪陷于消极的状态之中。其实，如果他们放下心中的苛责，对身边的人要求不再那么严格，那也是一种对自己的宽容。习惯于苛责别人的人，其内心都是追求完美的，或者说太以自我为中心，凡事都希望按照自己的意愿标准去做，但是，他们都忽视了，每个人的思维方式和行为方式是很不一样的，有可能为了达成同一个目标，采取不同的途径。对于这样的情况，就没有必要对他人的行为和思维进行苛责，只要是不违反规则，那都是值得赞赏的。不苛责他人，在放过了他人的同时，其实也宽容了自己。因为你一旦有了某种苛责的心理，那你就会无限地去要求某个人，时刻都在担心对方是否按照自己的意愿做事，那自己的心就会很累，经常会为了不能达到自己的要求而与他人斗气，有时还会跟自己斗气，这样于身于心都是不好的。

那些能够脱颖而出，有着远大理想，追求完美，对自己高标准、严要求的人，他们在平时的生活中，对他人常常多了几分苛求，当然，也多了几分指责。通过对这些人的观察和分析，心理学家发现，那些习惯于苛求和指责他人的人，往往是一些完美主义者，他们的座右铭是：永不停歇，不断成功！当然，他们永远不知道什么叫“知足常乐”，在追求成功的道路上，他们需要很

多人的支持。因此,他的完美主义不仅仅针对自己,还针对自己身边的人,他们将对自己的要求强加在别人身上,不管别人是否有怨言。在完成任务的过程中,身边的人一旦出现了一点点错误,他们就会怨声载道。

李姐 38 岁坐上主任的位置,虽然,这样的成就对于一些特别优秀的人而言,算是大器晚成,但对于只有高中学历的李姐来说却是令人瞩目的成就。当然,坐上这样的位置,李姐本身也顶着相当大的压力。

以前,李姐是一个活泼开朗的女人,但自从当上了主任,她的性格就变了。在下属面前,她异常严厉,十分苛刻,本来是一件很简单的事情,下属也完成得很好,但李姐总是觉得不满意,左挑右挑,就好比是在鸡蛋里面挑骨头。眼看着往日与自己一起工作同事被自己责骂,李姐心中也不是滋味,但每每事到临头,她还是忍不住苛责。

不仅如此,每天回到家,李姐对着老公还要唠叨半天:“小张怎么回事啊? 一件小事情都做不好,我已经说过很多次了,每次报表之后需要整理好文件,他就是记不住,真是让我恼火。”“小薇也是,每次写报告总是不按照我的要求做,我希望她在与客户洽谈生意之前,都写出详细的业务计划和预算,包括具体的时间,会谈阶段的安排以及具体的会谈内容、目的以及所采用的方法等,但她每次总是忘记。”听烦了的老公没好气地问道:“那最后谈判成功了吗?”李姐回答说:“在我的指导下,能不成功吗?”老公觉得有些好笑:“下属办事自然有她的技巧和方法,你只需要看到结果就行了,不要对他们挑剔那么多,这样不仅惹人厌,而且自己心情也会变得糟糕,因为你整天都在考虑这些事情。”

听了老公的话,李姐仔细回忆在办公室的情景,好像真的觉得下属开始远离自己了,难道自己真的变得那么挑剔了吗?

案例中,李姐对下属的苛责,不仅让下属身心疲惫,而且也令自己恼火。因为她对工作方面的要求太过苛刻,使得她整天都在考虑那些东西,“谁谁工作做得不好,谁在哪里又出了差错”,这样整日忧心忡忡,无疑是自己跟自己过不去。

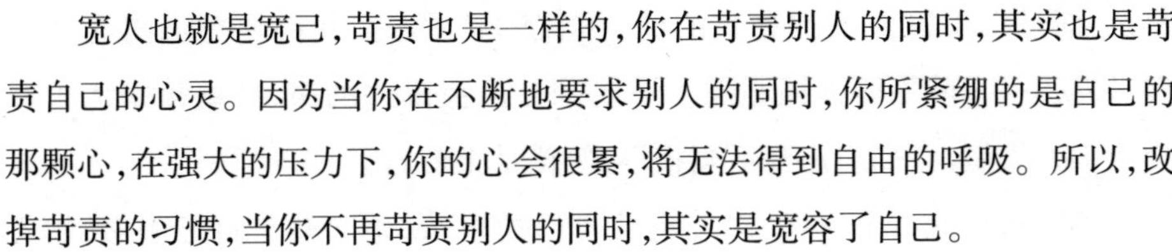
宽人也就是宽己,苛责也是一样的,你在苛责别人的同时,其实也是苛责自己的心灵。因为当你在不断地要求别人的同时,你所紧绷的是自己的那颗心,在强大的压力下,你的心会很累,将无法得到自由的呼吸。所以,改掉苛责的习惯,当你不再苛责别人的同时,其实是宽容了自己。

学会相信别人的能力,让自己轻松一点

有的人天生喜欢操心,他的心无时无刻不在担心这担心那,好像一刻也不能放松,于是,他的心整天都是紧绷着的。在生活中,无论是大事还是小事,他们都不放心别人去做,都要亲力亲为。当然,凡事亲力亲为,这是一种负责任的态度,但若是太过亲力亲为,那就有点以自我为中心了。通常情况下,那些习惯于凡事亲力亲为的人,他们大多只相信自己,不太相信别人,因此,哪怕是一件小事情,他们也不愿意交给别的人去做,而是尽量亲自去操办。这样的一种心理所导致的行为,我们且不说事情的最后结果会怎么样,但如果真的大事小事都自己去做,那所造成的很显著的后果就是身心疲惫。他们永远是一个人在考虑自己要做什么、做到什么样的程度,没有其他人伸出援助之手,而造成这种局面的原因,并不是其他人不愿意帮忙,而是他们拒绝别人帮忙。对此,特地提醒那些太过于自我的人,不要太操心,很多事都无须你亲力亲为。

如果在日常工作中,我们并不只是一个普通员工,而是领导者,在这样的情况下,还保持着凡事亲力亲为的习惯,那下属到底适合干什么呢?相反,假如我们站在领导者的位置,将更多的机会让给下属去展现才能,这既可以有效地锻炼下属的工作能力,而且还能够凸显领导者的威严。一个领导者若是凡事都亲力亲为,那样的工作量是相当重的,而且,下属只会议论“领导根本不相信我们,什么事情也不交给我们去做”,如此一来,不仅累了

自己，而且也将别人展现自我的机会剥夺了。因此，我们要想活得潇洒一些，轻松一些，就不要去操心那些不属于自己范围内的事，有些事情大可以交给别人去做，我们只需要适当指导，等待结果就行了。

王姐从小就有个习惯，对于有关自己的事情，她必然是自己去做，她不放心任何人去做。在她年纪尚小的时候，有一次，她背着沉重的东西回家，身边的朋友好心地说："让我帮你背一程吧。"结果她拒绝了，理由是怕对方将她的东西掉在地上，朋友听到这个理由，吃惊得下巴都快掉下来了。

长大后，王姐的这个习惯更是日益严重。高中毕业后，王姐就在一家蛋糕店当了收银员，平时没事也是守在那个柜台边，不让任何人接近自己的工作位置。店长吩咐："你在有时间的时候，教教店里的导购收银。"然而，王姐经常将这样的吩咐置之不理，她从来不放心自己的工作让别人去干。就因为这样独特的习惯，她在店里的人缘相当不好，但她工作倒是很负责任，工作了几年之后，她升职当了店长，这样她就更忙了。早上，她是第一个到店里，晚上她是最晚离开蛋糕店，因为她不放心任何一个店员，她需要亲力亲为地收货、摆货、收银，虽然这样一来，自己算是放心了，但长期这样拼命地工作，王姐真是疲累不堪。但只要她想到自己不去店里，让店员们去做，她的心就更累。

没过多久，王姐终于累倒了，躺在医院里，她所担心的还是蛋糕店："今天货到齐了吗？""货物摆放得整齐吗？"坐在床边的老公忍不住说："你总是这样，凡事亲力亲为，你以为自己多伟大，但其实是抹杀了店员们表现自我的机会，今天早上我路过蛋糕店，发现没有你，他们依然将事情做得很好，你就不用操心了，你现在是店长了，很多事情完全可以交给别人去做。如果你总是这样，那你永远有操不完的心，你自己也是身心俱疲。"

在案例中，王姐虽然升职成为了店长，但她对店里的很多事情总是亲自去做，结果病倒在床上，她的累不仅在身体上，而且来自于心理。因为太过于操心，她几乎每时每刻都在想还有什么事情没做好，她就好像一个陀螺一样不停地转，直至最后无力地倒在地上。其实，她完全没必要这样累，放手将一些事情交给别人去打理，不仅自己轻松，而且给予了下属展现自我的机会。

生活中，一个人操心太多就会使其身心疲惫，反之，如果将别人能做的事情交给他人去做，自己只是监督或指导，这样反而会轻松很多。当然，要想培养这样的习惯，首先应该学会信任别人。只有足够地信任别人，才能放心地将事情交给对方，才不会那么执着地想要事事亲自去做。所以，不要太过操心，将某些事交给别人去办，这样自己才能轻松起来。

在电影和音乐中回归平静

现在，越来越多的人将听音乐和看电影作为自己发泄情绪、释放压力的方式之一。我们发现，缓解内心压力、发泄负面情绪的方法很多，其中也包括看电影、听音乐这样轻松又恰当的方式。轻松、畅快的音乐不仅能带给人美的熏陶和享受，而且，还能够使人的精神得到放松，当我们在紧张、郁闷的时候，可以多听听音乐，让那些缓缓流淌的音符流过我们的心灵，抚平内心的伤痛，让我们重拾久违的快乐。电影与音乐一样，也可以带给我们畅快的感觉，电影就好像另外一个世界，当我们沉浸在电影的剧情之中，我们会暂时忘却烦恼和伤痛，我们的心情会慢慢地随着电影故事的发展而逐渐放松。当看完电影之后，我们差不多已经忘记了我们到底在为什么生气。其实，音乐和电影有一个共同的特点，它们都是艺术。当一个人被负面情绪所困扰，感到精神压力巨大的时候，把自己置身于艺术的氛围中，卸下心中的负担，你会发现，自己感受到一种前所未有的轻松，畅游在艺术的殿堂里，忘记了烦恼，那些压力、愤怒都在这样的心境中慢慢释放掉，最终，让我们的心回归平静。

小江说："我有一个习惯，当我在烦闷的时候，我会选择听轻音乐，因为

它不像摇滚乐那样刺耳、嘈杂，更适合我需要安抚的情绪和心境。”

说到自己通过听音乐释放内心的压力，小江一下子来了兴趣，他讲述了轻音乐的发展史：轻音乐可以营造温馨浪漫的情调，带有休闲性质，因此又名‘情调音乐’。它起源于一战后的英国，在20世纪中期达到了鼎盛，在20世纪末期逐渐被新纪元音乐所取代，并影响至今。说到这里，小江随手放了一首轻音乐的曲子，在缓缓流淌的音乐中，他说：“这是班得瑞的音乐，它是轻音乐的经典乐队之一，有人说班得瑞是‘来自瑞士一尘不染的音符’。班得瑞来自瑞士，它是由一群年轻作曲家、演奏家及音源采样工程师所组成的一个乐团，在1990年红遍欧洲。”

小江慢慢闭上了眼睛，用很轻的声音说：“当你轻轻地闭上眼睛，再放上班得瑞那一尘不染的天籁之音时，你就会发现那些不沾尘埃的一个个音符，静静地流淌着，它带走了一直压在心中的忧虑，让你的心灵在水晶般纯净的音符里沉浸、漂净。清新迷人的大自然风格，返璞归真的天籁，如香汤沐浴，纾解胸中沉积不散的苦闷，扫除心中许久以来的阴霾，让你忘记忧伤，身心自由自在。”

有了音乐，即便我们的心灵曲折得九路十八弯，也会被缓缓流淌的音乐抚平，最终回归平静。有了音乐，就算是一个人呆在黑暗中也会感到安全，感觉到充实。一位信奉基督教的人讲述了自己的经历：“最近老是被烦心事困扰，心变得敏感而细腻，那天，回到住的地方，居然发现自己没有带钥匙，同住的朋友还没有回来，一个人站在空旷的过道里，除了恐惧，还有一点对朋友的憎恨，有趣的是，那天我正好带了圣经，无聊之余，我翻开了圣经，借着灯光朗读起来，还唱起了圣歌，后来，我朋友回来了，这时，我心里已经回归了平静，不再抱怨，也不再生气。”音乐所带给我们的除了愉快，还有一份灵魂的寄托。

与音乐有异曲同工之妙的还有电影，身边有许多友人表示：“每次心里感到烦闷的时候，就挑选一些喜剧电影，比如周星驰的《唐伯虎点秋香》，还有经典喜剧《东成西就》，每次都笑到肚子痛，当我看完了电影，我差不多已经忘记烦恼了，我所能想起来的全是生活中一些美好的事情。”还有什么比带给我们笑声更适合的释压方式呢？电影就有这样的功效。

当然，我们在选择电影和音乐作为释放压力的手段时，还需要挑选，尽量寻找一些对平复情绪有帮助的，避免那些激烈的、嘈杂的。比如在烦闷的时候，你若是再挑选一部恐怖电影或听摇滚乐，就都是不太合适的选择。不过，有的人性格奇怪，他们就需要这类激烈的电影和音乐，才能释放内心的压力。但在这里，我们还是建议选择舒缓一点的音乐和轻松一点的电影，相对而言，这给我们的心灵带来的负担会少很多。

过好今天，别为明天的事烦恼

有一位成功人士毫不忌讳自己的焦虑：“现在我的公司刚刚上市，一切都在起步阶段，许多人恭贺我的成功，然而我却感到忧心忡忡，未来的种种困难正在某个阶段等着我。同时，每天外出应酬，常常是喝酒，自己的身体每况愈下，对于明天，我真的十分焦虑，害怕它的到来，更害怕随它而来的还有无限的挫折和挑战。”现代社会，越来越多的人陷入了焦虑的陷阱，他们并不是担忧今天的生活，而是没完没了地担忧明天的事情。最近，流行着这样一句话：“你所浪费的今天，是昨天死去的人奢望的明天，你所厌恶的现在，是未来的你回不去的曾经。”对于今天，我们应该珍惜，活在当下，这样到了“明天”，回首今天，我们才不会后悔，才不会遗憾。明天是未知的，既然它是未知的，那就表示它有诸多可能，我们所担忧的不过是众多可能中的最坏的一种，但我们的运气真的那样差吗？实在难以肯定。因此，活在当下，珍惜今天，不要为未知的明天而提前背负上沉重的包袱。

对未来生活的焦虑和恐惧，成为了现代人普遍的一种心理，即使人们当下的生活过得很不错，他们也总是会不自主地担心未来的生活，总是没完没

了地考虑明天会怎么样。这样只会让我们的心变得沉重,如果我们总是将过多的心思花在考虑明天的事情上,那我们的生活是不能够远离焦虑的,烦恼只会接踵而至。如果我们无视今天的生活,总是担心明天会发生什么,结果是我们既没能过好今天,也会置自己于忧虑之中。对于医生来说,在他们心中有一个秘密,那就是大多数的疾病是可以不治而愈的。有的医生甚至断言:"许多人之所以生病,完全是吃撑了没事做,自己无聊坐在那里胡思乱想,结果,多么美好的一个明天,硬是被他自己设想出许多灾难来。"

一位著名的心理学家为研究"忧虑"问题,做了一个很有趣的实验:

心理学家要求实验者在一个周日的晚上,把自己未来7天内所有忧虑的"事情"都写下来,然后投入一个"烦恼箱"里。三周过去了,心理学家打开了"烦恼箱",让所有实验者一一核对自己写下来的每个"烦恼"。结果发现,其中百分之九十的"烦恼"并没有真正发生,因为它似乎更多地来自对明天的猜测。

这时,心理学家要求实验者将真正的"烦恼"记录下来,并重新投入"烦恼箱"。三周很快过去了,心理学家又打开了"烦恼箱",让所有实验者再一次核对自己写下的每个"烦恼",结果发现,那些许多曾经的"烦恼",已经不再是"烦恼"了。所有的实验者感觉到,对于烦恼,总是预想的比较多,但往往出现的很少。

对此,心理学家得出了这样的结论:一般人所忧虑的"烦恼",有百分之五十是明天的,只有百分之十是今天的,而最终的结果是,至少有百分之九十的烦恼是自己想出来的烦恼,至于今天的烦恼是完全可以轻松应付的。

古人云:"生于忧患,死于安乐。"意思是只有忧患意识才能使人发展,安逸享乐只会令人萎靡死亡。虽然,我们不否认"忧患意识"所带给我们的"未雨绸缪"的益处,但如果我们总是担心明天的生活,内心总是存在一种忧患意识,那我们如何安心地活在当下呢?我们如何过好今天呢?一个人的烦恼,大多是来自于未知的明天,或者更确切地说,来自于内心的瞎想,因为对未知的明天充满恐惧,才会生出那么多烦恼。越是忧虑,心就越累,在这样

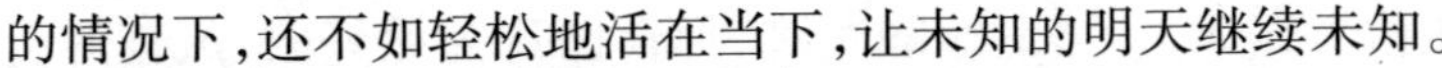

的情况下，还不如轻松地活在当下，让未知的明天继续未知。

许多人总是没完没了地考虑明天，自己找来了许多烦恼，这就是所谓的“烦恼不寻人，人自寻烦恼”。明天到底会怎么样呢？我们都无从得知，即便我们对明天有许多的猜测和幻想，那也应该对明天怀着美好的愿望，而不是杞人忧天，不要既浪费了今天，又给未知的明天蒙上了阴影。尽管，我们常说“防患于未然”，但我们若是对未来过度地焦虑和担忧，时间长了，反而会成为一种心理负担，整个人都会陷入焦虑的泥潭，最终不能自拔。因此，我们更需要活在当下，珍惜今天，做好今天的自己，那明天定然是美好的。

学会放下，轻装前行才走得远

曾经有位哲人说：“当我们无法得到的时候，放手也是一种智慧。”生活中需要我们坚持的东西太多，以至于我们承受不了现实中的压力，那么不妨学会放手一些东西，这是一种生存的智慧。因为只有放手，你才会重新得到一些东西。在人生的道路上，有的人因为负荷太重而步履维艰，有的人因为欲壑难填而疲于奔命，有的人因为深陷其中而难以自拔。如果你想要所走的每一步充实而轻盈，那么，适时的放手也是一种智慧，不要为那些得不到而烦恼、忧愁。生命如舟，载不动太多的物欲和虚荣，如果你不想这生命之舟搁浅或者沉没，那就学会放手。

曾经有个年轻人，他总埋怨生活的压力太大，生活的担子太重，压得他透不过气来。他试图放下担子。他听人说，哲人柏拉图可以帮助别人解决问题，于是，他便去请教柏拉图。柏拉图听完了他的故事，给了他一个空篓子，说：“背起这个篓子，朝山顶去。但你每走一步，必须捡起一块石头放进篓子里。等你到了山顶的时候，你自然会知道解救你自己的方法。去吧！去找寻你的答案吧……”于是，年轻人开始了他寻找答案的旅程。

刚上路时,他精力充沛,一路上蹦蹦跳跳,把自己认为最好的、最美的石头,都一个一个扔进篓子里。每扔进一个,便觉得自己拥有了一件世上最美丽的东西,很充实,很快乐。于是,他在欢笑嬉戏中走完了旅程的三分之一。可是篓子里的东西多了起来,也渐渐重了起来。他开始感到篓子在肩上越来越沉。但他很执着,仍一如既往地前进。

而最后三分之一的旅程确实是让他吃尽了苦头。他已经无暇顾及那些哪些石头最美丽、最惹人怜爱了。为了不让沉重的篓子变得更重,他只是挑选了些非常轻的、非常小的石头放进篓子。然而,无论他挑多轻的石头放入篓子,篓子的重量也丝毫不会减少,它只会加重,再加重,直到他无力承受。但最后,他还是背着篓子,艰难地踏上了这最后三分之一的旅程。

俗话说:"远路无轻物。"在人生的道路上,如果我们需要负重前行,越行得远的时候,我们越会感到举步维艰,虽然会抱怨自己怎么会选择了这么多东西,但还是不舍得放手。但直至终点,我们才发现:那些曾经我们以为丢不下的东西,现在对我们而言却是无用的东西。放手,其实是一种智慧,是一种新的获得。

小宋从小就喜欢画画,拿着笔在墙上、报纸上涂满了五颜六色,妈妈看见了,就把他送到了美术班里学习。长大后的小宋更加喜欢绘画了,高考那年,他费尽口舌说服了妈妈让自己报考美术学院。在大学里,小宋描画着自己的蓝图,他会坚持下去,通过画画挣钱来让妈妈幸福。

大学毕业后,小宋开始找工作了。他整天奔波于各家报社,希望能够成为报社的一名美术编辑,可是,各家报社的总编都以种种理由拒绝了他的求职。在多次碰壁之后,他绝望了,本来希望通过自己的一技之长来给妈妈幸福的生活,却发现社会根本没有自己的容身之地,连养活自己都很困难。在现实的残酷打击下,他开始越发颓废了,妈妈心疼地说:"你既然那么喜欢画画,不如自己开一间画室吧。"小宋听了,觉得心里很难受,当初是想通过找份工作继续自己的绘画创作,现在却需要靠自己的这份才华去养家糊口。

思索了很久,小宋接受了妈妈的建议。于是,他向亲戚朋友借了十几万元，再加上妈妈的积蓄，他开了一间属于自己的画室，既教小朋友画画，又出售自己的作品。几年之后，小宋的画室成为了这个城市有名的美术培训学校，他不仅还清了所有的欠债，还拥有了自己的房子、车子和不少的存款，当初给妈妈许下的承诺也实现了。每天教画之余，他用心地研究自己的作品，逐渐提高了自己的绘画水平，在美术界里，也成为了小有名气的画家。

如果当初小宋坚持将继续画画来作为自己的工作，那可能只会成为一个潦倒的画家。在妈妈的建议下，他果断放手了“画画”的梦想，不再为得不到而烦恼。最终，他获得了成功，不但兑现了自己当初的诺言，还实现了梦想，那就是做一名画家。

在某些时候，放手比坚持更令人痛苦，因为坚持下去还意味着有希望，但放手了就什么都没有了。因此，对于绝大多数人而言，面对沉重的负担，以及自己梦想得到的东西，他们无法放手，他们会本能地抓住那些东西，唯恐失去。而一旦真的失去了，他们就会为得不到而烦恼，郁郁寡欢。所以，学会放手，不要再为那些得不到的而烦恼，我们需要明白，适时的放手其实是另一种获得。

第6章

别因嫉妒而动气，你也能闯出别样天地

在西方有这样一句谚语："好嫉妒的人会因为邻居的身体发福而越发憔悴。"因为内心的狭隘，他们不希望别人比自己优越；因为自私，他们总是想剥夺别人的优越。可以说，嫉妒是万恶之源，在人生的道路上，与其因嫉妒而处处斗气，不如消除内心的嫉妒之源，闯出不一样的天地来。

开阔心胸，别被嫉妒蒙住眼睛

嫉妒是一种普遍的社会心理现象，它是一种负面情绪，通常是在自己的才能、名誉、地位或境遇被他人超越，或彼此距离缩短时，所产生的一种由羞愧、愤怒、怨恨等组成的情绪体验。因此，嫉妒有明显的敌意，甚至会产生攻击行为，不但危害他人，给人际关系造成极大的障碍，最终还会损伤自己。通常情况下，在那些地位相似、年龄相仿，经历相近的人之间容易产生嫉妒。同时，在众多心理状态中，嫉妒是一种病态心理，其本源是内心的狭隘，所以在生活中，那些心胸狭隘的人很容易被嫉妒的情绪困扰。从这里可以看出，嫉妒是一种无能的表现，因为自己不能达到对方的高度，不能获得对方的荣誉，只好用嫉妒心理来维护自己的自尊。虽然，每个人都有不同程度的嫉妒之心，但如果这种心理不能及时根除，那嫉妒就会越来越紧地束缚我们的内心，让我们的心灵透不过气来。

曾有这样一则故事：

在古远时代，摩伽陀国有一位国王饲养了一群象。象群中，有一头长得很特别，全身白皙，毛柔细光滑。后来，国王将这头象交给一位驯象师照顾，这位驯象师不只照顾它的生活起居，也很用心地训练它。这头白象十分聪明，过了一段时间之后，驯象师和白象之间已建立了良好的默契。

有一年，这个国家举行一个盛大庆典。国王打算骑白象去观礼，于是驯象师将白象清洗、装扮了一番，在它的背上披上一条白毯子，然后将它交给国王。

国王就在一些官员的陪同下，骑着白象进城观看庆典。由于这头白象实在太漂亮了，民众都围拢过来，一边赞叹一边高喊着：“象王！象王！”这时，骑在象背上的国王，觉得所有的光彩都被这头白象抢走了，心里十分生

气。他很快地绕了一圈后，就不悦地返回了王宫。一入王宫，他就问驯象师："这头白象有没有什么特殊的技艺？"驯象师问国王："不知道国王您指的是哪方面？"国王说："它能不能在悬崖边展现它的技艺呢？"驯象师说："应该可以。"国王就说："好，那明天就让它在波罗奈国和摩伽陀国相邻的悬崖上表演。"

隔天，驯象师依约把白象带到那处悬崖。国王就说："这头白象能以三只脚站立在悬崖边吗？"驯象师说："这简单。"他骑上象背，对白象说："来，用三只脚站立。"果然，白象立刻就缩起一只脚。国王又说："它能两脚悬空，只用两脚站立吗？""可以。"驯象师就叫它缩起两脚，白象很听话地照做。国王接着又说："它能不能三脚悬空，只用一脚站立？"

驯象师一听，明白国王存心要置白象于死地，就对白象说："你这次要小心一点，缩起三只脚，用一只脚站立。"白象也很谨慎地照做。围观的民众看了，热烈地为白象鼓掌、喝彩！

国王越看，心里越不平衡，就对驯象师说："它能把后脚也缩起，全身悬空吗？"这时，驯象师悄悄地对白象说："国王存心要你的命，我们在这里会很危险。你就腾空飞到对面的悬崖吧！"不可思议的是这头白象竟然真的把后脚悬空，载着驯象师飞越悬崖，进入了波罗奈国。

波罗奈国的人民看到白象飞来，全城都欢呼了起来。国王很高兴地问驯象师："你从哪儿来？为何会骑着白象来到我的国家？"驯象师便将经过一一告诉国王。国王听完之后，叹道："人为何要对一头象产生嫉妒呢？"

国王的心胸狭隘到了一定的程度，竟然会嫉妒一头牲畜，这是何等的愚蠢！或许，他本人是毫无察觉的，因为他已经被嫉妒蒙蔽了眼睛，他已经分不清善恶。嫉妒，它是毒害纯洁心灵的毒药，是吞噬善良心灵的猛兽，是丑化面容的黑斑，其根源在于你们心中的狭隘与自私。

古人云："人有才能，未必损我之才能；人有声名，未必压我之声名；人有富贵，未必防我之富贵；人不胜我，固可以相安；人或胜我，并非夺我所有，操心毁誉，必得自己所欲而后已，于汝安乎？"这是在告诫人们，因嫉妒而做出

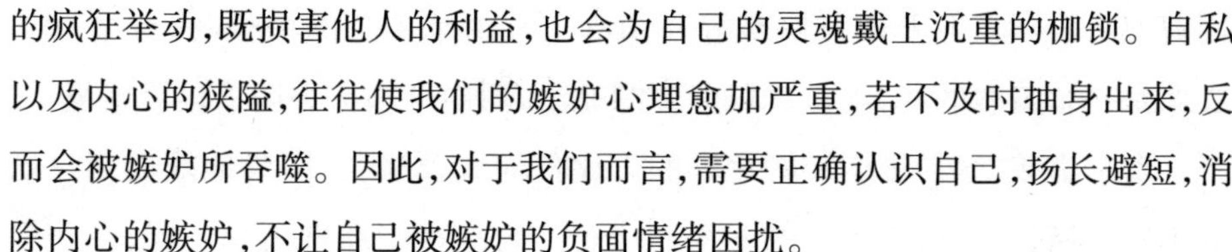

的疯狂举动，既损害他人的利益，也会为自己的灵魂戴上沉重的枷锁。自私以及内心的狭隘，往往使我们的嫉妒心理愈加严重，若不及时抽身出来，反而会被嫉妒所吞噬。因此，对于我们而言，需要正确认识自己，扬长避短，消除内心的嫉妒，不让自己被嫉妒的负面情绪困扰。

虚荣的人只会在比较中增添烦恼

泰戈尔说："孤独的花儿，不要嫉妒繁密的刺儿。"那么嫉妒是怎么产生的呢？当然是在比较中产生的，那些爱慕虚荣的人往往会陷身在无尽的比较之中。嫉妒就好像一条毒蛇，专门啃噬人的心灵，当我们发现在某些方面，别人有你所没有，别人能为你所不能，通过一番比较，嫉妒也就产生了。日常生活中，我们经常都可以听到一些嫉妒的声音，"邻居家的孩子成绩真好，哪像我家里的这个调皮，一点也不听话"、"连过去最不起眼的同学都买车了，我还是最原始的交通工具"、"朋友们都买了新房子，我还住在小胡同里，真是憋屈"。在虚荣心理的引导下，嫉妒逐渐走向一条不归路，因为总是在比较，然后在比较中咽不下这口气，最终只能自己与自己斗气。所谓"人比人，气死人"，如果我们总是用消极的心态去攀比，爱慕虚荣，不但会在比较中迷失自己，而且早晚会被嫉妒之心吞噬。

一到了下雨天，雨伞就得到主人的重用，因此，它过得很快活。但好景不长，雨衣出现了，它代替了雨伞的位置，得到了主人的重用。对此，雨伞感到很失落，它对雨衣的态度很快由羡慕变成了嫉妒。

有一天，雨衣刚刚收工回家，正舒舒服服地躺在一边睡觉。雨伞觉得这是个大好的机会，于是就来到雨衣旁边，用伞头把雨衣扎了个大洞。干完了这一切，它满意地回到了角落。

又是一个雨天，主人把雨衣拿出来，发现有个破洞，很心疼。于是，他就

用剪刀从雨伞上剪下来一块布缝在雨衣上。由于主人的手很巧，补丁看上去像是一朵美丽的花，雨衣比以前更漂亮了，而雨伞却被丢进了垃圾箱里。

贪慕虚荣、容易滋生嫉妒之心的人比任何人都痛苦，因为他既要为自己的不幸而痛苦，又要为别人的幸福而痛苦。与故事中那把雨伞一样，那些爱慕虚荣、喜欢比较的人也是一样，他们先是羡慕别人，然后发展为嫉妒，在强烈的嫉妒心理之下做出一些疯狂的举动，但最后他们却是自食其果，最终在无尽的比较之中难以自拔。

在生活中，人们常常为钱而奔波，没有一个人会觉得自己赚的钱多，他们内心那种攀比心理、虚荣心理，逐渐将自己逼进一个无底的深渊。许多人有一份稳定的工作，有着固定收入，但却与那些做生意发了横财的人相比，这样一比较，嫉妒之心油然而生。他们总是不服气地说："为什么他们能赚那么多钱?"在嫉妒心理的影响下，他们开始抱怨生活，总是看这里不顺眼，看那里不顺眼，甚至将这样一种嫉妒的心态推己及人，让身边的人也不得安宁。

有一个人，他十分嫉妒自己的邻居，邻居越是生活得快乐，他就越是感觉不到快乐；邻居生活得越好，他就越是痛苦。每天，他都盼望着邻居倒霉，希望邻居家着火，希望邻居得了什么不治之症，甚至希望邻居的儿子夭折……不过，令他痛苦的是，每天看到邻居的时候，发现邻居总是活得好好的，而且还面带微笑与自己打招呼，这让这个人的心里更加不痛快。就这样，他每天折磨自己，心中无比痛苦，身体也日渐消瘦，他的心中就像堵了一块大石头，难受得他吃不下，睡不着。

有一天，他决定给邻居制造点晦气，这天晚上，他在花圈店买了一个花圈，然后偷偷地给邻居家送去。当他走到邻居家门口的时候，却意外地听到里面有人在哭，这时，邻居正好从屋里走了出来，看到他送过来一个花圈，忙说道："这么快就过来了，谢谢！谢谢！"原来，邻居的父亲刚刚过世。这人感到十分无趣，"嗯"了一声就走了出来。

如果人们深陷在嫉妒的心理中，那么，生活中所有美好的东西都将变成嫉妒的陪葬品。由于狭隘、自私而产生的嫉妒是消极的，在比较心理下，嫉妒心会成为我们前进的绊脚石，会令自己陷入痛苦的深渊而无法自拔。其实，人生就是一道加减法的算术题，有得必有失，幸福和快乐是不可比较的，因为它没有止境，也没有具体的标准。如果你总是纠结于比较，那你永远找不到答案，你只会陷入无底的深渊，永远感受不到生活的快乐。

用宽容的心接受别人的好

所谓的嫉妒，就是容不得他人的好，见不得别人比自己过得幸福。想要消除内心的嫉妒，那我们就要容得下别人比我们好。所谓“一山还有一山高”，在生活中，比我们优秀的人比比皆是，对于那些才能、资历都在我们之上的人，我们要用宽广的心胸来容纳他们，我们可以羡慕，但绝不能嫉妒。在这个社会，我们需要承认这样一个事实：自己虽然是独特的，但绝不是最优秀的那一个。我们只愿自己尽善尽美，而不是挖空心思去打击报复那些强过我们的人。当然，容得下别人的好，说起来容易，真正做起来却不是那么简单。要想做到这一点，我们必须要拥有足够宽广的心胸，即便对方的势头强过了自己，盖过了自己，我们也可以坦然接受。如果我们也想变得完美，成为别人嫉妒的对象，那我们所要做的就是尽量向那些比我们优秀的人学习，努力让自己拥有可贵的品质。

战国时期，秦国常常欺侮赵国。有一次，赵王派大臣蔺相如到秦国去交涉，蔺相如见了秦王，凭着自己的机智和勇敢，给赵国争得了不少面子，秦王见赵国有这样的人才，就不敢再小看赵国了，而回到赵国的蔺相如，当即被封为“上卿”。赵王如此看重蔺相如，这可气坏了赵国的大将军廉颇，他心想：我不惜性命为赵国打仗，功劳难道不如蔺相如吗？他只不过凭了一张嘴，有什么了不起的本领，地位倒比我还高！廉颇越想越不服气，嫉妒心开始滋生,他怒气冲冲地说:“我要是碰着蔺相如,一定当面给他点儿难堪,看他能把我怎么样!”

廉颇的这些话传到了蔺相如耳朵里,蔺相如立即吩咐手下的人,让他们以后碰着廉颇手下的人,千万要让着点儿,不要和他们争吵。廉颇手下的人看见上卿这样让着自己的主人,更加得意忘形,见到廉颇手下的人,就嘲笑他们,蔺相如手下的人受不了这个气,跟蔺相如说:“您的地位比廉将军高,他骂您,您反而躲着他,让着他,他越发不把您放在眼里啦!这么下去,我们可受不了。”蔺相如却心平气和地说:“我见了秦王都不怕,难道还怕廉将军吗?要知道,秦国现在不敢来打赵国,就是因为国内文官武官一条心,我们两人好比是两只老虎,两只两虎要是打起架来,不免有一只要受伤,甚至死掉,这就会给秦国造成进攻赵国的好机会,你们想想,国家大事要紧,要是私人的面子要紧?”

蔺相如的这番话传到了廉颇的耳朵里,廉颇为自己的无知和嫉妒惭愧极了,他脱掉一只袖子,露着肩膀,背了一根荆条,直奔蔺相如家,对着蔺相如跪了下来,双手捧着荆条,请蔺相如鞭打自己,蔺相如却将廉颇扶了起来。从此,两人成为了很好的朋友。

蔺相如有容人的度量,因此能感化廉颇;廉颇因蔺相如受到赵王的器重而心生嫉妒,心胸不够宽广。不过,最终廉颇正视了自己的内心,并在醒悟之后,做出了“负荆请罪”的义举,最终将那邪恶的嫉妒之心扼杀在摇篮之中使“负荆请罪”的故事成为千古佳话。

在管仲落魄的时候,鲍叔牙对他说:“如果你愿意,咱们俩合伙做生意吧。”管仲答应了,两人结拜为兄弟。由于管仲家里比较贫穷,做生意的本钱都是由鲍叔牙出,但是赚来的钱,鲍叔牙总是把多的一半分给管仲,这令管仲很是过意不去,鲍叔牙却说:“朋友之间应该互相帮助,你家里不富裕,就别客气了。”过了一阵子,两人一起去当兵,在向敌方进攻时管仲总是躲在后面,而大家撤退时他又跑在了最前面,士兵们纷纷议论管仲贪生怕死,鲍叔牙却替管仲解释说:“管仲家里有老母亲,他保护自己是为了能够回去侍奉

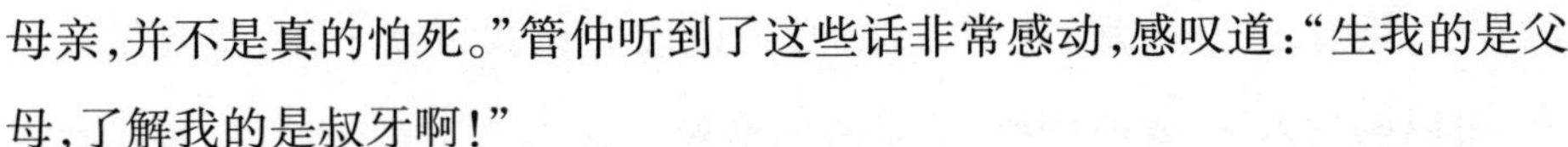

母亲，并不是真的怕死。”管仲听到了这些话非常感动，感叹道：“生我的是父母，了解我的是叔牙啊！”

后来，齐桓公在鲍叔牙的帮助下取得了王位，于是，在他继位之后，立即封鲍叔牙为宰相。而管仲当时帮助的则是公子纠，齐桓公继位之后，管仲被囚，鲍叔牙知道自己的才能不如管仲，于是向齐桓公说：“管仲是天下奇才，大王若是能得到他的辅佐，称霸于诸侯将易如反掌，管仲并不是与您有仇，只是当时效忠公子纠而已，大王若不计前嫌重用他，他也一定会忠于您。”不久之后，齐桓公重用了管仲，在管仲与鲍叔牙的辅佐下，齐国渐渐强盛了起来。

鲍叔牙以宽广的心胸向齐桓公举荐了管仲，虽然管仲的才能远远在鲍叔牙之上，但鲍叔牙并没有生出嫉妒之心，反而处处为管仲着想，凡事都帮助他，他们在历史上成就了一段感人肺腑的友谊。正所谓“举廉不避亲，举贤不避仇”，当我们遇到了比自己更优秀的人时应该报以敬佩，而不应该心生嫉妒。

嫉妒心常常产生于需要得不到满足的时候，当我们觉得嫉妒的时候，也许是因为别人得到了你求之不得的地位或荣誉。为了摆脱这种负面情绪，我们需要培养自己豁达、洒脱的心态，懂得“天外有天，人外有人”、“强中自有强中手”的道理，相信“尺有所短，寸有所长”，这样嫉妒之心就会慢慢消减了。

嫉妒别人缘于看不到独特的自己

有这样一则寓言：“猪说假如让我再活一次，我要做一头牛，工作虽然累点，但名声好，让人爱怜；牛说假如让我再活一次，我要做一头猪，吃罢睡，睡罢吃，不出力，不流汗，生活赛神仙；鹰说假如让我再活一次，我要做一只鸡，

渴有水，饿有米，住有房，还受人保护；鸡说假如让我再活一次，我要做一只鹰，可以翱翔天空，云游四海，任意捕兔杀鸡。”在生活中，如果我们总是在羡慕、嫉妒别人的生活，在嫉妒心理的影响下，我们会完全忽视自己，以及自己所拥有的生活。难道好的风景真的是在别处吗？在某些时候，嫉妒是源于我们不懂得做独特的自己，我们总是不由自主地嫉妒别人所拥有的东西，嫉妒别人的生活，但我们可能忽视了自己拥有的东西，说不定我们也是别人羡慕、嫉妒的对象呢！所以，不要总是嫉妒别人，学会做独特的自己，珍惜自己所拥有的，我们才会感受到真正的快乐。

从前，有一位贫穷的农夫，他有一位非常富有的邻居，邻居有一个很大的院子，有一栋非常漂亮的房子，还有一辆漂亮的马车。对此，农夫十分嫉妒，心想：“他一个人住那么大的房子，可我呢？一家五口人挤在一个小草房里，上天真是太不公平了。”每次遇到这位邻居，贫穷的农夫都会冷漠地走开，似乎这样一种姿态可以维护自己的自尊心。到了晚上，农夫就开始痛苦了，他翻来覆去就是睡不着，总想着自己能住上邻居那样的大房子，他向上天祈祷，让那位富有的邻居变得像自己一样贫穷吧，不然，自己会被嫉妒之心折磨死的。

后来，村子里来了一位智者，据说，他能给那些痛苦的人指引道路，从而让他们过上快乐的日子。农夫觉得自己也应该去看看，来到那里，发现人们已经排了很长的队伍，而排在自己前面不是别人，正是那位富有的邻居。农夫感到很奇怪：“这样一位富有的人也会感到痛苦吗？”过了半天，邻居进去了，农夫还在外面等着，可是，直到太阳下山，邻居还没有出来，农夫的嫉妒心理又开始作祟了：“上帝真是不公平，怎么智者跟他说了这么多！”终于，邻居出来了，他的脸上露出了从未有过的笑容。

农夫心中一动，急忙走了进去，智者说：“你为何而痛苦啊？”农夫回答说：“我总是看我那位邻居不顺眼。”智者微笑着说：“这是嫉妒在作怪，你需要做的就是克制自己，想想自己所拥有的东西，其实你就是最独特的。”农夫十分生气：“智者啊，你怎么也那么偏心呢？给我的邻居那么多忠告，却只给我简单的两句话。”智者说：“你一进来，我就猜到你是为什么而痛苦——贫穷所带来的嫉妒，可是，那位富人进来，我只看到他殷实的外在，看不到他精神的匮乏，详细询问了才知道他的症结所在。”农夫不解：“他也会感到不快乐吗？”智者说：“当然，虽然他比你富有，房子比你的大，但是他只有一个人，而你呢？还有贤惠的妻子和可爱的孩子，现在，你想想，你所拥有的是不是他所缺乏的？这样一想，你就不会痛苦了。”听了智者的话，农夫心中释然了，他感到快乐的日子离自己不远了。

农夫所嫉妒的是富翁殷实的外在条件，他永远看不到对方精神世界的贫瘠。当他因嫉妒而陷入纠结的时候，他浑然忘记了自己还有可爱的女儿、贤惠的妻子，他忘记了自己是独特的。在生活中，我们经常会犯像那位农夫一样的错误，因为我们总是从别人身上看到我们所没有的东西，却忽视了自己身上也有着别人没有的东西。在这个世界，每个人都是独特的，嫉妒的产生往往源于我们不懂得自己的独特。

当我们忽视了自己的独特，嫉妒别人所拥有的东西，我们已经陷入了痛苦的陷阱。因为我们忽略了眼前的幸福，别人所拥有的并不一定适合自己，而我们所拥有的才是最好的。假如你总是看不到独特的自己，而选择去嫉妒别人，到最后你会发现不但什么也没有得到，反而给自己增添了许多烦恼。因此，学会做独特的自己，只想着自己拥有的，只关注自己，这样你会发现你曾经嫉妒的别人其实并没有想象中那么优秀。

不必过多比较，用实力证明自己

嫉妒源于比较，如果我们能放弃与他人的比较，并通过自己的努力证明给别人看，这是否可以消除内心的嫉妒呢？嫉妒心理通常是产生在比较之后，经过比较，发现自己原来什么都不如别人，所以才会产生嫉妒之心，如果

在比较之后发现自己依然是最优秀的,那我们所产生的肯定会是骄傲和自豪的情绪,而不是嫉妒的心理。当我们意识到自己在某些方面真的很差劲,那就停止比较的游戏,越是比较,越是有挫败感,嫉妒之心也会袭来。与其在比较中堕落,不如振作起来,用自己的努力证明给所有的人看。当你通过努力获得了一些成绩,你会发现,自己再也不会是那个嫉妒他人的人了,在不知不觉之间,自己已然成为了别人嫉妒的对象,而这正是我们努力的最终结果。

阿部次郎在《人格主义》里写道:“什么是嫉妒?那就是对于别人的价值伴随着憎恶的羡慕。”嫉妒是这样产生的:首先是看到别人有某种长处、好处或有利条件,希望自己也能获得同样的东西;接着,产生抵触情绪,乃至心生恨意。既然嫉妒别人所拥有的东西,为什么不尝试着自己去争取呢?如果你有大把的时间和精力去嫉妒,为什么不花一些时间学习,以此完善自己,让自己变得跟别人一样呢?如果你总是停止不了比较,总是羡慕别人,嫉妒别人,却不想办法改变自己,那你只会在比较中越来越差劲,直至再没有资本与别人比较。为了强大自己,我们要做的不是比较,而是努力前进,用自己的实际行动告诉别人:我们也可以成为别人嫉妒的对象。

安安在公司里待了一两年了,不过,她只是原地踏步,眼看与自己同进公司的同事都升职加薪了,而自己还是老样子,不禁悲从中来。但如果你仔细观察她日常的言行,会发现她总是热衷于比较,几乎每天她都在抱怨:“我可比不了你们啊,也难怪我依然还是一名普通的员工,小王是总经理的表弟,小张的老婆跟主任沾亲带故,你们可都是有关系的人啊,我哪能跟你们比啊,看来我只能安心地在这个位置上待着了,哪里也去不了……”每当她开始抱怨,办公室的同事都找借口躲出去,懒得听她那些唠叨。

有一天,安安又开始在办公室抱怨了:“听说,雯雯成了总经理的干妹妹,是真的吗?她的命可真好,能攀上这样的干哥哥,我什么时候才能亲近这样的人啊?”身为同事的王姐忍不住了,她毫不客气地说:“你一天在那里瞎说什么啊,大家都是凭着自己的能力升职加薪的,你什么都不干,只想坐享其成，那肯定是不可能的，你羡慕我们，嫉妒我们，为什么不能变得跟我们一样呢？你瞧你，从两年前来到这个公司，除了抱怨，还干过什么？稍微难一点的工作交给你，你就抱怨连连，你差不多就是一个吃闲饭的，你还好意思在这里说，赶紧回家洗洗睡吧。”

安安沉默了，回想自己的过去，难道真的是这样？自己总是抱怨这埋怨那，有用吗？为什么不像他们一样去证明自己的实力呢？从这以后，安安不再抱怨了，她只是比以前拼命十倍地工作，这时她感觉到自己的变化了，领导开始不时地点头，而且，她也开始升职加薪了。在办公室里，大家所谈论的都是“安安怎么样”，安安心想：“现在我终于成为了别人羡慕的对象了！”

当安安总是纠结于比较游戏中，她几乎忘记了自己的职责是什么，她只是不停地在抱怨别人所获得的东西，但从来不反思自己为什么得不到。嫉妒其实源于自己不如人，所谓“学到知羞处，才知艺不精”，当你嫉妒一个人的时候，是否看到了自己的不足之处呢？

古人说：“临渊羡鱼，不如退而结网。”如果你只是嫉妒别人获得了令自己羡慕的东西，为什么不试着努力去获得同样的东西呢？当我们不再痴迷于比较，而是全心全意地努力拼搏，那最后我们定然会成为别人嫉妒的对象，我们也可以获得曾经梦想的东西。所以，不要去比较，用实力证明：原来我也是最棒的！

你的自信，是扑灭嫉妒之火的灭火器

大多数的嫉妒，其实是源于内心的不自信，假如一个人充分地相信自己，那他是不会对别人产生嫉妒之心的，因为他最崇拜的是自己，而绝不会是别人。嫉妒通常会出现在别人比自己强的时候，但若是追根究底，嫉妒其实是不自信的一种表现。当你不确信自己所拥有的就是最好的、最值得珍

惜的，就会盲目地去羡慕别人，渐渐地，羡慕变成嫉妒，最终令自己陷入嫉妒的痛苦之中。自信的人不会选择嫉妒，他们会选择通过自己的努力迎头赶上，而不是自怨自艾，更不会吃不到葡萄就说葡萄酸。在大多数的时候，不自信的嫉妒，其实跟酸葡萄心理是相似的，他们都是太过于自卑，因此总是对别人所拥有的、所得到的不屑一顾，在嫉妒心理的引导下，他们甚至会恶语相向，希望对方能变得一无所有，尽自己所能，用绝对恶劣的语言去评价对方所拥有的东西。实际上，如果我们能自信一点，那嫉妒之心是可以消减的。

自卑而又嫉妒心强的人，他们从来不会欣赏到别人的美。如果有人说对方很不错，他们则会不屑地说："不怎么样啊！"似乎在他们看来，谁都不放在眼里。乍一看他们是自信而强大的，但实其内心却是怯弱的，他们太过于自卑，在自卑又嫉妒的心理作用下，他们是无法带着平和的心态看人的，因此他们愿意以否定的态度去对待那些强过自己的人，他们以为这样就能够彰显自己，但实际上恰恰显示了自己的不足。反之，如果他们充满了自信，那他则会带着欣赏的眼光看别人，而不是以嫉妒的心理看待别人。因为自信，他们总会觉得自己就是独一无二的，为什么要去嫉妒别人呢？

小王和小李是大学同学，大学毕业后，他们进入了同一家公司。或许，在别人看来，这是多么奇妙的缘分，可对于小王来说，却是有苦说不出。原来，两人虽然是大学同学，却也是大学时期的竞争对手。在班里，小王是班长，小李是副班长，学习成绩不相上下，如果小王在歌唱大赛中得奖了，那么，小李肯定会在诗歌朗诵中取得优异的成绩。在各个方面，小李似乎都略胜一筹，这让小王感到大学生涯是多么的痛苦。另外，小王克制不了自己对小李的嫉妒之心，每次只要听到小李有了什么成绩，小王心中就有一种深深的恨意。

上班第一天，小李友好地向小王打招呼，没想到，小王只是冷冷地回看了他一眼。小王在心里暗暗下决心："这一次，我一定要超过你！"可是，在第二天，小王就遭受了打击，小李被任命为经理助理，职位一下子就高了很多，小王忍不住说了句风凉话:“没想到,你还是跟在大学里一样,手段了得。”小李忍住心中的不快,笑着说:“你那么优秀,为什么还自卑呢?”

小王脸涨得通红,支支吾吾:“我怎么会自卑?”小李继续说:“你嫉妒我,那是因为你不自信,你觉得不如我,其实在我心里,我何尝不羡慕你的才气呢? 你既然都那么优秀了,为什么还甘愿钻进嫉妒的死胡同呢? 你不信可以自己观察,在公司,许多人都将你当成崇拜的偶像,但你却不知,还是一味地不相信自己。这些话,我在大学时就想告诉你了,但一直找不到合适的机会,现在看到你还是这样子,我觉得应该告诉你了,不然你准会被嫉妒所吞噬,变得可怕起来。你应该相信自己,你是很优秀的,为什么要那么执着地嫉妒我呢?”

就像小李所说的,嫉妒者看不到自己优秀的一面,他们在嫉妒别人的同时,完全忘记了自己的存在。他们只会纠结在自卑的情结中,然后在自卑中嫉妒别人,最后钻入死胡同。

在这里,建议那些心怀嫉妒的人,不妨自信一点吧,只有自信才会让内心足够强大,才不会那么容易滋生嫉妒之心。嫉妒者是痛苦的,他为自己的不幸而痛苦,还要为别人的幸运而痛苦,而摆脱痛苦的有效途径就是自信。当我们对自己充满了信心时,我们还有什么理由去嫉妒别人呢?

与其嫉妒别人,不如向别人学习

在非洲,当一头雄狮猎获了一只猎物准备美餐一顿的时候,另一些狮子就会嫉恨:为什么你能逮住我就逮不住,对不起,我需要享用你的战利品。于是,在狮子之间展开了一场争斗。黑格尔说:“有嫉妒心的人自己不能完成伟大的事业,乃尽量去低估他人的伟大,贬低他人的伟大,使之与他本人相齐。”嫉妒可以促使人采用一些卑劣的手段去达到自己的目的,但最后他

们所遭遇的结局往往是悲惨的。其实，偏执的嫉妒并不会使自己超越别人，如果我们能将内心的嫉妒化作一种前进的动力，将自己嫉妒的对象当成自己的榜样和目标，我们就有机会超越自己，甚至超越我们当初嫉妒的那个人。

从前，有个人饲养了山羊和驴子，主人总是给驴子喂充足的饲料，而山羊每顿只能吃七八分饱。对此，嫉妒心很重的山羊对驴子说："你一会儿要推磨，一会儿又要驮沉重的货物，十分辛苦，不如装病，摔倒在地上，这样便可以得到休息了。"驴子听从了山羊的劝告，摔得遍体鳞伤。主人请来了医生，为驴子治疗，医生说："将山羊的心肺熬汤作药给驴子喝，这样才可以治好。"于是，主人马上杀掉了山羊，去为驴子治病。

这是《伊索寓言》里的一个故事，嫉妒心强的山羊对驴子怀恨在心，假装为其出主意，实际上却是想将驴子置于死地，但是没想到，被嫉妒心吞噬的山羊在充满仇恨的报复行为中竟然将自己也不小心"算计"进去了。如果山羊能将对驴子的嫉妒化作一种动力，将驴子工作时的兢兢业业当作榜样学习，说不定他们还能成为朋友。但心胸狭隘的山羊只会嫉妒，最后不仅没有断送别人，反而断送了自己。

小宋从一名小职员荣升为部门经理，大家都感到十分诧异，是一种什么力量让一个平庸得不能再平庸的人也登上了成功的山顶呢。在公司表彰大会上，小宋道出了自己的秘密："许多人都问我，你是怎么做到的？刚开始，我总是沉默不语，其实，在我内心有一点点羞愧，本来，我打算永远不说这个秘密的。可是，现在我发现，我需要将这个秘密告诉你们，这样，避免你们像我一样，被无谓的烦恼所困扰。"公司同事都屏住了呼吸，希望自己能从小宋那里借鉴到什么。

小宋微笑着说道："我想你们一定不了解我是一个什么样的人吧，其实，我以前是一个嫉妒心很强的。从小，家庭的贫穷让我对那些富裕的同学心生嫉妒，为此，我甚至仇恨父母，为什么我会出生在这样一个贫穷的家庭。这样一种嫉妒的心理一直支撑我到大学毕业，因为嫉妒别人，总想超过别人，这样的一种信念让我在遇到困难时萌发出一股强大的力量。大学毕业后，我进入了这家公司，这时，我似乎已经忘记了心中的嫉妒，因为在过去的那么多年里，我勤奋学习，浑然忘记了去嫉妒别人。初到公司，我就暗暗发誓：以前是我嫉妒别人，现在我要放下那些所谓的嫉妒，要努力变成一个令人嫉妒的人。我不知道现在我是不是真的成为了这样一个人，但是，我需要告诉你们的是，我已经不去在意是不是了，因为嫉妒已经完全远离了我。”话音刚落，台下响起了雷鸣般的掌声。

或许，小宋在过去跟所有的嫉妒者一样，都因为嫉妒而痛苦着。但是，在备受嫉妒煎熬的过程中，小宋发现嫉妒并不是一件好事情，他需要做的是努力做一个令人嫉妒的人。这样的一种心理支撑着他走到现在，直至走向成功。到最后，他已经完全醒悟了，他早已经不去在意自己是否成为令人嫉妒的人，因为他已经消除了内在的嫉妒之心。

古人说：“木秀于林，风必摧之；堆出于岸，流必湍之；行高于人，众必非之。”面对那些自己更优秀的人，嫉妒并不是明智之举，这只会显得自己更加愚蠢和自私。如果对方比我们优秀，那我们就要学习他身上的可贵之处，以此来完善自己，化嫉妒为动力，努力拼搏，当自己达到了一定的高度，你会发现当初嫉妒的对象早已经消失不见，而你则成为了别人羡慕嫉妒的对象。

第7章

想开看远散火气，享受云淡风轻的惬意

在生活中，我们的内心时常会滋生焦躁的火气，这时不要与自己斗气，而是要努力平复焦躁的火气，比如追求简单的生活，学会淡定从容地生活，给自己积极的心理暗示等等，通过这些途径可以有效地消减我们内心的火气，从而让心灵感受如风的快乐。

生活简单，心更容易快乐

古人云："大道至简"，意思是越是真理的就越是简单的。在我们的一生中，总会有许多的追求，许多的憧憬，甚至我们会面临许多的诱惑，或追求真理，或追求刻骨铭心的爱情，或追求理想的生活，或追求金钱，或追求名誉地位等等。但太多的欲求是否会让我们的生命难以承受呢？生命之舟若是太过沉重，生命就不再是一个蓬勃向上和快乐进取的过程，而是成为一个痛苦无奈的延续，而一个在痛苦中挣扎的生命，即使拥有的东西再多，也会暗淡无光。就像古人所说"大道至简"，其实，真正快乐的生活应该也是简单的，或者说，简单的生活才是快乐的。当然，这种简单并不是贫乏或贫穷，而是繁华之后的一种追求，是一种去繁就简的境界。越简单越快乐，这确实是简单的真理，因为简单，我们的心很容易知足，哪怕是生活中一个很小的惊喜，我们也会变得快乐不已，这时快乐已经不再那么奢侈，而是很容易就能获得。

美籍华裔数学家陈省身教授曾这样说道："把奥妙变成常识，复杂变为简单，数学是一种奇妙有力、不可或缺的科学工具，人生也是一样，越是单纯的人，就越容易成功。简单既是思想，也是目的。人生是一种乐趣，一种创造。人生快乐，快乐人生，生活的动力就是不断寻找和发现乐趣。生命是否有意义，包括事业、家庭生活、健康长寿等等，都和快乐有关。一个人一生中的时间是常数，应该集中精力做一些好事。"当错综复杂的生活变得简单，你会发现快乐也是比较容易获得的，因为我们心中的想法已经变得简单，在这样的心境下，自然就容易变得快乐。

在宏村，有一位德高望重的老人，同时，他也是一位医术精湛的老中医。他行医的宗旨是"悬壶济世，解人疾苦"。对于那些贫困的病人，他不仅免费

医治，而且还给予他们精神安慰和金钱上的帮助。他在家乡行医了半个多世纪，积蓄颇为丰厚，于是就在家乡开办了一座济老院，收留那些晚年生活无依无靠的老人，这个济老院完全是慈善性质的。

虽然老人花了大笔的钱来办济老院，但他自己的生活却坚持一切从简的原则。在宏村行走，他常年穿戴的都是旧而干净的布衣布鞋布帽，这些衣物的历史都在三十年以上，宏村的人们很少见到他添置新的衣帽，平时家里人置办新的衣服给他，他也不穿，而是将这些崭新的衣服送给那些需要的人。在饮食上，他更是主张粗茶淡饭，以素食为主。生活如此之简朴，但老人却生活得异常快乐，他闲来没事时，就会去济老院陪那些老头老太太唠家常、叙往事。在老人70岁的时候，他在济老院的前后种植了大片的竹子，等到他101岁逝世时，竹子已经是郁郁葱葱，蔚然成林了。

后来，宏村的人为了纪念这位老人，专门在竹林前立碑，除了记述老人的生平事迹以外，还将这片竹林命名为“慈竹林”。

简单的生活，首先应该有简单的心态。老中医舍得花大笔的钱来办济老院，做慈善事业，并不意味着他在自己的生活中也是大手大脚，相反，他自己的生活一切从简，一点也不烦琐。恰恰是因为这样的简单的心态，使他更容易获得快乐，从而也获得了长寿。

追求简单极致的生活，需要适当控制自己的欲望，这些欲望来自物质生活和人际交往的需要。而对于精神的追求，反而会更多。因为一个对物质和世俗关系追求很少的人，才可能有更多的时间去追求精神世界的丰富多彩。当然，欲望是难以克制的，欲望本身也是有区别的。有“度”的欲望是人生命的内在动力，是人们奋斗和追求事业成功的助推器；但是，一旦超过了限度，人的欲望就会像一匹脱缰的野马，最终会将一个人拖入无底的深渊。一个追求简单生活的人，他会心无旁骛，将那些引起自己烦恼的事物丢掉，不让它干扰自己的身心和脚步。简单使人快乐，简单生活是快乐的绝世法宝。

面对故意气你的人，不理会便是不中计

生活中，当有人不怀好意地气自己，该如何是好呢？有的人会选择生气，有的人会选择置之不理，其实，最有效的方法是以淡定的笑容回应，这既是一种回应，但更显示出自己心胸的宽阔，凸显出对方的愚蠢。此外，淡定的笑容还有一个神奇的功效，当我们对着别人微笑时，自己也会感受到微笑的作用，并能够适时平静下来。反之，如果你总是不服气，恶语相向，引发愤怒的情绪，那才是顺了对方的心愿，因为对方之所以想方设法嘲讽你、讥笑你，最终目的只有一个——激怒你。在这样的情况下，我们就不能遂了对方的意愿，我们越是生气，他就越是高兴。反之，如果我们不生气，依然快乐，对方反倒不知道该如何是好了，这会让他感受到一种挫败感，原来用言语激怒对方并没有任何效果，他自然会灰溜溜地离开。

面对无礼者的肆意攻击，我们不需要怒气冲冲，也不需要正面回应，只需要露出淡定的笑容即可。淡定的笑容预示着一种平和的情绪，单单这种情绪就可以压倒对方。如果我们遭受了那些不怀好意人的嘲讽，不要生气，应学会克制自己的情绪，保持淡定的微笑，这样的反击才倍显力量。通过淡定的微笑，不仅能显示出自己的涵养，而且保持平和的情绪，我们才能冷静、从容地思考出最佳的对策。

有这样一位清洁工阿姨，每天，她不仅干着最劳累的活，还常常遭受路人的白眼，但是，无论在什么时候，她所流露出来的都是脸上淡淡的笑容。

有记者采访她，问道："为什么面对那些骂你的、蔑视你的人，你都不会生气呢？"清洁工阿姨回答说："有什么值得生气的呢？他们对我无礼，我岂能还之以无礼，他们用最肮脏的话、最冷漠的眼神来蔑视我，我当然以笑容来蔑视他们了因为失去修养的是他们，而不是我，如果我生气了，不正好中

了他的心思吗？所以，面对这些故意气我的人，我坚决不生气。”

清洁工阿姨简简单单的一句话，却揭示出了深刻道理，确实，既然是对方无礼的行为，我们又何必去生气呢？如果我们真的生气了，那才是愚蠢的行为，是拿别人的错误惩罚自己。在这时，最好的回击方式，就是给予对方一个淡定的微笑，这是一种无声的回应，却是最有效的回应。在淡定的微笑中，不仅消减了我们内心的愤怒，同时也融化了对方的敌对情绪。

一个容易斗气的人，很容易就会被他人的言语所激怒，从而因情绪过激说出一些伤人的话语。实际上，当别人有意气你，你越是生气，对方越是会因为自己的计谋得逞而高兴。如果我们真的生气了，那岂不是自己往陷阱里跳吗？因此，不管对方所说的话有多难听，不管对方的态度多嚣张，我们只需要保持淡定的笑容，不让对方有机可乘，我们就会真正地赢得这场“战争”。

无论在什么时候，淡定的微笑都有一定的征服力。谁能在对峙中保持淡定的微笑，谁就能够赢得最后的胜利。反之，与淡定微笑相对的是愤怒的情绪，它就像是一个魔鬼，会将我们推入地狱；而淡定的微笑可以平复我们内心激动的情绪，给予对方强有力的震撼，那看似淡定的微笑，实则是对他人有力的还击。

开怀大笑是一种愉快的发泄方式

有一位智者很喜欢大笑，而且，通常是在嗔怒时大笑，弟子感到不解：“既然这么生气，为什么还会选择笑呢？”智者这样回答：“因为大笑可以帮我赶走内心的怒气，即使我强迫自己大笑，也能够起到这样的作用，既然笑能有如此的作用，我又何苦选择生气呢？”原来，开怀大笑是消除精神压力的方法之一，同时，也是一种愉快的发泄方式。当愤怒的情绪找不到发泄的出口，我们应该选择开怀大笑，以忘记心中的忧虑，让那些火气烟消云散。当爽朗的笑声冲上云霄，我们心中的怒气也就自然消失了，这就是所谓的“笑一笑，十年少”。在西方国家也有类似的谚语：“开怀大笑是一剂良药。”由此可见，开怀大笑对一个人身心的益处，完全得到了中西方人们的普遍认可。其实，笑是很简单的，它是人类与生俱来的本领。如果说其他的发泄方式还需要学习，那想必开怀大笑是任何人都不用学习的，还犹豫什么呢？当怒火攻心的时候，让自己开怀大笑，那些心中的不快自然会烟消云散。

小王大学毕业后，进入了一家大公司，不过，拿着名牌大学的毕业证，他却只能在办公室里当一名普通的文员，这令小王十分苦恼，心中常常为此愤愤不平。另外，由于小王不太善于表现自己，内心有着强烈的自卑感，使得他的才能无法施展。过了一段时间后，小王觉得生活压力越来越大，整天没有精神，莫名其妙地失眠。小王觉得自己心理有了问题，在一个星期天，他走进了一家心理咨询中心。面对医生，小王倾诉了心中的苦闷，不过，医生并没有给小王任何的劝导，而是提出一个小小的要求：“每天早晨起床后，什么都不要干，先对着镜子里的自己笑一下，在一天的工作中，如果感到苦闷了，就找个安静的地方，开怀大笑一番。”小王半信半疑，但是，还是照心理医生的话去做了。

一个星期过去了，小王又去了医院，医生问他：“感觉怎么样？情况是否有所改观？”小王感慨地说：“真没想到，这个办法真的很灵验。”原来，刚开始照镜子的时候，小王被自己的样子吓了一跳：眉头紧皱，满脸沮丧，活脱脱一张苦瓜脸。虽然，以前小王也会对着镜子剃须、洗脸之类的，但那时都是面无表情，小王意识到自己好久没有认真地审视过自己了。小王想着以前自己是一个快乐的男孩，记得自己以前也是喜欢笑的。当他第一次对自己微笑的时候，却发现笑容变得十分僵硬。后来，小王开始每天对镜子里的自己笑，他在镜子里看到了一个快乐的自己，他感到消失的力量回来了。

小王有些疑惑地问医生：“请问这是什么道理呢？”医生笑着说：“笑赶走了你内心的怨气和忧虑，为你带来了自信和快乐，并且对你的生活和工作都

有了较大的影响。”听了医生的话，小王恍然大悟，以后，在办公室里，同事们经常能听到小王那爽朗的笑声。

当一个人大笑的时候，大脑会立即分泌内啡肽，内啡肽可以赶走压力，驱走内心的负面情绪，让人释放压力。即使强迫自己大笑，也会产生同样的效果。当然，我们所需要的是健康的开怀大笑，这不得不有一些前提的条件，比如，高血压患者应该尽量避免大笑，否则会引起血压上升、脑溢血等；正处于恢复期的患者也要避免大笑，因为这有可能使病情发作；还有，当一个人在吃东西或饮水的时候，也不要大笑，以免食物和水进入气管，导致剧烈咳嗽，甚至窒息。

美国马里兰大学医学教授迈克尔·米勒教授说：“大笑可以提高内啡肽水平、强化免疫系统功能、增加血管中的氧气含量。”对此，有关心理专家认为，健康的开怀大笑还有诸多益处。德国研究人员发现，大笑 10 ~ 15 分钟可以增加能量的消耗，使人心跳加速，并燃烧人体一定能量的卡路里，所以，大笑是保持身材苗条的有效方式。而且，一个喜欢笑的人，他的运气一定不会太差，因为笑容可以让一个人看起来更有魅力，更自信，同时，还能够促进自我价值感的上升，有助于人们克服困难。

多用积极的自我暗示消除火气

自我暗示，也就是自己主动自觉地通过言语、手势等间接的含蓄的方式向自己发出一定的信息，使自己按照自己示意的方向去做，自我暗示有消除恐慌和消极心态的功能。当我们感觉到内心怒火蔓延的时候，不妨进行自我暗示，告诉自己没必要生气，渐渐地，你会发现奇迹真的出现了，那本来有蔓延趋势的怒火竟然在自我暗示中慢慢消退了。在苏联电影《列宁在 1918 年》里，警卫员瓦西里坚定地告诉妻子：“面包会有的，牛奶会有的，一切都会

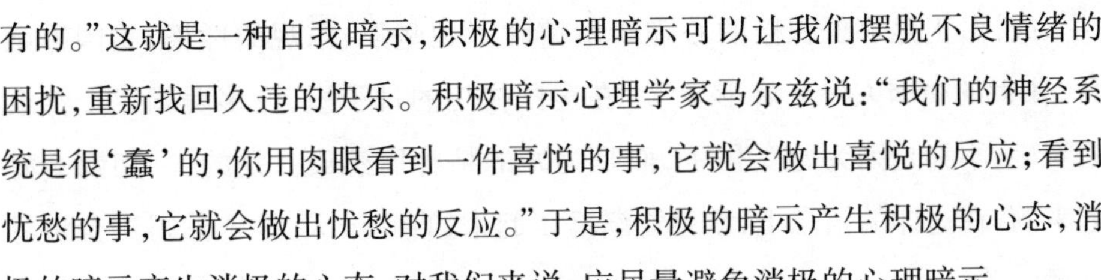

有的。”这就是一种自我暗示，积极的心理暗示可以让我们摆脱不良情绪的困扰，重新找回久违的快乐。积极暗示心理学家马尔兹说：“我们的神经系统是很‘蠢’的，你用肉眼看到一件喜悦的事，它就会做出喜悦的反应；看到忧愁的事，它就会做出忧愁的反应。”于是，积极的暗示产生积极的心态，消极的暗示产生消极的心态，对我们来说，应尽量避免消极的心理暗示。

有一天，在公共汽车上发生了这样一件事情：一位老先生一不小心，踩了一位年轻姑娘的脚，那位年轻姑娘开口就骂人：“你这个老不死的！”可是，这位老先生并没有生气，反而笑呵呵地说：“谢谢！ 谢谢！”老先生这一举动，把周围的人都搞糊涂了，这是怎么回事呢？ 姑娘骂他是“老不死的”，他不但不生气，反而笑着说谢谢，这老先生的精神肯定有问题。这时，旁边的人问老先生：“人家骂你，你还谢人家，这是为什么呢？”老先生回答说：“她没有骂我，她是在给我祝福呢，我没有必要生气。第一，她说我老了，第二，她说我不会死，这不是给我祝福吗，我难道不应该感谢她吗？”听到这样的话，周围的人都笑了，那位年轻姑娘红着脸低下了头。

故事中的老先生所使用的就是积极的自我暗示法，虽然对方恶语相向，但老先生却自我暗示这是一种吉言，并通过自己的理解来使自己变得快乐起来，自然怒火也就不存在了。当然，在自我暗示的时候，身心需要得到放松，关注自身的状态，这样，我们才能够将注意力集中在某一事物中，时间久了，注意力会自然地分散，不再专注于任何事情，在这样的心境下，自我暗示的效果会更好。

1998 年 7 月 21 日晚，在纽约友好运动会上意外受伤的、17 岁的中国体操队队员桑兰成为了全世界最受关注的人。那确实是一个意外，当时，桑兰正在进行跳马比赛的赛前热身，在她起跳的那一瞬间，由于外队教练的一个“探头”动作干扰了她，导致她动作变形，从高空栽倒在地上，而且是头部着地。个性温和的桑兰在遭受如此重大的变故后却表现得相当乐观：“我相信一切都会好起来的。”她的主治医生说：“桑兰表现得十分勇敢，她从来不抱怨什么，对她我能找到表达的词语是‘勇气’和‘乐观’。”

或许，正是那份积极的心理暗示铸就了她坚强、乐观的性格，美国称她是“伟大的中国人民光辉形象”。在美国住院的日子里，许多美国民众都会去看她，不只是因为她受伤了，而是为她的精神所感染。是的，一切都会好起来的，在这样的信念下，桑兰逐渐好了起来，直到今天，她依然得到全世界人民的关注。

心理暗示在日常生活中随时可以发挥作用，它是用含蓄、间接的方式对人的心理状态产生影响的过程。一般而言，心理暗示又分为他人暗示和自我暗示，在生气时的积极心理暗示是一种自我暗示，即自己用某种观念暗示自己，并使它实现为动作或行为。自我暗示的作用是巨大的，它不仅能影响自己的心理与行为，还能影响我们的生理机能。积极的自我暗示对我们改善情绪有很大的帮助，当我们习惯于想那些快乐的事情时，我们的神经系统就会习惯地令自己保持一个快乐的心态，自然就不会生气了。

在生活中，如果我们是一个容易被激怒的人，那不妨经常给自己以积极的自我暗示。必要的时候，给自己一个积极的暗示语，比如“生气是无能的表现”、“生气是缺乏教养的”、“发怒是人类较为低劣的天性”、“没有必要生气”等等，通过这样一些积极的自我暗示，控制自己战胜愤怒的情绪，最终让自己的心平静下来。

运动可以使人快乐，带走怒气

当怒火袭来，心中的不快如何释放，不良的情绪该如何宣泄呢？当一个人的不良情绪积压到无法承受的时候，人可能会崩溃，他们会感觉到焦虑、乏力、烦躁、创造力减退等，有时候身体也会出现食欲不振、心痛、心悸、胃肠不适、脱发等不良反应。现代社会，经常从人们嘴里蹦出来的是“郁闷”、“压抑”等情绪化词语，由于经常会在生活和工作中遇到一些不开心的事情，许多人会不自觉地把生气、委屈、愤怒等不良情绪闷在心里。对此，心理学家指出，长期将不良情绪积压在心里对自己是有害的。一方面，将不良情绪积压在心里，别人并不知道你在生气，别人的言行可能会让生气的人心理波动更大；另外一方面，对于自己而言，消极情绪积压越来越多，心里就会越来越不舒服，直至崩溃的边缘。那如何才能找到正确的发泄途径呢？运动，当然是运动，在汗水淋漓中，蒸发掉内心的不快，运动之后，整个人顿觉清爽不已，那些长期积压在心中的坏情绪也会消失得无影无踪。

那些容易生气的人，应该学会正确地应对生活中的事件和不良情绪，同时要学会沟通。而当缺乏沟通渠道时，运动则是一剂良方，多运动，多拓展自己的兴趣，在运动中可以忘记很多东西。确实，我们完全可以通过运动的方式来使自己得到放松，比如跑步、打篮球、打排球，运动之后全身都充溢着酣畅淋漓的快感，并由此获得一种心理上的平静。通过跑步发泄的人，可以在速度中跑去烦恼；通过打羽毛球发泄的人，由于此项运动是灵敏度和速度的结合，需要精神高度集中，可以很快忘掉烦恼；通过打篮球发泄的人，他们可以在汗水中忘却烦恼。

运动，确实是一个不可多得的健康途径。当一个人被不良情绪困扰的时候，在他身体内部就好像住着一个会生气的魔鬼，他需要使劲才能摆脱它，恰好运动就是这样极具力量的方式。在运动中，我们出汗了，臂膀有力地挥舞着，在这个过程中，我们已经摆脱了那个生气的魔鬼。同时，运动其实也是需要讲究方法和智慧的，尤其是其中的某些运动需要集中全部注意力，这时我们已经没有多余的时间去生气了。

林浩上大学时是学校运动协会的会员，他几乎擅长所有的运动，而且大多都是极具力量的运动，比如跑步、篮球、足球等。偶然的一次机会他竟然发现运动还有其他效用，那就是可以发泄自己内心的消极情绪。

那是在大四的最后一个学期，林浩信心十足地去一家自己向往已久的公司应聘，没想到最终却被淘汰了。顿时，林浩有一种心如死灰的感觉，好像自己四年大学都白念了，他觉得自己好没用。内心的委屈、羞愧、挫败感

一起袭来,他觉得自己整个人都要疯掉了。在情绪交错之间,林浩无意识地抱起了地上的篮球,飞一般地跑向篮球场,三步、两步,上篮,灌篮,他几乎已经与篮球融为一体了,不断地重复着相同的动作。这样大概持续了20分钟,他终于没力气了,瘫坐在地上,心中的阴霾一扫而光,他笑了,从前那个爽朗的自己又回来了。

从这以后,林浩就将运动当成了自己发泄的途径。工作以后,找不到合适的运动场所,他就喜欢去健身房。每一次去运动,都要让自己运动到出汗为止,看到出汗了,他就觉得那些不快好像都被蒸发掉了。

心情不好就想办法出汗,这是一个不错的方法。许多年轻人都喜欢通过运动来排忧解闷,适当的运动更是调节情绪、缓解压力的好方法,因为运动本身可以调节人体内分泌,对身体是很有益的。一个人心情的好坏,与大脑内分泌的一种名为"内啡肽"的物质的多少有关系,而运动则可以刺激内啡肽分泌增多,令人们获得轻松愉悦的身心状态,有助于人们排遣怒气和不快。当然,并非只要运动就可以产生愉悦的心情,比如瑜伽、健身操、跑步、登山等运动,每天持续运动在30分钟以上才可以刺激内啡肽的分泌。

此外,我们需要注意的是,运动也需要讲究一定的限度。如果一味地将运动当作一种发泄的手段,反而会伤身。过大的运动量会透支体能,给身体带来损害;如果运动时你的注意力不集中,会增加运动的危险系数,造成肌肉拉伤。因此,当我们在通过运动发泄怒气的时候,需要把握一个度,要在不伤害身体的情况下进行,否则便是得不偿失了。

用自嘲化解敌意,战胜怒气

有人说:"无论你想笑别人什么,都不妨先笑你自己。"在生活中,自嘲简直可以说是治疗尴尬的一剂良药,当自己遭遇尴尬的时候,不妨拿自己开涮，反而会让身边的人开怀大笑。如果有人激怒你，没什么大不了，不妨自嘲一下，化解自己尴尬的同时，也向对方展现出一个胸怀大度的自己。幽默一直被人们称为只有聪明人才能驾驭的语言艺术，而自嘲又被称为幽默的最高境界。自嘲是缺乏自信者不敢使用的语言艺术，因为它要求你自己骂自己，也就是要拿自身的失误、不足甚至生理缺陷来“开涮”，对丑处、羞处不予遮掩、躲避，反而把它放大、夸张、剖析，然后巧妙地引申发挥，并自圆其说，博得一笑。所以说，那些善于自嘲的人，必须是智者中的智者、高手中的高手。在生活中，如果有人想贬低我们，不管对方是有意的还是无意的，不可避免地都会让我们心生不快，这时如果我们以犀利的语言还击，那自然会让场面更加尴尬，在这样的情况下，拿自己开涮才是上上之策，不仅可以挽救尴尬的局面，还可以显示自己的大度。

同时，自嘲还会产生幽默的效果，“挽救”自己的同时也娱乐了大家。当然，如果我们想运用自嘲的语言艺术，那首先我们应具备豁达、乐观、洒脱的心态，如果缺少这些特质，我们是没办法自嘲的。那些生活中斤斤计较、尖酸刻薄的人是难以自嘲的，他们只会跟别人争执，将场面搞得更僵，因为他们没有勇气拿自己开涮，更重要的是，在狭隘的心理作用下，他们会想办法报复，而绝不会以自嘲化解尴尬。在日常交际中，就语言表达艺术而言，自嘲的语言艺术是最安全的，因为伤害不到任何人。

在一个中秋之夜，乾隆皇帝在御花园召集群臣赏月。他一时兴起提出要与纪晓岚对集句联，以增雅兴。一向自恃才高、文思敏捷的乾隆先出了上联：玉帝行兵，风刀雨剑云旗雷鼓天为阵。出完了上联，乾隆踌躇满志地望着纪晓岚，看他如何对下联。

纪晓岚沉思片刻，对出了下联：龙王设宴，日灯月烛山肴海酒地作盘。明眼人都看出，纪晓岚的下联不但工整，而且气势宏大，与乾隆所出的上联相比简直是有过之而无不及。可是，乾隆听了下联，脸色一时间阴沉下来。纪晓岚当然明白乾隆的心思，俗话说“伴君如伴虎”，一向好胜的乾隆，怎么容得下自己所对的下联呢？看来自己不该逞强，弄不好会引来杀身之祸。

面对这样的情况，纪晓岚心里也很着急，但他并非等闲之辈，只见他灵机一动，巧舌如簧：“皇上贵为天子，故风雨雷电任凭驱策、傲视天下；微臣乃酒囊饭袋，故视日月山海都在筵席之中，不过肚大贪吃而已。”听到纪晓岚这番话，乾隆刚刚消失的得意之色再露，笑着对纪晓岚说道：“爱卿饭量虽好，如非学富五车之人，实不能有此大肚。”

在上面这个故事中，在那样的情况下，纪晓岚唯一的办法也就是拿自己开涮，有什么大不了的呢？比起丢掉性命，自嘲算是很轻松的。适度的自嘲，不仅仅是一种良好的修养，而且还化解了一场危机。

20世纪50年代初，美国总统杜鲁门会见十分傲慢的麦克阿瑟将军。会谈中，麦克阿瑟拿出烟斗，装上烟丝，把烟斗叼在嘴里，取出火柴。当他准备划燃火柴时，停下来对杜鲁门说：“抽烟，你不会介意吧？”

显然，这不是真心征求意见，在他已经做好抽烟准备的情况下，如果杜鲁门说他介意，就会显得粗鲁和霸道。这种缺少礼貌的傲慢言行使杜鲁门有些难堪。然而，他看了麦克阿瑟一眼，说道：“抽吧。将军，别人喷到我脸上的烟雾，要比喷在任何一个美国人脸上的烟雾都多。”

麦克阿瑟将军当然不是真心征求意见的，他那种行为显然是一种挑衅，但杜鲁门更明白，如果自己表现得很生气，当场撕破脸皮，那会影响到两国的交往。其实，有什么大不了的呢？以漫不经心、自嘲的口吻说几句取悦人的话，可以活跃气氛，消除彼此之间的尴尬。

其实，自嘲是一种心理成熟的标志，通过拿自己开涮的方式来平复内心的怒气，同时也化解对方的敌意，确实算是高明的斗心谋略。与其跟自己斗气，还不如与他人斗心，你越是不在意，越显得自己很大度，自然在人格上就战胜了对方。

你看得见美好，就不会再抱怨环境糟糕

亚伯拉罕·林肯在一次竞选参议员失败后这样说道："此路艰辛而泥泞，我一只脚滑了一下，另一只脚也因而站不稳；但我缓口气，告诉自己'这不过是滑一跤，并不是死去而爬不起来'。"在生活中，无论我们置身多么糟糕的环境，只要我们的心境还算平静，那所有的情况都不算糟糕，没有不好的环境，只有不静的心境。有时候，阻碍我们前进的并不是外在的不好的环境，而是我们内心不安定的心境。虽然，外在的境遇是我们所不能改变的，但心境却是可以改变的。改变了心境，就相当于改变了环境，所谓"境由心生"，我们心境怎么样，环境就会变得怎么样，因为我们可以改变心境，让心境与环境合拍，从而改变不好的环境。一个人若是拥有了不安定的心境，即便他处于多么顺利的环境之中，他也会感到异常苦闷；反之，一个人若是拥有了对生活的热情，拥有了乐观的心境，那不管他处于怎样恶劣的环境，他依然可以过得快乐幸福。

一位将军去沙漠参加军事演习，妻子塞尔玛需要随军驻扎在陆军基地里。由于沙漠干燥高热的气候，令塞尔玛感到很难受，而身边又没有可以倾诉的人，陷于孤独的塞尔玛经常给父亲写信，在信中透露出自己想回家的强烈愿望。然而，拆开父亲的回信，只有短短的两行字："两个人从牢中的铁窗望出去，一个看到泥土，一个却看到了星星。"父亲的回信令塞尔玛十分惭愧，她决定要在沙漠里寻找"星星"。

从此以后，塞尔玛开始与当地人交朋友，彼此之间互相赠送礼品，闲来无事，她开始研究沙漠里的仙人掌、海螺壳。慢慢地，她迷上了这里，根据亲身的经历，她写了《快乐的城堡》这本书。

沙漠并没有改变，当地的居民也没有改变，那到底是什么使塞尔玛的生

活发生了巨大的变化呢？心境，当然是心境，以前内心烦闷的塞尔玛看到的只是“泥土”，当心境发生变化之后，乐观的塞尔玛在沙漠里竟然寻找到了“星星”。

在这个世界上，根本没有不好的环境，有的只是苦闷的心境。当你感到苦闷或烦躁的时候，不妨想想，你所认为的不好环境是否在于自己拥有了一份糟糕的心境？如果答案是肯定的，那就尝试着改变心境，放弃苦闷的心境，以乐观的心境面对，你会发现，之前所认为的不好环境并没有想象中那么糟糕。

小娜是报社的一名记者，最近她接到了一份特殊的采访任务。当她拿到被采访者的资料时，她不禁有些难过，这是一个怎样的女人：丈夫早些年得了重病去世了，欠下了大笔的债务，家里有两个孩子，其中一个还带有残疾。女人只是在一家小型的工厂里当一名女工，靠微薄的薪水养着整个家，还要还债。小娜一下午都在想着：“她家里不知道是什么样子？女人和孩子都蓬头垢面，满脸悲苦，又黑又潮的小屋里没有一点鲜活的色彩，自己去了，也许只会不断地听到哭诉。”

那个周末，小娜满怀同情，按着地址找到个那个女人居住的地方。当她站在门口，有些不敢相信自己的眼睛，她甚至怀疑自己找错了地方，于是又向女主人核实了一遍。确认无误之后，她才开始重新打量这个家：整个屋子干干净净，有用纸做的漂亮门帘，墙上还贴着孩子上学获得的奖状，灶台上只放着油盐两种调味品，罐子却被擦得干干净净，女人脸上的笑容就像她的房间一样明朗。小娜坐在用报纸垫着的凳子上，热情的女人为她拿来了拖鞋，小娜看见那鞋居然是用旧的解放鞋的鞋底做的，再用旧毛线织出带有美丽图案的鞋帮。

当女人也一起坐下来，小娜不禁有些好奇她是怎么把这个家打理得这样舒适的，女人一边干着活，一边微笑着说：家里的冰箱、洗衣机都是隔壁邻居淘汰之后送给我的，其实用得也蛮好的；工厂里的老板同事也都照顾我，还会让我把饭菜带回来给孩子吃，孩子们也很懂事，做完了一天的功课还会

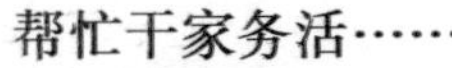

帮忙干家务活……

小娜听着听着，眼睛有些湿润了，感叹道："虽然你所面临的环境是糟糕的，但是，你的心境却是阳光的。"这并不是同情，而是一种赞叹，赞叹女人的坚强，更赞叹女人的乐观。

故事中，女工所处的环境是相当糟糕的，如果换了别人，估计早已经活不下去了。但拥有阳光心境的女工却坚持下来，不仅努力地活着，而且还用自己微薄的薪水创造了一个干净而温馨的家，这确实值得我们赞叹。乐观的女工面对如此境遇还能坚强地生活下去，那我们呢？

在生活中，一些不好的境遇往往会不期而至，不管我们接受不接受。对于我们自身而言，既然那些不好的环境是无法改变的，为什么不尝试着改变自己的心境呢？当你的心境变得阳光，你所看见的一切就都是美好的，你就不会再抱怨环境是多么糟糕，似乎它比你想象中还要好得多。没有不好的环境，只有不静的心境，当你的心境变得平静，自然就不会为那些不好的环境而斗气了。

第8章

生活积极有生气，为未来留下美好的回忆

在生活中，我们要想培养良好的心态，就需要有效地掌控人生的脚步，有意识地控制自己的情绪，以最平静的心态去铸就美好的一生。当坏心情降临，不妨以各种方式调节心情，让自己的心情变得平静、祥和，从而培养出良好的心态。

用平和的心态面对每一天的生活

在西方有一句广为流传的名言:“播下一个行为,收获一种习惯;播下一种习惯,收获一种性格;播下一种性格,收获一种命运。”性格是一个人深层次的东西,而一个人的性格往往影响着其命运。我们可以说,性格是左右其命运的重要因素和神秘力量,一个人性格的好坏将直接影响到其婚姻的美满、事业的顺利和生活的幸福程度,在生活中,那些好性格的人将会为自己赢来好福气。那么,什么才是好性格呢?平和惬意,不斗气的人自然称得上是好脾气,他们的内心越是祥和,其交际能力就越强,所建立起来的人际关系就越牢固,当然,这样一来,他的事业和生活也就很容易获得成功了。反之,那些喜欢斗气的人,由于其难以相处的性格,总是在不知不觉间树敌很多,自然,他的人际关系就不怎么样,做起事情来就容易碰壁。所以我们常说,那些有着平和惬意性格、不斗气的人才会更有福气。

张太太自认是一个坏脾气的人,她长年在外面工作,这么多年来,她将在外面受的委屈和痛苦,遭遇的不顺和烦恼,一股脑儿地发泄给了家人。有时候,母亲做的饭菜不可口,她都要抱怨好半天;父亲没能帮她办成事情,她就给父亲黑了几天脸;母亲心疼孩子多给了零花钱,张太太也会毫不留情地大声数落。

即使是面对朝夕相处的老公,张太太也没好脸色。老公拖地不干净,她会瞪大了眼睛斥责;老公应酬晚归了,她会堵在家门口教训他;儿子作业没认真写,她气得将孩子的作业本摔在地上;儿子成绩下降,王太太就暴跳如雷。这么多年,家里似乎没有安宁的日子,张太太也疲惫了。

母亲常常对张太太说:“你这孩子,人能干,心地也善良,就是脾气不好。”老公也说:“你这人,一辈子全是脾气害了你!”孩子也多次表示抗议:

"妈妈呀,啥时候能改改你那坏脾气,我就可以少流几次眼泪了。"

就好像案例中所讲述的那样,张太太情绪不够平和,总是处处斗气,使得自己的家庭失去了原有的和谐与温馨。在生活中,那些性格不好的人更容易与他人发生矛盾,甚至酿成冲突,最终他们所迎来的只能是无比糟糕的生活。在现实生活中,我们经常看见那些性格不好的人因脾气差而失去了最爱的人,有的人还因为冲动暴躁的脾气走上了不归路,那些心绪不够平和、脾气差的人,他们所面对的总是晦气和灾难,毫无福气可言。

李先生刚刚在家里发了脾气,突然想起来该理发了,于是,他带着阴郁的脸色走进了一家理发店。李先生回想起刚才与老婆的争吵,心中越想越气,这时,理发师捋着他的头发说:"你的头发很软,先生,你一定是好脾气的人。"李先生愣住了,自己怎么能算是好脾气呢?从小自己就是出了名的打架大王,常常因为一点点小事就跟人打架;在部队的时候,出于对战友的嫉妒,将对方的鼻子打出了血;在三十岁的时候,还差点对一个同事动了手。想想自己怒发冲冠拔拳相向的事情并不少,怎么会是一个"好脾气"呢?

李先生透过镜子看到那位理发师,笑了,活了大半辈子,才明白,好脾气是应该受到赞美的,应该得到尊重的。于是,理发师建议李先生不要再理平头,而是把头发蓄起来换个发型,李先生想也没想就回答:"好的。"

或许,李先生真的改变了,在他嘴里开始经常出现"好的",以前,他与老婆的意见永远不一致,越吵心情就越不好,心情越不好就越吵,吵架简直成了家常便饭。不知道从哪天开始,李先生不再执拗于自己的意见了,老婆说:"今晚炖条鱼来吃。"李先生会笑着回答:"好的。"过一会儿,老婆说:"今晚吃红烧肉。"李先生依然回答:"好的。"再过一会儿,老婆说:"好像这大鱼大肉都没啥好吃的,干脆炒个小菜算了。"李先生回答说:"好的。"可是,快到吃晚饭的时候,还是不见饭菜,老婆说:"今天,我不想做了,干脆到外面吃吧。"李先生依然好脾气地回答:"好的。"好脾气真的能带来好福气,老婆在李先生的好脾气下也自觉收敛了自己的脾气,彼此相敬如宾,感情日益深厚。

原来，一个人习惯说“好的”，这也算是一种好脾气，因为其内心比较平和惬意。只有当我们对身边的事情毫无异议，不再挑剔的时候，我们才会说“好的”，这既是对别人的一种赞同，同时，也表示出自己平和的心境。如果在生活中你的性格比较急躁，不够平和，那么请学会对身边的人说“好的”，这样会给我们迎来好福气。

投入大自然的怀抱，享受美好心情

古语说：“春有百花秋有月，夏有凉风冬有雪。若无闲事挂心头，便是人间好时节。”浅显简单的道理，只有回归到大自然，我们的情绪才会变得平和起来，而那些一直存在的坏心情则会烟消云散。在生活中，物质和财富并不能让我们的心情变得好起来，恰恰起到了相反的作用。人在没有事业、没有财富的时候，往往会将事业和财富当做是好心情的保障，他们总是因缺乏这些东西而产生坏心情。其实，这只是我们一相情愿的想法，在现实生活中，有多少事业成功的人士，他们有着百万元、千万元甚至上亿元的财产，但他们却连最基本的好心情都不能拥有。他们虽然拥有豪华别墅，却不能安然入睡，整天面对着山珍海味，却毫无食欲，这一切都是因为现实社会太过复杂、市侩，难以给人们带来好心情。在这样的情况下，我们如果投入大自然的怀抱，体验最简单的快乐，坏心情自然会消失得无踪无影。

大自然里有什么呢？新鲜的空气、纯净的蓝天、迷蒙的烟雨、柔和的月光、连绵的青山、潺潺的流水……这一切都是美好而祥和的，它所带给我们心灵的是平静，就好像是缓缓流动的水，带走了一直积压在我们心底深处的坏心情。大自然的美对每个人而言都是平等的，越是自然的东西，就越是接近生命的本质。只要我们能敞开怀抱，拥抱大自然的祥和与宁静，我们就可以真正地放下心中的牵挂和忧虑，在自然的怀抱中获得自在。在大自然的

熏陶中，我们早已经放下欲望，让干枯而缺乏营养的心灵在自然的馈赠中获得了滋养。在大自然的怀抱中，只要我们拥有平常心，不必付出任何代价，就可以享受美好的心情。

有这样一篇游记：

最近，我一直为自己的身世而烦恼，坏心情就好像是从我的每个毛孔钻出来一样，看什么都不顺眼。我从小就没有妈妈，她抛弃了我，我恨她，但在我内心深处，我又特别想念她，这样的矛盾心情一直折磨着我。我感觉心好累，在不知不觉间，我来到了老家，这是一个只有自然的朴素地方。

走进大自然，这里的一切都令人欣慰、平和，没有喧闹的汽车鸣笛声，没有人们的吵闹声，一切都是那么的清晰、新鲜。阳光照耀着大地，火辣辣的太阳变得很温暖，给我心灵无尽的安慰。

漫步在辽阔的草原上，风飘过我的身旁，很清柔、很温暖，就好像一双慈母的手，抚摸着我的脸颊。风的味道，简直令我难以割舍，它的味道，让我想起儿时所闻过的妈妈身上的香味，以及妈妈曾带给我的温暖。世界真是神秘莫测，虽然妈妈不在我身边，但风让我变得满足，而这种满足是前所未有的。

走进小小的森林，我闻到了果实的香甜，抬起头来，竟然发现那些早已经成熟的果实不知道什么时候挂在了我的眼前，它们红红的，很可爱。我就好像一个调皮的孩子，轻轻地摘下一枚果实，也不顾擦一下就塞进了嘴里，果实的甘甜袭来，让我瞬间忘却了一切烦恼，我好像已经回到了孩童时代，那种可以无所顾忌地奔跑在大自然的感觉又回来了。毫无瑕疵的大自然，清晰、美丽，漫步在这里，我早已经忘却了我为什么会来这里，我的烦恼是什么。大自然，不仅仅是美的艺术家，更是最好的心灵治愈师。

社会的复杂让我们失去了生命的自由空间，生活在这种复杂的环境中，忧虑和烦恼空前地膨胀着，我们只是不停地工作，从来没有闲暇时光，最终使得心灵干枯了。虽然我们看似得到了许多享乐，但那却不是幸福；拥有许多方便，但那却不是自由。我们差不多已经忘记了该如何享受生活，但若是

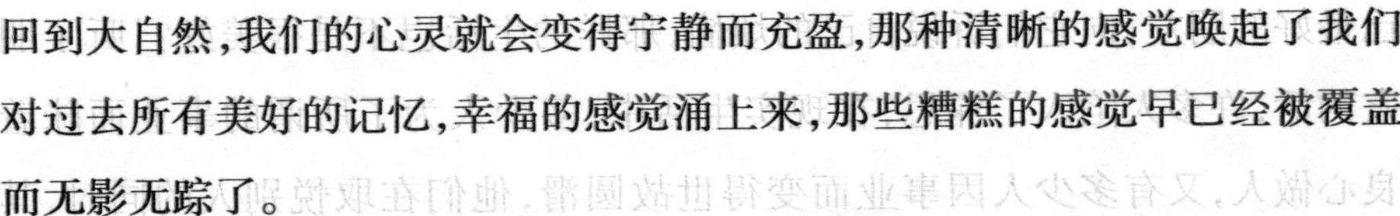

回到大自然，我们的心灵就会变得宁静而充盈，那种清晰的感觉唤起了我们对过去所有美好的记忆，幸福的感觉涌上来，那些糟糕的感觉早已经被覆盖而无影无踪了。

千百年来，我们一直遵循着天人合一的精神，人类应该感恩大自然，珍惜大自然，爱护大自然，享受大自然，这样我们才能在自然中找到丢失已久的快乐和宁静。如果我们的心情变得很差，那不妨投入大自然的怀抱吧，在这里，我们会忘记所有的烦恼，重新领悟生活的快乐与幸福，同时，也可以治愈我们心灵所有的伤痛，让我们的坏心情如尘埃般渺小。

学会自我调适，让花草鸟鸣带来快乐

生活中，其实每个人都生活在自己的围城里，巨大的竞争压力使人们渐渐忘记了自我欣赏和肯定，进而迷失了寻找自我意识的目标和方向。事实上，快乐是一种由心而生的乐观心态，它来源于人们克服困难的勇气和对生命归宿的信仰。在现实生活中，我们常常有这样的感叹：人际关系会让自己身心疲惫，因为人心是复杂的。在与人相处的过程中，我们需要考虑到别人的心理，甚至在某些时候，为了顾及别人的感受，反而弄得我们自己身心疲惫，最终受委屈的是自己。所以我们才会说“做人难”。长此以往，我们总是想到别人，而无视自己的感受，自然会觉得累。在这样的情况下，我们需要学会调适心情，让自己的生活变得简单起来，自然也就快乐多了。

好朋友读了研究生，但她最大的愿望就是开一家花店。或许，对于这样的愿望，多少人会满脸不屑：“都上了研究生了，怎么还会有这样幼稚的想法呢？”对此，好朋友道出了内心的苦闷：“我觉得与复杂的人和事打交道，我会身心疲惫，我就是我，我不会为什么而变得圆滑，为什么要那样累自己呢？相反，如果我整天与花花草草打交道，不仅不会累，而且还会将它们当成自

己最好的朋友，向它们诉说自己的烦恼，那样的生活岂不是很美好？”听了朋友的话，许多人陷入了深思，在现实生活中，多少人为了所谓的事业而昧着良心做人，又有多少人因事业而变得世故圆滑，他们在取悦别人的同时，其实也丢掉了本真的自己。到最后，他们变得连自己都不认识了。所以，在生活中，我们更需要以花草鸟鸣来调节心情，在简单清静的世界里，找寻心灵最初的快乐。

杨大叔是村里出了名的“乐哈哈”，因为他几乎每时每刻都是面带笑容，偶尔还会跟邻里乡亲开几句玩笑。如果你了解他的生活，就会知道他的心情为什么总是这样好了。

在杨大婶的眼里，杨大叔是不学无术，总是摆弄那些花花草草、鱼儿、鸽子什么的，能变出几个钱呢？农村里朴实妇女的想法总是这样简单实在。但杨大叔总是说：“你不懂得啦，这是生活，这是情趣。”每次吃了饭，他总是先上楼看看笼里的鸽子，摸摸它们的羽毛，搂着它们，仔细观察它们的眼睛，一边嘴里嘀咕着：“这只鸽子可是好品种，它的妈妈可是信鸽，等它长大了，我也带着它去参加比赛。”放下它们，还会在一边观察很久才依依不舍地离开。

除了鸽子，杨大叔最大的爱好就是摆弄花花草草，他很喜欢将那些树枝弄成奇怪的形状，马啊，羊啊，龙啊。每每有朋友拜访，他就带着他们去参观自己的植物园，骄傲地介绍：“这是紫荆花，这是茶花，这可是我嫁接的，然后从小将它们固定，它们长大之后就是这个形状，这跟我们平时教育孩子是一个道理，在孩子小时候就需要多花心思，把他们教育好，培养他们良好的习惯和性格，如果小时候不教育好，长大之后再想教育，那肯定是不行的。像这些小树苗，在它们幼小时不弄出形状，长大之后你再想它们成型，那肯定会折断树枝的……”看来，杨大叔不仅种出了兴趣，还种出了“心得”。

有时候跟杨大婶闹别扭了，听着杨大婶的唠叨，杨大叔也不生气，只是笑呵呵地去看自己的花花草草。实在无聊的时候，他就跟家里的小猫小狗说话，嘴里直嚷着：“猫咪，别懒了，你看太阳都照到屁股了，还在睡觉，快去

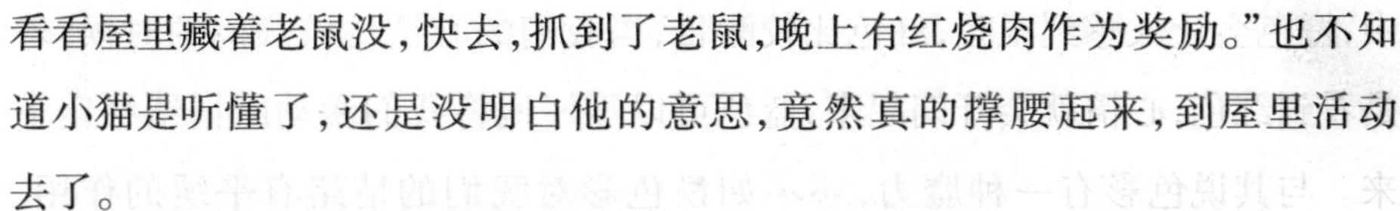

看看屋里藏着老鼠没，快去，抓到了老鼠，晚上有红烧肉作为奖励。”也不知道小猫是听懂了，还是没明白他的意思，竟然真的撑腰起来，到屋里活动去了。

杨大叔是幸福快乐的，因为他只生活在自己的世界里，在那个世界里，没有烦恼，没有忧愁，有的只是娇艳的花儿、青翠的树木、调皮的小猫、乖巧的鸽子、忠实的小狗，没有人事复杂的劳累，所以，杨大叔才会那么一直“乐呵呵”地活着。试想，那些终日为功名利禄而劳累的人们，如果你看见了杨大叔的生活，是不是也会心生几分羡慕呢？

生活中，来自大自然的花草鸟鸣，能带来几分清新和快乐，让我们的心灵感受到一种前所未有的简单。在花草鸟鸣中，我们的心灵不再沉重，有的只是祥和的心境以及无限的快乐。

借助色彩的魔力，让心情变得五彩斑斓

每天，我们都会接触色彩，其实色彩对改善我们的心情也是有帮助的，但前提条件是选择适合自己的颜色。一个终日穿着黑色衣服的人，想必他的心情不会好到哪里去，因为他给自己搭配的颜色就泄露了其心理。我们说，从一个人搭配的颜色可以看出其心情，另外，一个人所选择的色彩，其实是可以影响其心情的，即使他本身心情不怎么样，但如果懂得色彩的变换和搭配，那是可以给自己带来全新的好心情的，这就是改变所带来的效果。传说，在英国有一座桥，它有一个奇怪的特点，人们发现去那里跳桥自杀的人很多，后来，科技人员建议将桥漆成绿色，由于色彩带来的心理作用，去那里自杀的人明显减少了。也许，这个故事是荒谬的，但据科学研究发现，色彩是视觉传达信息中的一个重要因素，自然，它也能够表达一定的感情，或者说可以带给我们不同的情绪、精神以及行动的反应。比如，在所有的色彩

中,橙色会让人感到温暖,红色比较醒目,当我们的心情比较烦闷的时候,若是看到红色,心情就会开朗起来,蓝色可以很好地将我们激动的情绪稳定下来。与其说色彩有一种魔力,还不如说色彩对我们的情绪有平缓的作用。对此,我们要善于借助色彩的魔力,让自己的心情变得五彩斑斓。

在色彩界,流行着"四季色彩理论"的概念。比如,春天给人感觉是可爱、青春,时刻洋溢着一种热情。在春天,人们的肤色特征为:脸颊粉红、发色微黄、眼睛为较浅的棕色、嘴唇的自然色比较突出。那么,在春天,服饰的颜色应以黄色为主,带黄的绿色和橘色都是十分适合的,因为只有温暖而明亮的颜色才能衬托出一个人在春天的美丽与气质。另外,色彩搭配要以浅淡、轻柔、明亮为主。又比如,夏天给人柔和而优雅的感觉,在夏天,人们的肤色特征为:肤色粉白、发色灰黑、眼珠呈茶色、嘴唇呈桃色或粉色。那么,在夏天,服饰的颜色应以轻柔淡雅的颜色为主,比如蓝色、紫色,不能选择浓重的颜色,因为颜色的厚重会破坏夏天的柔美。色彩搭配可选择亮泽的冷色,在相同的色系或相邻的色系中进行浓淡搭配。

"色彩女人"于西蔓曾在央视《健康之路》节目中介绍了色彩在调节人们情绪时的神奇效果。于西蔓本身就是一个美丽而且十分干练的女人:短发、黑白条纹的上衣、黑色的短裤、黑色的低筒靴子。在她的身上,似乎有阳光在跳跃,每一次出现在人们眼前,她的整体服饰和装扮,总会给人明亮的和谐之感。这个懂色彩的女人,用自己的服饰告诉我们,明亮是一种心情,和谐是一种美,对我们来说,色彩就像是一缕阳光,能为我们带来好心情。

于西蔓说:"色彩是人的视觉产生的感受,从色彩心理学的角度讲,环境色彩对人的心理的影响是巨大的,当你去体验一种感情、一种感觉的时候,最初传递给你的是视觉、听觉等感官印象。"她被誉为"中国色彩第一人",致力于色彩方面的研究。

通过于老师的色彩心理学,我们知道,当我们的心情变得糟糕的时候,不妨通过色彩来调适自己的心情。比如,如果你习惯了从头到脚黑色的装扮,那在一个心情郁闷的早上,不妨穿着亮丽的红色衣服,看着镜子里的自己，是否会觉得心情在一瞬间好了起来呢？如果你习惯了黑色的头发，也可以在一个阴雨的下午走进理发店，挑染一个亮色的发系，看着镜子中不一样的自己，心情是否也会变好呢？答案自然是肯定的。

视觉对色彩的感知，会直接反映到大脑中，引起神经变化，从而作用于心情。日常生活中，人们对服饰的选择，会受到心情的影响，但更多的是由个性决定的，个性活泼的人，多会选择亮色系的服饰。同时，服饰的色彩对人的情绪也有相当大的影响，一个性格忧虑的人若是穿上了亮色系的服饰，会相应地改变其心情。在生活中，不要总是选择那几种颜色，而是学会尝试别的颜色，或许，其他的颜色会带给自己不一样的美好心情。大胆地变换色彩，给自己搭配出一个色彩斑斓的心情。

用沁人香气调节心情，带来快乐一整天

传统医学认为："鲜花草木，以其色、香、味构成不同的气，对人的身心有治疗的功效。"在生活中，我们总会看到许多疗养院会广种花木，不仅美化了环境，而且有效地调节了病人的心情。香氛，对于大多数女性而言并不陌生，因为她们喜欢在自己身上涂抹香水，那其实也是香氛的一种。但许多女性并没有意识到，香氛还有调节心情的作用。早在三国时期，华佗利用丁香、香草、檀香、红花等来治疗呼吸道疾病，效果令人满意。在20世纪70年代，苏联和德国曾用"园艺疗法"治疗抑郁症、失眠症，当时，安排了患者在街心公园劳动，他们在轻松的体力劳动中敞开了胸怀，享受着醉人的花香，那些疾病就在香气中慢慢消失了。一个人若是在花丛中漫步一个小时，他可以呼吸到1000升带有花香味的空气，而这些空气对于调节心情是很有帮助的。因为人的嗅觉对带有花香味的空气十分敏感，因此，香氛可以调节人的情绪。

在许多香氛中，极具代表性的有薰衣草、香蜂草、迷迭香、岩兰草、玫瑰，等等，不同的香氛味道，所带来的效果也是大不一样的。比如，玫瑰代表着爱情，其实跟它的香气有很重要的关系。当你感到寂寞，感到被人抛弃的时候，往往会做出冲动的选择，而玫瑰的香味则让你平静下来，重拾爱的温暖；迷迭香给人的感觉是异常清醒的，具有醒脑的作用，一旦空气里弥漫了迷迭香的味道，就会增加人体血液里的含氧量，使一个人反应敏锐，思维更加清晰；薰衣草的香气对治疗心率过速有效，这是一种温馨、带着紫色梦幻的香味，同时，还有助于睡眠，放松心情等。

王太太一直在进行“芳香治疗”，她觉得通过治疗，自己的心情开朗了起来，感到比以前快乐。对此，王太太逢人便说“芳香治疗”的好处。

有一次，王太太的好朋友雅子忽然对她说：“我很恐惧，忽然产生了可怕而强烈的自杀念头，可我却不想死，害怕自杀，我很痛苦。”王太太感觉到雅子的情绪十分低落，为了帮助朋友摆脱痛苦的纠缠，她找到了精油专家，请他配了一瓶最好的精油。精油专家告诉王太太：“这个配方是 15 毫升葡萄籽油加 15 毫升琉璃苣油加 6 滴香蜂草精油，让你朋友每天用 15 ~ 20 滴早晚抹在前胸和心窝，白天用一只棉球滴上数滴后放入胸罩内，早晚使用的时候，滴几滴在手中，用手掌铺盖在脸上吸闻。”王太太嘱咐朋友雅子按照这样的方法去做，一个月过去了，雅子真的放弃了自杀的念头，人也逐渐变得健康和开朗起来。

芳香治疗最基本的常识是依据每个人的情绪，选择不同的芳香精油，用以调解身心。在生活中，当我们内心感到紧张、焦虑的时候，我们的背部肌肉、肠胃的平滑肌会出现痉挛的症状。而香氛中的酯类与酚醚类分子具有抗痉挛的作用，可以解除身体上的不适。

由香氛制作出来的“情绪精油”具有神奇的功效，法国气味学家通过研究证实，香味对于调节人的情绪、治疗疾病、保护人体身心健康，都具有十分重要的作用。比如，薰衣草的香味能够改善抑郁症和歇斯底里的症状，消除内心的紧张；香橙的味道可以消除在压抑气氛中产生的紧张、不安感；柚子的味道有抑制内心愤怒的作用。

芳香专家金郁容说："每个人都有这样的亲身体验和感受，当我们到碧波荡漾的大海边，静谧的山峦，或者是鸟语花香的田园，或在森林中时，当我们嗅到海水，花香或植物的气味时，就会敞开胸怀，获得异常的喜悦和快感，你的身体、器官和细胞都被打开了。"香氛确实有这样的功效，能让我们激动的心绪变得平静下来，从而达到稳定情绪的目的。当然，不同的香氛的作用也是不一样的，有的香氛可以缓解疲劳，有的香氛可以镇定安神。那些沁人心脾的味道，可以有效地调节我们的心情，将所有的不快都抛之脑后，心情变得愉快起来，就犹如那香氛的味道一样，迷人而温雅。

把自己打扮漂亮，你会感到更快乐

生活中，一个不注重穿着、邋邋遢遢的人，他的心情必定是不好的。因为修饰打扮也是需要时间和精力的，一个人只有在心情愉快的时候，才会有心思去装扮自己，想象自己出现在人们面前是如何的情景。反之，一个人心情越差，他就越是没心情打理自己，我们经常在电影或电视剧中看见，那些失去了爱人的男人，在几天之内变得落魄潦倒：邋遢的衣服，起了褶皱的裤子，油腻的头发，长长的胡子。虽然，这样的形象稍带夸张的成分，但也可以看出，情绪对我们装扮的影响。反过来，装扮对调节心情和情绪也是有帮助的。如果认为在坏情绪袭来的时候，你没有心思打扮自己，或者说打扮了也没用，那就大错特错了。在心情烦闷的时候，最有效的办法就是转移注意力，当你将所有的心思花在了装扮上面，你已经没有多余的精力去生气了。尤其是在修饰过程中，看着镜子里越来越漂亮的自己，你不仅不会沮丧，反而会变得高兴起来。

在生活中，有不少这样的人：他们对生活失去了希望，所选择的服饰颜

色总徘徊在黑色与灰色之间，以至于他们整个人给人的感觉都是压抑与苦闷。其实情绪是可以调整的，心情也是需要调节的，既然我们无法改变现状，那就改变心情。在你感到愤怒或烦闷的时候，请改变你那亘古不变的服饰搭配吧，以此来调节心情，当你外表已经变得光鲜亮丽，心境自然会变得美丽起来。不要以为装扮是无所谓的，更不要觉得服饰是不会说话的，当你衣着亮丽地站在镜子面前，你会发现，那些不会说话的服饰，正在用它独特的方式默默地为我们排忧解难，给我们抑郁的心情带来一缕阳光。

阿非曾经说："我的美丽心情就是缘于自爱。"让人不得不佩服这个标榜着自爱的女人，无论怎么看她都觉得有种别致的美丽，有人问她，你美丽的心得是什么？她骄傲地将美丽的心得公布开来：再忙再累也不要忘记关爱自己，女人懂得自爱很重要，就跟你的皮肤和脸蛋一样重要。

现在，阿非每天都会做全身保养，这样会让皮肤有足够的水分，保持清爽白净。另外，阿非喜欢品牌，并且始终如一。她认为同一品牌的系列产品之间是互补的，一定可以对女人提供周到的呵护，她偏爱 SK－II 护肤品、法国天使牌香水、GUCCI 鞋子。她觉得女人在内外统一的时候，真的是可以非常美丽，而且，更重要的是心情会变得很好。对她来说，装扮修饰是最重要的，因为她始终相信：装扮自己，让自己变得漂亮是调节心情的一种有效方式。

在任何场合，阿非都特别注重服饰的选择，既得体大方，又能显现自己的美丽。她的助手曾这样说她："不管之前的心情有多么糟糕，只要她换上了宴会的服饰，笑容比谁都灿烂。"虽然嫁了一个很能干的老公，但她并不安于在家做全职太太，而是驰骋于职场，做一名出色的职业女性。她也会感到累，和大多数女人一样，她也钟情于逛街，选择美丽的服饰，让自己看起来赏心悦目，这样可以减轻工作带来的压力，还能够使自己拥有一份美丽的好心情。

如果你与阿非聊天，不仅仅会从她那里得到快乐的传递，还有智慧的交锋，她坦然"我没有寂寞的夜晚"，这句话令很多人羡慕得不得了，因为没有人没感到过寂寞，但她却可以独自一个人品尝着生活的快乐，因为自爱，她是健康美丽的，不仅仅是外表，还拥有健康美丽的心态。

“不管之前的心情有多么糟糕，只要她换上了宴会的服饰，笑容比谁都灿烂”，不管自己的心情有多么差，但只要想到将自己的美丽展现在众人面前，大凡是女人都会笑得合不拢嘴的。自己变得漂亮了，那还有什么值得生气的呢？

有这样一种快乐的女生：当一段感情结束的时候，她们都会把自己打扮得很漂亮，哪怕前一天还灰头土脸地为男朋友做饭。可是，在宣告感情结束的那一天，她们一定会挑选最漂亮的服饰，选择最精致的妆容，或许，是因为难过的心情需要安慰吧，她们通过外表的靓丽来调节内心的情绪，使自己能尽快地从失恋中走出来。生活中的我们，与其将时间和精力花在斗气上，不如花点心思修饰和打扮自己，因为自己漂亮了才会更加快乐。

生活充实的人，不会有时间斗气

生活中，那些无所事事的人才会处处斗气，反之，一个不断充实自己生活的人，是根本没时间去生气的。那些喜欢斗气的人总是抱怨：“我有工作，但一天什么事情都不想干，总是提不起精神，面对着电脑，根本不知道自己要干什么，也不知道未来会怎么样，下班后无所事事，就好像一个游魂一样飘荡在大街上。”无所事事，这本身就是一种消极的状态，自己的目标不明确，不知道未来会怎么样，更重要的是，在这样的心理状态下，内心很容易滋生无名之火。人们常常在无所事事的状态下胡思乱想，结果越想越烦闷，那些无关的事情也被牵扯了进来，最后被自己内心的郁闷之气所吞噬。

现代社会，经常流行的词语不是“快乐、幸福”，而是“无聊、郁闷、无趣”，我们总是感叹着自己的生活太无聊，太空虚。但当我们在抱怨的同时，为什

么不尝试着去填补空虚的生活呢？当自己觉得无聊的时候，为什么不去做一些有意义的事情呢？只要我们致力于做一些有用的事情，我们就不会感觉到空虚，而是感觉到充实。当然，生活本身是平淡的，就好像一张平淡无奇的白纸。我们所需要做的就是在那张白纸上画上五彩斑斓的世界，各种点缀，各种颜色，将原本平淡无奇的生活变得丰富起来，变得充实起来。虽然会累点，但当你晚上回到家，躺在床上就能安然地睡着，这何尝不是一种幸福呢？当我们的生活变得丰富，变得充实起来后，我们已经没有精力去斗气了，我们所需要做的就是享受当下充实的生活。

雯雯是一名自由职业者，平日里过着黑白颠倒的生活，晚上写稿子，白天睡觉。虽然养活自己不成问题，但雯雯总觉得自己生活缺少点什么，好像越是这样，越是觉得生活很颓废。偶尔与朋友联系，自己那阴阳怪气的语气，以及独具一格的个性也会惹得朋友不高兴，雯雯都不知道自己到底是出了什么问题。

好朋友安安说："你的生活太过无趣了，平时家里就只有你一个人，你自然会觉得烦闷，不如减少自己的工作量，经常出门做一些自己感兴趣的事情，比如你喜欢的瑜伽、唱歌、插花之类的，这样你的生活就会充实不少，生活丰富了，你就不会觉得烦闷了。"听了朋友的话，雯雯觉得自己似乎应该做一些改变。

雯雯开始将工作安排到白天做，调整自己的作息时间。除了工作，还会出门会朋友，练瑜伽，偶尔也会去 KTV 唱唱歌，不然就是学插花。每天雯雯都是精神百倍，因为她知道有新的生活在等着自己。这样时间长了，她不再胡思乱想，而是努力充实自己的新生活。

从心理学角度来说，无所事事是一种消极情绪。那些无所事事的人，无一例外都是对理想和前途失去信心，对生命的意义没有正确认识的人。他们对现实消极失望，以冷漠的态度来对待生活，遇人遇事就摇头。有时候，为了摆脱烦闷，他们会沉浸到另外一种无所事事的生活中，漫无目的地游荡、闲逛，消磨大好时光，可以说，无所事事的状态带给我们的，是百害而无一利的。

当然，要想自己的生活变得丰富起来，变得充实起来，还需要改变我们的心态。生活本身是美好的，关键是看我们以怎样的态度去面对它。对生活缺乏热情的人，他们心中只有空虚，以及百无聊赖的寂寞；而那些对生活充满了热情的人，哪怕是乌云密布，穷山恶水，他们依然会积极地去感受大自然的美丽，当那份热情填补了生活的空白，哪还有精力和时间去空虚呢？

第9章

社交场上不动气，以诚相待为自己聚人气

人生在世，无论谁都希望得到他人的肯定和认可，谁也不愿被冷落或遗忘。而很多时候，我们的价值是通过人际关系来体现的。然而，交际中，当我们为鸡毛蒜皮的事与周围的人置气、展开“生死大战”或者心灰意冷时，我们会抱怨，为什么我们没有好人缘？其实，归结起来，这是因为我们没有心机，不善于经营自己的人际关系。心机是一个人在社交场合乃至整个人生中获得成功的重要砝码，它能让我们免于很多交际中的烦恼和麻烦。我们在交际应酬中，真心待人固然是必备要素，但我们还要有心机，用“心”行事才是交际的长久之计。

交友切不可凭一时意气

人们常说“朋友多了路好走”，我们也都渴望人生路上有朋友相伴，而人们结识新朋友的方式是多种多样的，其中就包括社交。有时候，在三言两语、推杯换盏之间，你会发现，某人与你志趣相投，有着共同的人生目标等，于是，多次的你来我往，便结识为朋友了。

而事实上，“浇树浇根，交友交心”，你能确保你交的是良友吗？孔子说：“益者三友，损者三友。友直，友谅，友多闻，益矣。友便辟，友善柔，友便佞，损矣。”意思是有益的朋友有三种，有害的朋友也有三种。与正直坦荡的人交友，与宽容诚信的人交友，与博学多才的人交友，是有益的。与歪门邪道的人交友，与善于阿谀奉承的人交友，与习惯于花言巧语的人交友，是有害的。什么是好朋友，什么是坏朋友，孔子提出的标准泾渭分明，值得我们认真思考。

俗话说，黄金万两易得，人生知己难求。在复杂的社会中，我们若想交到真正意义上的朋友，绝非易事，因此，不可凭一时意气。要知道，倘若你交友不慎，那么，很可能会为你带来很多麻烦，甚至会祸害无穷，他们或表面友好、背地里放冷箭；或因有利可图，对你蓄意讨好。

我们发现，在人生路途中，很多人都是匆匆的过客，而我们的知心友人，却总是伴我们左右，对我们不离不弃。

然而，好人和坏人都不会写在脸上，怎样才能交到好朋友而远离坏朋友呢？按孔子的理论，一要有仁爱之心，愿意与人亲近，有结交朋友的意愿；二要有辨别能力，要有保障交友质量的底线。你可能有各种各样的朋友，或吃喝玩乐的酒肉朋友，或情趣相投的文墨笔友，或在事业上相扶相帮同甘共苦的朋友，但让你一时舒畅、愉悦、满足的，可能恰恰是损者三友。当你失去了

被他利用的价值时，他们就会变出另外一幅面孔，生活中这样的教训太多了。

所以，要交真正的贤友、净友，决不能仅凭一时的情义，而要理智把握自己，运用前面讲过的孔子的观人术，力求“视其所以，观其所由，察其所安”，便能帮助我们辨别人的好坏，认识到人的本质，以此决定是否继续与这个人来往或深交。当然，要交好朋友，自己必须心存敦厚诚信，做一个堂堂正正的人，不给坏朋友盯上你的机会。

事实上，每个人工作和生活的过程，也是辨析真假朋友，净化“社交圈”的过程。不断地结识、不断地选择、不断地增加、不断地淘汰，到最后，只有那些拒绝交“假朋友”，“社交圈”最干净的人，才是走得最远的人。

朋友间也适用“距离产生美”的规则

生活中，不知你是否留意过：原本两个关系很好的朋友，以前亲密无间，不分彼此，可是，没过多久却翻脸了，不仅互不来往，还反目成仇了。为什么会这样？原因很简单，因为他们太过亲近了！

俗话说“距离产生美”，这是一个美学命题，但却有一定的道理。两个人之所以成为朋友，必定是有一定的相容性，然而人必定是单独的个体，是需要一定的个人空间的，如彼此连一点点个人空间都没有的话，那时间久了也会生厌，所以这时就需要保持一定的距离。所以中国民间就有“小别胜新婚”这一说法，夫妇双方在小别以后有一种迫切渴望重逢的雀跃，朋友之间也是如此。当然，这种距离也是有个限度可言的。

而现实生活中有一些人，他们与朋友相处，缺乏理智的思考，全凭自己的主观感受，认为朋友间就应该亲密无间，可有一天，当和自己形影不离的哥们儿突然远离自己时，才明白原来自己的友谊让对方窒息了。其实，毫无距离的友谊是非常错误的。与朋友交往，如果双方之间太了解，太过接近，就会没有一点新鲜感，没有一点隐私。而保持一定距离，雾里看花，水中望月，一切都是那么美好，这就是“距离产生美”。

从前，有一户农家，住在半山腰上，生活自给自足，虽然清苦，还勉强过得去。但只要有额外的生活开销，日子就会吃紧。

这天下起了大雨，男主人的一个朋友却来拜访。此人虽然与男主人交情马马虎虎，但大雨天来拜访，让全家人十分感动，于是，好酒好菜招待他。男主人高兴地与他聊到天明，两人的感情一下子升温了，还聊到认识之初的一些事情。而男主人的这个朋友也完全把朋友家当成了自己的家。

这个朋友性格开朗，一看自己这么受欢迎，便放心地住了下来。但谁知道，他居然一住下来，就不打算离开了。女主人开始着急了，因为家里的菜已经吃完了，只剩下一些干粮，但这场雨一直不停，他们无法下山去买菜。

一天，女主人嘀咕起来：“你看怎么办吧，反正家里是没吃的了，这人怎么这样！要不是你对他那么好，他会赖着不走？”

丈夫无奈地回答：“他不走，我总不能请他自己离开吧！”

妇人说：“反正我不管，你自己想办法，我不做饭了。”妇人越说越气，说完之后，就拂袖而去，留下不知该如何是好的男主人。

隔天，吃完饭后，主人陪着客人聊天，看看窗外的景致，谈谈过往的回忆。这时候，主人忽然看到庭院的树上有一只鸟正在躲雨，这只鸟的体型非常大，是以前都没有见过的鸟类。主人灵机一动，对客人说：“你远道而来，这几天我都没有准备什么丰富的菜肴招待你，真是不好意思！”

“别这么说，我觉得一切都很好，你和嫂子款待周到，吃得好、睡得好，感激不尽呢！”

“看，窗外树上有一只鸟呢，以前见过吗？”

“看到了。怎么啦？”

“我等一下准备拿斧头把树砍了，然后抓那只鸟来煮，晚上我们喝酒时，才有下酒菜呀，你觉得如何？”

客人想了半天，十分疑惑地问："当你砍树的时候，可能鸟儿早就飞掉了吧，你怎么抓它呢？"

主人说："怎会呢，在这个人世间，还有更多不知人情世故的呆鸟，大树都已经倒了，都还不知道要飞呢！"结果，这个客人悻悻离去，再也没有来拜访过这家人。

从这一则故事中，我们可以发现，朋友间的交往，应该保持一定的距离。无论是怎么样的朋友，无论关系多么密切，距离都是如此重要。朋友，需用心去经营，需有一定的艺术技巧。要知道，朋友之间的帮助是真心的，但伤害却是无心的，而避免这些伤害的方式只有保持一定的距离。

所谓的"保持距离"，说到底就是不要过于亲密，不要让对方觉得没有了私人空间，当然，这种距离，不仅仅是形体距离，还包括心理距离。最好的交友方式是要达到形体疏远而心灵愈加贴近。因为"保持距离"能使双方产生一种"礼"，有了这种"礼"，就会相互尊重，避免碰撞而造成的伤害。

另外，我们还需要注意"度"的把握。与朋友相处，如果距离过于疏远，很容易使朋友间的友情变淡。尤其是在日益忙碌的现代社会，人们都为自己的事业和家庭奔波，紧张的工作之余，几个朋友一起聚聚能加深感情，但要是彼此都不抽出时间来，即使关系再好的朋友，友情也会逐渐变淡，甚至变成仅仅是熟人而已。所以，为了保持你们之间的友情，为了让你的人生不再孤寂，那就遵循这一原则——好朋友也要适度保持距离。

总之，现代社交中，我们与朋友相处，要想建立美好的人际关系，要学会用点心机，要把握好朋友间交往的距离，用心交际，不可意气用事，才能做到既相互了解又相互尊重，那才是最好的状态！

社交中留点心，不算计人也不要被人算计

人们常说，人心是这个世界上最复杂、最难琢磨的东西，它隐藏起来，很

难让人把握。因此，社交中，要想看透别人的内心，了解他的性格，就不能凭一时之感受，而应该把它交给时间。有一句话叫“路遥知马力，日久见人心”，意思是说一个人的本质，是很难掩藏很长时间的，时间长了，自然就把人的本质看出来了。

因此，社交中，我们不妨留点心，不要过早对一个人掏心掏肺，得从长计议，将自己的眼光放远一点，你就会发现，人，形形色色，千差万别，在错综复杂的事物背后，人的本质似乎高深莫测，看来看去都是雾里看花，捉摸不定。

孙膑和庞涓是同学，拜鬼谷子先生为师一起学习兵法。同学期间，两人情谊甚厚，并结拜为兄弟，孙膑稍年长，为兄，庞涓为弟。有一年，当听到魏国国君以优厚待遇招求天下贤才到魏国做将相时，庞涓再耐不住深山学艺的艰苦与寂寞，决定下山，谋求富贵。孙膑则觉得自己学业尚未精熟，还想进一步深造；另外，也舍不得离开老师，就表示先不出山。

于是庞涓一个人先走了。临行，庞涓对孙膑说：“我们弟兄有八拜之交，情同手足，这一去，如果我能获得魏国重用，一定迎接孙兄，共同建功立业，也不枉来人世一回。”

庞涓在魏国迅速得到了魏王的重用，慢慢地他的声威与地位也提高了，魏国君臣百姓，都十分尊重他、崇拜他。而庞涓自己，也认为取得了盖世大功，不时向人夸耀，大有普天之下舍我其谁的气势了。这期间，孙膑却仍在山中跟随先生学习，他原来就比庞涓学得扎实，加上先生见他为人诚挚正派，把秘不传人的《孙武兵法》十三篇细细地让他学习、领会，因此，孙膑此刻的才能更远远超过庞涓了。

孙膑下山后，到魏国先去看望庞涓，并住在他府里。庞涓表面表示欢迎，但心里很是不安、不快，唯恐孙膑抢夺他一人独尊独霸的位置。又得知自己下山后，孙膑在先生教诲下，学问才能更高于从前，十分嫉妒，产生了要置孙膑于死地的恶念。在他设计的圈套里，孙膑被挖去了膝盖骨。

孙膑又何曾料到，昔日与自己一起读书习武的庞涓竟会加害于自己，但庞涓最终还是败在了大智若愚的孙膑手里，在“围魏救赵”一战中，他被齐国

的乱箭射死。

但从这个故事中，我们也可以得出一个道理——日久见人心。社交中，初次与人交往，应本着“逢人只说三分话，未可全抛一片心”的交往原则，那些善于识人的智者，都能做到见微知著，明察秋毫，从长远处打算，而不是凭一时兴致。

因此，“长期考察法”应该是最有效的一种识人方法。可是，生活中，我们不难发现，为什么有些人在原来的岗位干得很好，到了新的岗位却表现不佳？为什么有些人，即使你与他相识很久，却依旧不了解他？难道长期考察的方法错了？

其实，“日久见人心”的精要之处不在“日久”，而在于发生的能体现人心、人的特点的“事件”足够多。另外，这些事件还必须是一针见血的、有关键意义的、能充分说明问题的。

到底多久能看出一个人的真性情，在恋爱的问题上就很有代表意义。有人说是一年，有人说两年，有人说一个月，还有人说一个短期旅行之后就找到了自己的另一半。的确，影响这个过程的因素有很多，人们的回答也是不同的，但我们可以肯定的是，做出这个决定是在一个关键式的“事件”之后。这个事件让对方的感情、思想、个性能够有机会充分表现，你就可以做出准确判断，从而下定决心，义无反顾了。所以，我们并不能说闪电式结婚就是不理智的，也不能说认识两三年两个人感情就稳定了。

同样，在与人交往中，我们也应该根据关键事件考察，而不只是时间。长期考察的好处，就在于对重复出现的特点有更加准确的判断力。“日久”，客观上创造了很多让人表现的机会，如果关键事件频繁出现，我们就能够把人看准，能够“见人心”了。“日久见人心”的精要处就在于通过稳定的重复出现的表现，即人的品质，预测这个人未来的行为。

因此，社交中对人的了解是需要一个过程的，是需要时间来验证的，也是需要经过实践的磨炼的。要想真正了解一个人，认识一个人，必须与他(她)打交道，与他(她)处事，方知对方是否可交。

不要过度介入好朋友的事情

亚里士多德说:“我的朋友们啊,世上根本没有朋友。”拿破仑说:“没有永远的朋友,也没有永远的敌人。”这两句话都是对友谊的极端理解和偏见,但我们又不得不承认,很多时候是我们自己赶走了朋友,毁灭了友谊,究其原因,我们说朋友之所以不能永久,是因为我们往往“情不自禁”地把好事做尽,没有给友谊留下必要的生长空间。真心的朋友之间,是没有隔膜的,彼此之间可以互相畅谈心声、诉苦、分享、游玩、联系、共同经历挫折。但无论如何,我们都要记住一点,每个人都有自己的生活方式,无论多好的朋友,都不要过多地去干涉他的事情。有时候,你的“一时义气”,给朋友带来的并不是帮助,而是困扰。

小李最近和女朋友吵架了,原因还是一个老生常谈的问题——买房结婚,小李是工薪阶层,一个月几千块钱的工资,哪里买得起房子。但问题是,小李和女朋友已经到了适婚的年龄。

吵架后的小李闷闷不乐,只好找来自己的铁哥们小张,以排遣内心的不快。小张是个快言快语的人,在听小李诉说事情的缘由后,他张嘴便说:“这样的女人太现实了,要她干嘛?天下何处无芳草,依我看,分手得了,你看我们家小丽,从来都没有要我买房,她说一辈子租房都愿意,只要能和我在一起。”

“哎,还是你们家小丽好啊,懂得知足。”

“所以啊,男人嘛,要放得下……”就这样,小张就着这个问题,足足说了一个小时,他满以为自己的话,小李都听进去了。

可谁知,第二天,他就得知小李买了一大束鲜花去哄女朋友了。

从那件事之后,小张发现,小李好像有意疏远自己,甚至连自己的电话

也不接了。

故事中，小张可以说是吃了哑巴亏，明明好心劝朋友，但最终却失去了朋友。为什么？因为他干涉了朋友的私事，可能他是出于好心，不希望朋友伤心，但对于情感这一类个人问题，是很难把握的。感情的事情原本就很复杂，只有当事人才能解决，靠别人解决，只会把简单的事情复杂化，把复杂的事情极端化。就像有人曾经说过的一句话："说不清的是感情，说得清的是人情。感情的事，真的说不清，两个人的感情，第三人是插不上手的。"

"宁拆十座庙，不破一桩婚。"这是古代儒家思想的传统理念，也是民间的风俗传统，即使在现代，这句老话依然没有过时。小张劝小李与女朋友分手，对方在失意时，可能不以为然，而当他们和好之后，再回想起来，便认为小张是心怀不轨了。

因此，我们应当引以为戒，如果有一天，你最要好的朋友一把鼻涕一把泪地向你哭诉他（她）对她（他）的种种不是，你千万不要跟着对方骂对方恋人没肝没肺没良心，要他们早点分开。你可知道他（她）找你哭诉的目的是什么吗？

他（她）之所以来找你，只是一时冲动，他（她）只想发泄一下，找点安慰，并不是来听你骂他（她）的爱人，其实他（她）并不想离开她（他）。即使他（她）添油加醋地要求你教训他（她）爱人，也只是想从你这里找到一点情感的慰藉。因为恋爱中的人都是敏感的，一旦受了委屈，总希望自己的家人、朋友为自己出出气、评评理，来调节自己失衡的心理。而不明就里的你，如果受了假象的迷惑，言听计从，劈头盖脸地把他（她）爱人痛骂一顿，这种仗义之举的确满足了他（她）的安全感，却也激起了他（她）对你的反感，不知道他（她）心里会怎么恨你呢！

所以，一个心理成熟的人，不会自找麻烦，也不会让别人为难。与朋友保持适当的距离，是心灵的需要，也是友谊的需要。

"千里难寻是朋友，朋友多了路好走"，"朋友是自己成功的阶梯"，"朋友是人生中宝贵的财富"……这些话都说明了朋友的重要性，也说明了人们

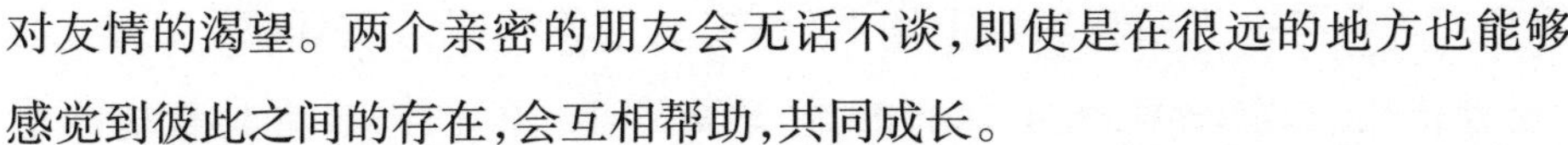

对友情的渴望。两个亲密的朋友会无话不谈，即使是在很远的地方也能够感觉到彼此之间的存在，会互相帮助，共同成长。

但聪明的你，一定要记住：不要过度介入好朋友的事情。为此，你需要记住让友谊长存的两大秘诀：

第一，不要充当你朋友保护伞，你跟朋友不是连体婴儿，不要以为朋友的所有事情就是你的事情，尤其在某些你不宜干涉的问题上，你应该让朋友自己去处理。

第二，不要期待朋友能帮你决定所有的事情，如果你常对对方有这种期许，他会很有压力感，因为他在替你做决定时，注定要承担后果。所以，真正的好朋友是在你自己做完决定后，或在做决定时，他在旁边给你建议，而不是决定你该怎么做。

社交场上学会巧妙退让

《孙子兵法》曾说："先知迂直之计者胜。"曲中有直，直中有曲，这是辩证法的真谛。社交中很多时候，我们会遇到一些交际障碍，此时，如果任性做事、硬碰硬，必然两败俱伤，而如果我们能懂得以退为进，学会妥协，就会得到不同的结果。山谷前面是峰顶，退一步才能进两步，沿着螺旋式轨迹才能稳步上升。以退为进和适当妥协是一种交际策略，是从整个大局考虑的智慧抉择。

春秋时期，晋献公听信谗言，杀了太子申生，又派人捉拿申生的异母兄长重耳。重耳闻讯，逃出了晋国，在外流亡十九年。

经过千辛万苦，重耳来到楚国。楚成王认为重耳日后必有大作为，就以国君之礼相迎，待他如上宾。

一天，楚王设宴招待重耳，两人饮酒叙话，气氛十分融洽。忽然楚王问

重耳:“你若有一天回晋国当上国君,该怎么报答我呢?”重耳略一思索说:“美女侍从、珍宝丝绸,大王您有的是,珍禽羽毛,象牙兽皮,更是楚地的盛产,晋国哪有什么珍奇物品献给大王呢?”楚王说:“公子过谦了,话虽然这么说,可总该对我有所表示吧?”重耳笑笑回答道:“要是托您的福,果真能回国当政的话,我愿与贵国友好。假如有一天,晋楚国之间发生战争,我一定命令军队先退避三舍(一舍等于三十里),如果还不能得到您的原谅,我再与您交战。”

四年后,重耳真的回到晋国当了国君,就是历史上有名的晋文公。晋国在他的治理下日益强大。公元前632年,楚国和晋国的军队在作战时相遇。晋文公为了实现他许下的诺言,下令军队后退九十里,驻扎在城濮。楚军见晋军后退,以为对方害怕了,马上追击。晋军利用楚军骄傲轻敌的弱点,集中兵力,大破楚军,取得了城濮之战的胜利。

这就是“退避三舍”的故事,以退为进,然后诱敌深入,从而给自己留下了主动出击的后路,获得了最后的成功。

其实,当今社会,社交场本身也如同战场。各种交际场合中,高手如云,不少人争强好胜,锋芒毕露,给人造成了咄咄逼人的感觉,其结果往往适得其反。其实用点心机,适当“示弱”,并不是表示你无能,有时反而起到化解矛盾、以柔克刚的作用,会取得意想不到的效果。承认“无知”,多学多问,是铺设成功之路的必备素质。学会了妥协,就能学会以屈求伸,以退为进,以静制动,以柔克刚,你才可能成为最后的胜利者。

有一次,在决策会上,松下幸之助对一位部门经理说:“我个人要作很多决定,并要批准他人的很多决定,实际上,我只认同40%的决策,剩下的都是我有所保留或者觉得过得去的。”

这位部门经理听完后很吃惊,他说道:“您作为最高领导,如果不同意,完全不必要问其他人的意见,大可以一口否决。”

松下幸之助说:“即使是最高领导,也不能随便否定别人,因为没有人喜欢他人对自己说‘不’。即使我认为是勉强的计划,也不会立即否决。而是会让他们执行，然后在执行过程中慢慢指导他们，让他们逐渐回到我预期的轨道上来。毕竟，公司是大家的，而不是我一个人的。妥协有时候能使公司更强大，人际关系更融洽。”这一番话使得这位经理更加佩服松下。

可以说，松下幸之助就是个善于笼络人心的人，即使成功后，他依然尊重员工的发言权，这就是一种会妥协的交际策略。正如他说的，没有人喜欢自己被否定，都希望得到他人的认同，他利用的就是人的这种心理。

善于妥协有时是一种为人处世的智慧，因为妥协意味着对他人的尊重。现代社会是一个强调人际平等的社会，人与人之间最重要的莫过于尊重，尊重别人才能换来别人的尊重。如果你能考虑到他人的利益，尊重他人的想法，那么，你必定是个交际中的智者。

这里的妥协，和日常生活中人们所说的麻木和世俗是不能等同的，这是一种心态的调整，是退一步海阔天空的大度，是一种战术，也是战略，更是成大事的智慧。

不过，交际中不可能事事妥协，妥协要看具体情况，要看你的大目标所在。也就是说，为了达到大目标，可以在次要的目标上做适当的让步。这种妥协并不是完全放弃原则，而是以退为进，以屈求伸。我们要有长远的眼光，以大目标为我们交际的根本动力，在适当的时候妥协，才会离交际的大目标更近一步！

宽以待人，好脾气的人朋友多

俗话说得好，“人非圣贤，孰能无过”，“金无足赤，人无完人”。英国谚语也说：“世上没有不生杂草的花园。”阿拉伯人说得更风趣：“月亮的脸上也是有雀斑的。”生活中的每个人都有情绪低落的时候，即使再清醒的人在心情烦躁的时候，也会做出一些不太清醒的事，在心情郁闷的时候也难免会说出

一些偏激的话，在这样心情的影响下，我们的朋友难免会对我们说一些过火的话，或者做了一些错事，这很正常，事情过后他们也会为自己的言行后悔不已。因此，我们该将心比心，学会理解和宽容朋友，理解别人就是理解自己，你对朋友的宽容极可能换来朋友对你更大的宽容。我们常说"得饶人处且饶人"，对朋友的宽容就是对自己甚至是你们友谊的一种更高层次的升华，而相反，如果你与朋友斗气，对朋友苛刻，那就是给你们的友谊戴上了一副沉重的枷锁，不仅是在给自己的心灵施压，也会赶走你身边的朋友。

三国时期的蜀国，在诸葛亮去世后任用蒋琬主持朝政。他的属下有个叫杨戏的，性格孤僻，讷于言语。蒋琬与他说话，他也是只应不答。有人看不惯，在蒋琬面前嘀咕说："杨戏这人对您如此怠慢，太不像话了！"蒋琬坦然一笑，说："人嘛，都有各自的脾气秉性，让杨戏当面说赞扬我的话，那可不是他的本性；让他当着众人的面说我的不是，他会觉得我下不来台，所以，他只好不做声了。其实，这正是他为人的可贵之处。"后来，有人赞蒋琬"宰相肚里能撑船"。

的确，在我们与朋友交往的过程中，难免会遇上令人难以忍受的事情，也难免会产生一些摩擦，此时，如果我们凡事好争斗，非得分个是非对错，甚至得理不饶人，那么，长此以往，你的朋友必将远离你。我们不得不承认，很多朋友之间的友情就是由于无法彼此互相谅解和宽容而土崩瓦解的，让人为之叹惋！而当我们以宽容的心来对待时，我们的朋友就会被我们高贵的品质、崇高的境界以及人格力量所征服，彼此之间的友谊就会更加牢固、长久。

一个学生向老师抱怨班里有某人特讨厌，总喜欢跟他比，影响了他的学习。

老师问这学生，你喜欢吃苹果吗，学生愕然，但还是回答："不喜欢，但喜欢吃雪梨。"

"你不喜欢吃苹果？"

"对。"

“那有没有人喜欢吃苹果?”

“当然有!”

“那你不喜欢吃苹果是苹果的错吗?”

学生笑笑说:“当然不是!”

“那你不喜欢他是他的错吗?”

从这一段对话中,我们可以发现,其实很多时候,我们会把朋友犯的一些小错误放大,其实,这并不是朋友的错,是我们错误的心态造成的,我们应该学会宽容一点,所谓“海纳百川,有容乃大”,宽容是一种仁爱的光芒、无上的福分,是对别人错误的释怀,也是对自己的善待,更是让友谊长久的灵丹妙药。

多一些宽容,友谊才会长久;多一些谅解,友谊才会更加坚不可摧。那么,在与朋友交往的时候,如何做到宽容呢?这就需要换位思考,进行角色的转换。朋友间若产生了摩擦,只要站在对方的立场上来思考一下,怒火和怨气也就在你的心中慢慢融解了。

学会了宽容,我们也学会了做人。从古至今,宽容都被作为高尚人格的标准之一,《周易》中提出“君子以厚德载物”,荀子主张“君子贤而能容罢,知而能容愚,博而能容浅,粹而能容杂”。学会了宽容,同样也是学会了处世。佛家有云:“精明者,不使人无所容。”人是社会的人,世间并无绝对的好坏。宽容才是真正的交友之道,宽以待人,才会让友谊长久!

的确,在人的一生中,最为可贵的品质就是宽容,它是一种无坚不摧的力量。有诗云:“腹中天地宽,常有渡人船。”宽容,对人对己都可成为一种毋需投资便能获得的“精神补品”。学会宽容不仅有益于身心健康,且对赢得友谊,保持家庭和睦、婚姻美满,乃至事业的成功都是必要的。而我们在日常的交友中,要学会用一颗宽容的心去接纳别人,友谊之树才会长青,互相宽容的朋友一定百年同舟,风雨共济,互助一生。

朋友间学会委婉和气地拒绝

人生在世，谁都不是独立存活于世的，任何人，不论地位高低，身份贵贱，总会碰到一些需要求助于人的事。帮助朋友解决问题是我们理所应当的责任，在我们的身边，总会有一些好朋友，他们会遇到一些难以自己办到的事，自然要求旁人帮忙，如果我们能办到的话应尽最大的努力去办，假若朋友提出的某些要求太过分，不是我们个人力所能及的，这就会出现要拒绝他人的问题。对于拒绝，一些心直口快的人认为，既然是拒绝，有什么难的，直接说“不”即可，其实不然，如果我们全凭自己的感受，不顾他人面子直接开口拒绝，那么，对方可能会因为失了尊严而与我们绝交，这样就得不偿失了。

实际上，学会拒绝，是人们进行社会交往所必须的技能。世界著名影星索菲娅·罗兰在她的《生活与爱情》一书中，曾记下查理·卓别林与她最后一次见面时赠送给她的一句忠告：“你必须学会说‘不’。索菲娅，你不会说‘不’，这是个严重的缺陷。我也很难说出口。但我一旦学会说‘不’，生活就变得好过多了。”要想在社交活动中取得成功，学会拒绝是必不可少的。

那么，我们在与朋友交际应酬的时候，怎样才能不伤感情地回绝朋友呢？当然，对于拒绝也不能一概而论，要具体问题具体分析。一般情况下的拒绝应分为几种情形：一种是直截了当地拒绝，这种拒绝方式一般是因为被求者是个干净利落、不拖泥带水的人，办事也是风风火火的；还有一种是委婉地拒绝，这种情况下，被求者碍于面子，考虑到直接回绝朋友会伤及自己的面子和别人的自尊，于是，先绕个弯子再拒绝，也可能采取其他方式逃避别人的要求，这是一种迂回的拒绝方式。

明朝的时候，有一个叫周新的人，官至按察使（负责司法的官），权力很

大,他上任后不久,就有不少人给他送礼,他都一概拒绝了。

一天,又有一个人来看望他,还带来了一只黄澄澄、肥嫩嫩的烤鹅。来人一边说:“请大人尝个鲜,不成敬意”,一边拔腿就走了。对此事,周新确实很犯愁,怎么办呢?不收吧,东西已经留下了;收吧,有今天的一次,以后就会有十次、百次,那就没法收拾了。

忽然,他灵机一动,想出了一个办法。他叫来手下人,吩咐他把烤鹅挂在屋子后面。一天,两天,那只鲜嫩的烤鹅变得又干又硬,还沾满了灰尘。

以后,再有人来送礼,周新就领他去看那只挂着的烤鹅,那些人看到送礼只能落得如此的结局,也就不再送了,不久果然断绝了送礼人。

这里,周新拒绝送礼人的办法就是“借用道具”法。一只普通的烤鹅,被他挂在屋后,就成了他拒绝送礼人的道具,利用它把送礼人的念头打消了。

除了以上这种方法外,适当的时候,我们可以用充足的理由和诚恳的态度直接拒绝别人。在拒绝别人时,充足的理由是必不可少的,只要你的理由充足,语言诚恳,对方一般都不会在你的拒绝之下继续坚持。

春秋时期,还有这样一个故事:齐国的宰相晏婴的妻子又丑又老,而年轻美貌的齐景公的女儿对他产生了爱慕之情,并由齐景公亲自向晏婴来说这件事。可是晏婴却不同意,他对齐景公说道:“大王,我不能从命啊!我妻子确实又丑又老,但我们生活多年,感情很深,我们曾经发誓要夫妻恩爱,白头偕老。您虽有这番美意,但我却不能背离誓言。”说完,给齐景公拜了两拜,坚决拒绝了。齐景公见他言辞恳切,也就无法再难为他了。

这是一种直接拒绝的方法,言辞诚恳,对方也就不会过多地为难。而在这种情况下,对方若是因为你的拒绝,表现出愤怒或威胁态度时,不需要立刻回应,多用同理心来缓和他的不满与挫折感。

我们还可以采取以下方法补救:

谢绝法:对不起,我真的不能接受,不过还是谢谢你。

婉拒法:我还没有想好,请给我一点时间,让我好好想想。

回避法:哦,这样啊,对了,你的另一件事怎样了……

幽默法：我很乐意帮你，但你看，我今天实在有事，只好当逃兵了。

无言法：如果你想拒绝某人，却又不好意思，完全可以通过一些手势、动作来暗示。比如摆手、摇头、耸肩、皱眉，转身等。

严辞拒绝法：这可不行，我已经想好了，你不用再费口舌了！

补偿法：真对不起，这事我真无能为力，这件事我实在爱莫能助了，不过，以后你有什么事情可以找我，我会尽量办到的！

借力法：你问问他，他可以作证，我从来干不了这种事！

总之，在与朋友的交际中，学会拒绝是我们必备的技能，让朋友了解我们的难处和爱莫能助的心情，在不伤及友情的情况下拒绝，这是最高境界的拒绝，这样，我们彼此之间的友谊便不会因此受损，真心交友便会互助一生！

认清假朋友和真小人

中国有句古话，"害人之心不可有，防人之心不可无"，这句话不无道理，毕竟社会之大，不是每个人都能行事光明磊落、坦坦荡荡，生活中，就是存在一些小人，喜欢搞阴谋，让人防不胜防。而对于那些小人，我们大可不必与之置气，只要善于发现并提防即可。对于那些行事诡诈之人，只有远离他们，才能让我们自己有效地减少危险。

晏子是春秋后期一位重要的政治家、思想家、外交家，晏子身材不高，其貌不扬，但颇具智慧。

景公时，有三个勇士，名叫公孙捷、田开疆、古冶子。他们都为齐国立了很大的功劳，因此不把晏子这样的"小矮人"放在眼里。晏子便去见齐景公说："我听说贤明的君主收养有勇力的武士，对上讲究君臣的礼仪，对下讲究长幼的人伦道理，对内可以防止强暴，对外可以威慑敌国，君主得益于他们的功劳，百姓佩服他们的英勇，所以使他们地位尊贵，俸禄优厚。现在君主

所养的勇士，对上没有君臣的礼仪，对下不讲长幼的人伦道理，对内不能够禁止强暴，对外不能够威服敌国，这三个人是危害国家的祸害啊，不如除掉他们。”景公说：“这三个人武艺高强，要擒擒不了，要刺刺不中，如何是好？”晏子说：“这三个人都是凭自己的力量攻击强敌的，不懂长幼的礼仪。”于是请求景公派人给他们三人送去两只桃子，让他们论功而食。景公使人送去两只桃子，使者见三人分吃却少一只便说：“三位为什么不计算各自的功劳而吃桃子呢？”

公孙捷仰天长叹道：“晏子，真是个聪明的人！他让景公用这种办法来比量我们的功劳大小。不接受桃子是没有勇气，接受吧，人多桃少，我何不说说自己的功劳来吃桃子呢？我曾有一次空手击杀一只大野猪，一次徒手打死一只母老虎，像我这样的功劳，完全可以独吃一只桃子了。”说完拿过桃子站了起来。

田开疆说：“我手持武器曾两次打败敌人大军，像我这样的功劳，也可以独吃一只桃子。”说完也拿过桃子站了起来。

古冶子说：“我曾随从国君渡黄河，一头大鼋叼走左骖潜入砥柱山下的激流中。我就一头潜入水底，逆水潜行百步，又顺流而行九里，终于捉住大鼋，把它杀死了。我左手握住马的尾巴，右手提着鼋头，像鹤一样跃出水面，船夫们都说：这是河神！像这样的功劳，也可以独吃一只桃子吧。二位何不把桃子还回来。”说完抽出宝剑就站立起来。公孙捷、田开疆齐道：“我们的功劳不及您，拿走桃子而不谦让，这是贪心；既然这样而又不敢一死，这是没有勇气。”二人都还回手中的桃子，自刎而死。古冶子说：“二位都死了，我独自活着，这是不仁；拿话羞辱别人，而夸耀自己的功劳，这是不义，行为违背了仁义，不死，就是怕死鬼。”说完也把桃子交了回来，自刎而死。

孔子在评价晏子这一行为时就毫不留情地说：“晏子，小人也！”晏子“二桃杀三士”的故事更是说明晏子其人不光喜欢作秀，而且还阴险毒辣。他在知道这三位勇士关系深厚，不宜攻破后，采取这一挑拨离间的手段，小小的两个桃子就让这三个兄弟自杀而死，实为阴险的手段。

晏子的这一手段，常被后世的一些人利用，他们收买联盟中的一部分人，而冷落另一部分人，把矛盾转移到对方阵营的内部。这种以术代道者，都是些机巧小人，他们无道，但是满肚子阴谋诡计，喜欢玩弄人际关系。

“林子大了，什么鸟都有”，这是人们常来感叹社会复杂的一句话，可能在你身边发生过这样一些事：你曾听到你的同事在领导面前中伤另外一个同事，而他们在人前是很好的朋友，其目的是为了减少竞争者；你可能看到一些人被钱财诱惑，不惜在利害关头出卖朋友……因此，不要再天真地认为，这个世界上都是好人，也不要因为你的同事对你说了几句悦耳的话，就认为对方把你当知心朋友，然后对其和盘托出你所有的秘密，到最后被人利用了还蒙在鼓里。

“明枪易躲，暗箭难防”，做人当然要以坦荡为本，但是，我们又不得不随时防备身后射来的“暗箭”。生活中的坏人，不会因为我们的真诚而变得善良，也不会因为我们的坦荡而放弃对我们的攻击。所以，我们要始终记着“防人之心不可无”。面对利益的争夺时，应冷静地判断，不要相信别人的花言巧语，因为人们在“甜言蜜语”和“糖衣炮弹”的“贿赂”下，会更容易失去抵抗“暗箭”的能力，更容易任人摆布。

第10章

身处职场不动气，保持冷静才能占得先机

当我们走入社会，进入职场，我们就需要接触领导和同事。因此，如何和领导、同事搞好关系，提升我们的人气，事关任何一个职场人的职场前景。而事实上，并不是所有人都能认识到这一点，这就是为什么一些人使出浑身解数，却不得重用，不能升职、加薪无望的原因。而如何提升职场人气，就需要我们首先做到心平气和，不与同事、领导甚至自己斗气，并在与他们相处的过程中，用点心机，低调做人，高调做事，获得同事与领导的支持，你的职场之路自然会顺畅很多！

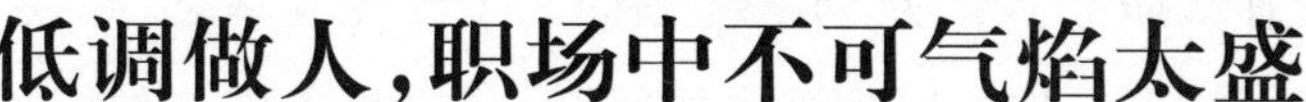

低调做人，职场中不可气焰太盛

现代社会，竞争日益激烈，职场中也是如此。然而，在渴望“出人头地”的同时，一定要记住一点，凡事要低调，职场里最忌的就是嚣张，“枪打出头鸟”更是中国社会竞争中的一个法则，本来这只“出头鸟”勇于表现，在能力上并不低于他人，但很多时候，他们却成为“出风头”的牺牲品，这就是因为他们不懂得把握火候。

古人称：“鹤立鸡群，可谓超然无侣也矣。然进而观于大海之鹏，则渺然自小，进而求之九宵之凤，则巍乎莫及。”身处职场，你要懂得“山外有山，人外有人”，你的那点小本事也许在那些真正的高手面前只不过是小把戏，班门弄斧只会让人笑话，因此，切不可太过嚣张、气焰太盛。

我们先来看看苏先生的求职经历：

一家国内知名企业在上海总部招聘区域经理、销售经理、行政主管等几个中高级职位。苏先生在原先的单位辞职后，在家待业已经有好几个月了，以他的工作经验，很适合销售经理一职，因为苏先生刚好符合这一标准：要求35岁以下，有5年以上行业管理经验。

“你能谈谈你的工作经历吗？”面试官提问。

“我在这个行业是很强的。”可能从事销售工作时间长了，苏先生说话总是很自信。

“哦？怎么说？”原本正在看简历的面试官抬起头来，开始仔细打量着苏先生，显示出浓厚的兴趣。

“我在该行业从事销售工作十多年，可以说，提到我的名字，几乎大家都知道。各零售商、企业我都很熟悉，人脉非常广。仅去年一年，我负责的原单位的销售额就达到××元……”说到自己过去的成绩，苏先生倍感自豪，

于是滔滔不绝地说个没完没了。此时招聘官打断了他:“你简历上面写在××公司工作过,后来又在另外一家公司工作,跳槽的原因是什么?在两家企业分别担任什么职务?”其实,苏先生是因为工作经验缺乏,导致几个大单子被人抢走,才跳槽的,但面对面试官的问话,只好找个借口敷衍了一下,但还没等他说完,面试官就结束了面试。

后来,苏先生托朋友帮忙问面试结果,果然没录取,朋友告诉他:面试官更想了解你的工作经历和曾担任过的职务。而你的简历上,这些内容都很含糊,似乎是有意不谈。虽然你在面试时给出了优秀的业绩事实,但是语气较为傲慢,让人感觉综合素质不高。用人不疑,疑人不用,他们只好放弃了……

苏先生听完,才知道自己太自大了。

现代职场,作为用人单位深知招聘会上鱼龙混杂,真正有实力的人很少,因此,他们对那些爱吹嘘和夸夸其谈的求职者一般都会退避三舍,而喜欢那些谦虚务实、脚踏实地、用实力说话的人,如果你真有实力的话,是不需要喊出那些华而不实的口号的。苏先生就犯了职场面试中的这一大忌。

因此,如果你也正在经历求职,你应该从苏先生的求职过程中吸取教训,当自己实力不足时,不要锋芒太露,古人云:“木秀于林,风必摧之;堆土于岸,流必湍之;行高于人,众必非之。”又言:“满招损,谦受益。”你要想表现自己,得到别人的认可,基础条件就是你能表现的实力,只有基础过硬才能抓住机遇。成功的路上更重要的是修炼涵养,不要做不学无术之人,亦不可锋芒毕露。

另外,如果你锋芒太露的话,也会成为别人射击的靶子。古语说:“美好者不祥之器”,就是说事物过于完美了,必定会带来毁灭的结果,这句话告诫世人,无论求名求利都不可太过显眼,以防别人嫉妒,这才是立身之本。在这个复杂的社会中,竞争日益激烈,与人相处,我们除了要懂得洞察他人的内心,更要懂得把握好藏与露的尺度,只有藏好自己,才不会轻易被人看穿,这样,即使对方想对我们“下手”,也会有所顾忌。

可能，有些喜欢意气用事的人会说，不表现自己，怎么会受到上司的赏识呢？不能错过机遇。但你考虑没有，你保证自己能万无一失地解决问题吗？另外，你的锋芒毕露也就让你树敌无数，让你身边危机四伏，让你失去本应属于你的机遇。“枪打出头鸟”说的就是这个道理。

当然，这并不是要身处职场的我们做事畏首畏尾，不敢放手施展抱负。只是凡事都该有个“度”，低调做人，高调做事，张扬与内敛之间，就看你如何把握！

不吝赞美，让你更有同事缘

我们每个人都不是一个单独的个体，而是社会的成员，现代社会，人际关系的重要性越来越凸显。其中，职场关系就是很重要的一个部分，同在一个单位，或者就在一个办公室，搞好同事间的关系是非常重要的。关系融洽，心情就舒畅，这不但有利于做好工作，也有利于自己的身心健康。倘若关系不好，甚至有点紧张，那就会影响工作甚至你的职场命运。那些善于经营同事关系的人往往深谙赞美之道，因为人人都长着爱听赞美的耳朵。

从社会心理学角度来说，赞美也是一种有效的交往技巧，它能有效地缩短人与人之间的心理距离。工作中，一句由衷的赞美，无形中就会增加同事对你的好感，拉近你们之间的距离。然而，同事之间相处久了，就会忽略对方的优点，反倒对彼此间的缺点很敏感，这是使工作陷入困境的征兆。多赞美同事的优点，是增进彼此关系的有效的润滑剂。

小王剪了一个新发型，她非常不满意，差点和理发师当场吵起来。当她极其不安地到了公司的时候，同事们都齐声称赞她发型的清爽和简洁，在一片赞美声中，小李的怨气一股脑儿全消了，心情变得大好，随后几天的工作都非常顺利。

可见,多夸夸同事,会给同事带来愉悦的心情,进而有更充足的热情投入工作中。同时,赞美和肯定同事,即使与工作无关,也能够成为你与他们增进关系的机会。发挥你心思细腻的特点,发现他们最得意的方面,尤其是被人忽略的一面,并当众赞美,他们可能会受宠若惊,对你的细心感激不尽。比如穿衣品位、爱好兴趣、工作态度、办事效率等等,哪怕是不经意的一句话,都会起到意想不到的效果。

一位著名企业家说过:促使人们自身能力发展到极限的最好办法,就是赞赏和鼓励。如果我们想搞好与同事之间的关系,就需要多去发现别人的优点、成绩,而不能只顾自己的功劳。当然,我们对同事的赞美是有原则的,是发自内心的真诚的表现,而不是曲意逢迎。

为此,你需要记住赞扬他人的10项原则:

(1)在赞扬同事时,不要使用模棱两可的表述,像“嗯……有点意思”、“挺好”和“没那么糟”,含糊的赞扬往往比侮辱性的言辞还要糟糕,侮辱至少不会带有怜悯的味道。

(2)一定要知道自己要赞扬什么,并准备好详细描述。

(3)一定要夸对人。

(4)不要仅仅因为想不出其他可说的话而去恭维别人。一些人似乎认为,含糊其辞的赞美(“嗨,我喜欢你那个新发型”,“嗯……在那件事上做得好”)比沉默要好,其实不然。

(5)不要在某件事显然已经出错时还去赞美。一位英国广播公司(BBC)制作人就进行过一通特别可怕的“赞美”,在一次明显搞砸的广播录音之后,这位制作人评论说:“太棒了,这是你第一次吗?!”其实,此时沉默会更好些。

(6)不要同时夸赞很多人。如果你连带夸奖了被赞扬对象视为二流的人,那你就会破坏赞扬的积极效果。相反,如果你连带夸奖了赞扬对象评价较高的人,这一做法可能对你有利,但总的来说,这种附带可能会令你的赞扬对象觉得你不够真诚。

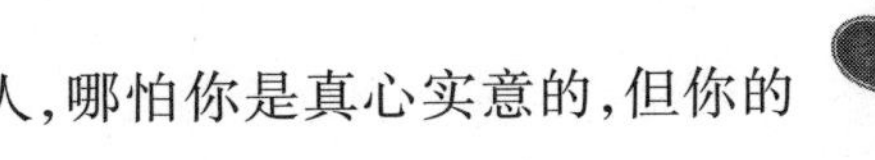

(7)不要在你准备请人帮忙前赞扬别人，哪怕你是真心实意的，但你的赞扬对象会怀疑你不真诚。

(8)不要滔滔不绝地赞扬。赞赏与阿谀之间的界限非常细微。

(9)不要太频繁地夸别人，这样会降低夸奖的效果。

(10)除非你是诚心赞美，否则不要去夸别人。但如果你非得言不由衷，那么至少要听上去和看上去像是真心的。

总之，夸赞是一种行之有效的交往技巧，它能够有效地拉短人与人之间的心理距离，使彼此迅速地产生沟通的愿望。美国有一位心理学家指出：渴望被人赏识是人最基本的天性。既然渴望赞美是人的一种天性，那我们在工作中就应当学习和掌握好这一智慧，让你在同事面前变得受欢迎，渐渐你在他们心中的地位就会上升，这无疑对你以后在职场里的发展大有好处。

处理好同事关系，巧妙赢得同事支持

当我们走入社会，进入职场，我们接触最多的就是同事。但现代职场，同事之间，无处不存在着激烈的竞争，但也需要很密切的合作。时代的发展，决定了在同事间合作与竞争的辩证关系。我们需要在竞争中胜出，体现我们的工作能力；但同时，现代社会工作的要求，每一项工作都离不开同事的帮助与合作。那些善于处理同事关系，巧妙赢得同事支持的人，工作顺利，而那些自视清高、意气用事、不善于同同事合作的人必然举步维艰，在竞争中失败。

而我们不难发现，那些真正会办事、会和同事打交道的人都有一个特点，那就是做事果断、讲信用，让同事佩服他的能力，进而得到同事的支持。

身处职场，作为员工，我们和同事们都要为公司、企业效力，当工作出现问题或者企业出现危机时，如果我们果断站出来，帮助同事、上司解除困难，

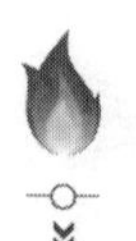
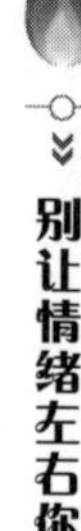

这便是绝佳的表现自己的时机，不仅能获得领导对我们能力的认可，更能获得同事对我们的信任。

当然，除此之外，一个人要获得同事的支持，还必须讲信用，日常工作中，无论你曾应允同事何事，你都必须尽力办到，而对于自己办不到的事，切不可夸下海口。

另外，面对过错，我们不能退缩，要勇于承担。在过错面前，很多人选择逃避或把责任推卸给同事，这样做，表面上看让我们免除了责罚，但实际上，我们这是因小失大，因为我们失去了同事的支持。聪明的做法是勇敢地站出来，这样，如果过错在同事，他一定会感激你；而如果过错在你，他也会佩服你的勇气。

有句话说的好："晋升与否只是眼前，人际关系才是长远。"当你搞好了和同事的关系，还怕没有人支持你吗？面对职场竞争，可能很多人都会各显神通，十八般武艺全都要一遍，以此挤走竞争者。这并没有错，但聪明人会利用自己的人际关系取胜，这时也是表现超凡人格魅力的好时机，现代职场，人际关系好，深得同事喜欢的人机会会比那些孤军奋战的人多，因此，身处职场的我们，为人、说话都要用点心机，取得同事的支持才是赢得职场成功的基础和保障！

别和职场小人动气，定好计策绝地反击

在社会生活中，形形色色的人们中总有一些不以真诚对待他人，而是戴着一副假面具。假使是表面上要好的挚友要骗你也可谓是防不胜防。职场中自然也有这样的人，他们就是人们常说的"伪君子"。这种人"明是一把火，暗是一把刀"，又被称为"笑面虎"，是最危险的一种人，他们可能有一个善良的外表，开始的时候，他们看起来是那么善意，那么富有诚意，对你又那

么关心。你可能感动得把自己的一切都告诉他，而一旦你跟他的利益发生冲突，他就会狠狠地踩你一脚，很多时候，他们都是损人不利己的。

生性率直的你，是否曾经有这样的困惑：我工作努力，对大家也很友好，上司对自己印象更是不错，但却总是不能取得自己希望的成功，升职加薪似乎总是与自己擦肩而过，甚至常常感到工作不顺心，仿佛时时处处有一双看不见的手在暗中扯自己的后腿。此时，你也许会灰心丧气地叹道："真是时运不济呀！"其实，这时候你可能已经中了别人的"暗箭"了。

职场中，遇到小人暗算你的事，你该怎么办呢？你必定会生气，必定想与之当面对质，必定想赶快将事情的真相公诸于众，但这样做，是最好的反击方式吗？不是！那么，我们不妨先来看看小杨是怎么做的：

小潘和小杨是很好的朋友，无论是生活中，还是工作上，小潘都对小杨照顾有加，但知人知面不知心，最终出卖小杨的就是小潘。

"小潘太过分了！"刚被领导训了一顿的小杨气呼呼地发牢骚，"我的案子怎么就成了他的了？我还成了剽窃者？这月奖金又泡汤了！"小杨的话立刻引起办公室里其他同事的共鸣。小潘做事确实不够光明磊落，他总是喜欢剽窃办公室其他同事的方案。而平时，他总是对大家和颜悦色，不是帮大家买午饭，就是冲咖啡。表面上看，他是个很友好的人，但暗地里却另有一套。

关于这次事件，小杨是这样陈述的：

"昨天，我很满意地完成了一个策划交给经理。谁知今天他找到我说：'小杨，我本来很看重你的才华和敬业精神，没有新点子也没什么，但你不该抄袭其他同事的创意。'经理看我一脸惊讶，递给我一份策划书。天哪，竟然和我那份惊人地相似，而策划人竟是小潘。面对经理的不满和我好朋友的'心血'，我哑口无言，因为我没有任何证据证明我的清白。"在大家的帮助下，小杨决定找个机会澄清事实。

机会终于来了，小杨接了一个很重要的案子，他比平时更忙碌，他从自己的新点子里筛选出了两个方案，做出 A、B 两份策划书，小潘还是经常主动

来帮他做A策划书，但暗地里小杨已把B策划书做好交给了经理，并请经理配合他先不说出去。果然，不久小潘便交上一份和A策划书颇为相似的策划，明白真相后的经理非常恼火，请小潘另谋高就了。

事实证明，小杨的做法是明智的，他并没有直接和小潘挑明，而是团结同事，发挥才智，让他当场现形，给他当头一击。如果碍于情面或讲君子风度，吃亏的只能是自己。

这类"伪君子"每个群体里都可能有，但似乎职场更为多见。人们说"防人之心不可无"，这种人才是最应当引起你注意的人。而且这种人，不与他一起工作过一段时间，是不可能发现他们的阴毒的，就如同案例中的小潘一样，他们绝大多数是以其假面目示人的。在你刚与他接触时，他们无比热情，会踊跃地为你解决一些小困难，而且为你想得很周到，也表现出来真是为了帮助你的样子，在某种程度上也能到达使你好的后果。但是，这里有个条件，你不能侵占他们的好处，好比升级、加薪等，否则的话，他们会立刻拉下脸来，与你拼个鱼死网破。

小杨采取的是反击的办法，但这类小人，在生活中真是防不胜防，除了反击外，基本的方法还是要以防范为主，当然，这要视具体情况而定：

如果他的地位高于你，且你必须听从于他，你要装得有些傻的样子，他让你做事情，你都唯唯诺诺满口答应；他和气，你要比他更和气；他笑着和你谈事情，你就笑着猛点头，万一你感觉到，他要你做的事情实在太过分了，你也不能当面拒绝或翻脸，只能笑着推诿，暂不接受。

如果你们是朋友或者同事，最简单的应付方式是装得不认识他；每天见面，如果他要亲近你，你就要找理由马上闪开；能不做同一件工作，就尽量避开不要和他一起做，万一避不开，就要每天留下工作记录。

如果他的地位低于你，比如他是你的下属，你要注意三点：其一，找独立的工作或独立工作位置给他；其二，不能让他有任何机会接近上面的主管；其三，对他保持表情严肃，不带笑容。

总之，与这样的人交往，要有防范之心。他们一般都工于心计，和别人

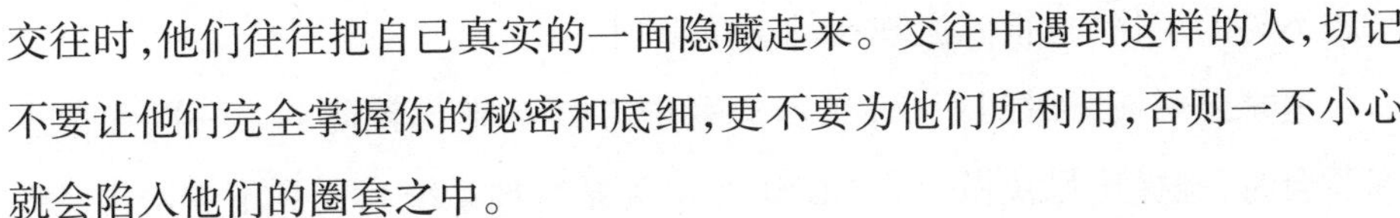

交往时，他们往往把自己真实的一面隐藏起来。交往中遇到这样的人，切记不要让他们完全掌握你的秘密和底细，更不要为他们所利用，否则一不小心就会陷入他们的圈套之中。

戒骄戒躁，多向领导和前辈学习

古人云："三人行必有我师。"职场中，与我们朝夕相处的领导之所以会成为领导，一定是具备我们还不具备的某些成功的特质，而这些特质，正是我们应该学习的，当然，我们也不能否认领导也存在某些不足。不过，虚心向领导请教，获得的也不仅仅是工作经验和知识，更多的也是领导的欢心。任何一个领导，都希望自己的下属能低调谦虚，唯自己马首是瞻。同时只有谦虚学习，才会不断充实自己，才会有不断进步的空间。因此，无论如何，我们切不可年轻气盛，多向领导请教，你收获的不仅仅是工作经验，更能获得领导的青睐。我们不难发现，那些在工作中如鱼得水的人，都是能与领导搞好关系的人；而那些只有一腔热血，却孤立无援的人，终究是无法成功的。

当然，可能有些人会认为，自己比领导工作能力强多了，只不过没有表现自己能力的机会才一直位居人下，他们想以此作为跳板，以便未来有更好的发展，找到更好的工作或者开创自己的事业。但如果我们目前还是下属，就必须认清一个形势：作为下属，就一定有不如领导的地方，就应该积极向领导学习，要知道不断进步才是下属在上司手下做事必需具备的。上司工作出色，能力强，你可以充分地向上司学习，上司的今天可能也就是你目标中的明天。而最重要的是，没有任何一个领导会对一个骄傲自满的下属心生好感。

小赵毕业于一所不太知名的大学，在面试的时候，没有任何一家大公司愿意向她伸出橄榄枝，于是，她来到了现在这家小公司，她很珍惜现在这份

来之不易的工作,也很感激现在的这位上司。

这家公司成立时间不长,在客户管理方面基础比较薄弱。一次和信息部开会时,她提出尽快做一个CRM(客户关系管理系统),得到不少销售经理的支持。但信息部的经理却以工作忙、项目多为由拒绝了,公司老板也因为人手少、开发成本高,没有表态。

事后,小赵和自己部门的上司进行了深入的交流:“请您给我三个月的时间,我一定会让你们看到成绩。”并提出了很多合理化建议,上司答应让小赵试一试。

小赵并不是科班出身,于是,在后来的系统研发过程中,她经常和上司沟通,寻求其意见。其实,有些问题,小赵是清楚的,但她觉得向上司汇报并请教,会得到上司的信任,果然,在上司的帮助下,不到三个月,公司的CRM顺利出炉了。整个公司的销售业绩也有了很大改观,为此,部门经理和信息部的经理都夸小赵是“多面手”。而小赵却在嘉奖大会上说:“要不是刘主任的指导,我恐怕还是丈二和尚摸不着头脑呢!”

经过这次事情后,新员工小赵不仅给自己的部门上司乃至老板都留下了很好的印象,而且公司还连续把一些重大项目的开发工作交给了她。

这里,我们看到了一个会处事的下属是如何处理自己与上司之间的关系的。在工作中,多向上司请教,能让上司看到我们认真、努力的态度,也能体现出他们能力更高一筹,上司有了这种优越感之后,自然会对我们青眼有加。

可见,作为下属,我们一定要放低自己的姿态,在领导面前不可太气盛,同时,应该经常去发掘上司身上的各种优点,努力向他们学习,向他们请教,这样,不仅可以把这些优点变成自己的优点,还能得到上司的认同。

这一点,对于新入职场的人来说尤其重要。刚进入公司,就是自我成长和努力学习的阶段。所谓“近水楼台先得月”,你绝不要放过向身边的领导学习待人接物以及工作技巧的机会,如果你能够经常以积极、谦虚的态度来请教上级,他也必然乐于相助。

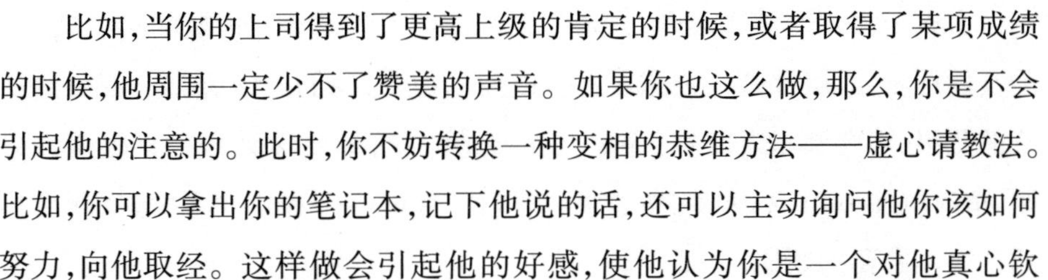

比如，当你的上司得到了更高上级的肯定的时候，或者取得了某项成绩的时候，他周围一定少不了赞美的声音。如果你也这么做，那么，你是不会引起他的注意的。此时，你不妨转换一种变相的恭维方法——虚心请教法。比如，你可以拿出你的笔记本，记下他说的话，还可以主动询问他你该如何努力，向他取经。这样做会引起他的好感，使他认为你是一个对他真心钦佩、虚心学习、很有发展前途的人。

另者，在工作中，我们要做到主动与上司沟通。要知道，身处繁忙事务中的领导不可能做到关注每个下属的动态；同时，你主动沟通，也体现了你积极上进的工作和学习态度。一般情况下，上级都是乐于向你传授经验的。

总之，身处职场的我们，不妨问一问自己：为什么我不是领导？要知道，最优秀的人既能够看到别人的优点和缺点，也能看到自己的优点和缺点，做到取长补短，不断充实自己，完善自己！向领导请教，我们学到的不仅仅是工作经验和做人做事的道理，更能赢得领导对我们的信任！

吸取工作失误的教训，主动承担责任

身处职场，我们发现，面对功过得失人们往往喜欢邀功，却不愿对自己的失职承担责任。有时甚至为了逃避责任，编造出种种借口。比如，工作中出了一些问题，他们就认为是搭档的问题；如果事情完成得不理想，他们就认为是领导部署不周全；业绩不好，他们就认为是客户太难缠。除此之外，工作中，我们还能经常听到各种各样的借口：“时间太紧了”、“我没有在规定的时间里把事做完，是因为……”、“以前我没学过这方面的知识”……

当工作出现失误的时候，一些人总是喜欢抵赖狡辩，或者为了推卸责任而指责别人，为了免受谴责，多数人都会选择欺骗手段。而实际上，这不仅不能让我们吸取工作失误的教训，还让我们得罪了他人。

古人云："水至清则无鱼，人至察则无徒。"无论是谁，如果沦落到了没有朋友的地步，无疑都是一种悲哀。所以在工作中，我们应该练就一双明察秋毫的慧眼，不要被小人暗算，但是在更多的时候，却要学会睁一只眼闭一只眼，适时糊涂一回，不然，雪亮的眼睛非但于你的生活和事业无益，反而会招致许多不必要的烦恼。

事实上，我们每天都被紧张、忙碌的工作搞得晕头转向，我们已经无暇顾及人际交往中的很多细节问题，可是，为什么我们还会与同事斤斤计较那些工作职责的问题？我们为什么还总是要推脱自己的责任？其实，归结起来，这是因为你太过较真，这只会让你身心俱疲，糊涂一点，能让我们免于很多工作中的烦恼和麻烦。

一天，小刘在路上与同事不期而遇。小刘和同事最近刚一起合作过一个项目，整个项目是成功的，但这中间也免不了有一些小问题的存在，其中就包括预算问题。自然，他们就这一问题讨论了起来。

同事主动说："领导还是很好说话的，即使你把这次项目的预算算多了，他也没多说什么。"

听到同事这么说，小刘很不服气，于是，他辩解道："你的意思是我的问题了？要知道，估算的会计可是你部门的人啊。"

"我知道啊，可是我从没有过问预算的事，不是你一直盯着的吗？"同事也毫不示弱。

"你都不过问，那更是你的责任了。"小刘继续说道。

"你说什么……"

就这样，两个人开始争吵起来。

所谓"话不投机半句多"，小刘和同事在路上不期而遇，谈到工作中的问题时，都不肯让步，从而导致了无谓的争论，破坏了同事间的友谊。试想一下，如果他们中的一个人，试着先检讨一下自己，或者退一步，对于自己不同意的部分保持沉默，也不会闹到不欢而散的地步。

凡事认真这原本没错，但是一个人一旦认真到了较真的地步，眼里丝毫

揉不得沙子，那就是和自己过不去，到头来终究会自讨苦吃。所以，面对工作中的问题，只要不是大是大非的问题，我们其实没必要做无谓的坚持。换言之，即使你坚持又能怎样？对方会按照你的意志行事吗？俗话说："兔子急了也咬人"，你把别人逼得没有丝毫退路了，对方除了奋力反击之外还能有什么选择？

比如，如果你的领导对你的工作提出了批评，你首先要有一个良好的认错态度，并在此基础上虚心接受他们的"调教"。因为我们的工作中出现了失误，证明我们在处理问题上确实存在某些问题，而领导毕竟是过来人，有着我们所缺乏的很多工作上的经验。欣然接受领导的调教，不仅能提高我们的工作能力，还能获得领导的好感。

但实际上，面对自己的过失，推卸责任、转嫁过失、拖延、自欺欺人的现象随时随地都在发生。比如，你会发现你周围有很多这样的人，他们信誓旦旦，言之凿凿，推迟了原本可以在很短时间内上交的工作任务，然后还会为自己找借口："最近事情太多了，太忙了。"你难道不该问问自己，你真有那么忙吗？你难道就真的腾不出时间吗？如果你真的觉得一件事情重要，就一定会记住，即使记不住，你也会通过其他方式提醒自己——备忘录、手机、电脑等。而忘了只是因为你在为其他的事而努力，却没有给该努力的事以足够的关注，对该关注的事没有足够的责任心。

因此，无论是我们的同事还是领导批评了我们，我们都要虚心接受，不要较真，这样，不仅会获得他人的信任，还能帮助我们认识到自身的不足，何乐而不为呢？

主动沟通，迅速化解矛盾

生活中，我们与人交往，就容易产生误会与矛盾，在我们的工作中也不

例外，与同事、领导产生一些小误会是很正常的事情。这个时候，你得注意化解误会的方法，尽量不要让你们之间的误会升级。不要与他人置气、表现现出盛气凌人的样子，非要和他人做个了断，分胜负。退一步讲，就算你有理，要是你得理不饶人的话，他人也会对你敬而远之，觉得你是个不给他人留余地、不给他人面子的人，以后也会在心中时刻提防你，这样你可能会失去一大批同事的支持。有些人还会因为误会对你产生敌意，在工作上不与你配合，在背后散布你的谣言，等你知道时，很可能已在单位里传开了。

此时，当面对质并非明智之举。因为很多事情容易越描越黑，最好的办法就是及时与上司和同事沟通，选个合适的时间和场合，把自己的情况和想法讲一讲，让谣言不攻自破。同时，提醒自己不要用攻击性的言语，也最好不要针对某人，达到澄清事实的目的就行了，而不要有报复的心理，否则，会使倾听者误会你是在宣泄情绪，反而达不到你的目的。

小王是个新手，因为一次公司年会上与经理的策划意见不统一而产生了矛盾，差点被开除，幸好有一些老同事力保，才保住了饭碗。

小王必须消除和经理之间的误解，才能在公司继续待下去。他从其他同事那里打听到，经理有个很可爱的女儿，而且经理对女儿疼爱有加，于是，小王准备从这个小女孩“下手”。

他还打听到了小女孩的生日，在小女孩放学之前，把蛋糕和芭比娃娃送到了教室，引来了其他孩子的羡慕。而小王的经理也是非常高兴，于是把小王得罪自己的事抛到九霄云外了。

小王解决与上司的矛盾的方法着实令人钦佩，从上司身边的人着手也不失为一个解决矛盾的好方法。其实，与上司相处并不是难事，只要我们学会聆听、给他面子、维护他的形象，在与他有不同的见解时，我们要沉得住气，即使他心情不好，批评了你，甚至是找茬发了一通脾气，我们也不必马上和他对立起来，这只会更刺激他，并使小事变得严重起来。等他情绪平定之后再加以解释，这样更理智，效果也更好些。

其实，当我们和上司产生一些矛盾、误解已经造成的时候，我们应该做的就是弥补。

首先，不要寄希望于他人的理解。无论何种原因"得罪"了同事或者上司，我们往往会想向其他人诉说苦衷。可事实情况是，很多时候，第三者也不好表态，因为他谁也不想得罪，也不愿介入你与对方的争执，又怎能安慰你呢？假如是你自己造成的，他们也不忍心再说你的不是，往你的伤口上撒盐。因此，不要寄希望于他人的理解，如果有居心不良的人还会添油加醋后告诉对方，加深你与对方的隔阂和裂痕。

所以最好的办法是自己清醒地找到问题的症结，找出合适的解决方式，使自己与对方的关系重新有一个良好的开始。

其次，找个合适的机会沟通。实际上，大多数误会是因为双方不够了解而产生的，化解误会最有效的方法就是加强沟通。沟通的方式很多，比如对他人保持兴趣，利用早上一点时间，问候一下你的同事，或者闲聊几句，在他们的办公桌上放一张留言的小卡片。制造一些机会和大家一起打球、逛街、共进午餐等。只要与同事相处久了，互相有了深入了解，那么误会自然也就不存在了。

而对于你和上司之间的误会，你最好主动伸出表示和平的"橄榄枝"。如果是上司错了，你可以在他心情好、氛围轻松的时候，以比较委婉的方式表达自己的观点。如果你曾经因一时冲动顶撞过他，也可以就此机会道歉。一般来说，上司都是会接受的。而如果是你的原因，你就要能认识到自己的错误，要有认错的勇气，找出造成自己与上司分歧的症结，向上司作出解释，表明自己在以后的工作中会以此为鉴，希望继续得到上司的关心。这样既可达到相互沟通的目的，又可以替上司找一个体面的台阶下，有利于恢复你与上司之间的良好关系。

再次，通过"中间人"传话。如果你不小心被同事误会，你不妨以透露信息者或是双方都能接受的人为"中间人"，通过他们代为传话，把自己的想法和事实告知对方，这样做可以起到澄清事实真相、消除误会、增加了解的作用，同时也会起到警示作用，使对方有所收敛。

最后，利用一些轻松的场合表示对他的尊重。当你与对方产生误会后，最好尽快让不愉快成为过去。你不妨在一些轻松的场合，比如会餐、联谊活动等，向对方问个好，敬杯酒，表示你对对方的尊重，对方自会记在心里，排除或是淡化对你的敌意，这样做也可以同时向人们展示你的修养与风度。

事实上，职场中，不管谁是谁非，“得罪”他人无论从哪个角度来说都不是件好事，只能让事情陷入僵局，而假如我们适当地示弱，矛盾就会化解，何乐而不为呢？

第11章

家人相处不动气，一发脾气就毁了和气

在生活中，任何一个人都希望自己有个幸福的家，家里有我们的爱人、孩子，父母，每当身心俱疲的时候，只要我们回家，就有了温暖。而人们常常说，家家有本难念的经，加上生活琐事太多，家中似乎总有一些不和谐的因素，此时，我们千万不可斗气，而应该冷静下来，多站在对方的角度上考虑，多沟通、多交流。当然，和谐温馨的家庭关系，需要每一个家庭成员的共同努力！

理解父母,别用脾气伤父母的心

人们常说,可怜天下父母心,这个世界上最不容怀疑的爱就是父母的爱。“爸爸”、“妈妈”是世界上最美的称呼。不管父母是平凡或是杰出,文盲或是学识渊博……但有一客观真理:无论自己的孩子是不肖,还是优秀;是残疾,还是健壮;是平民布衣,还是英雄……天下的父母亲无一例外,都是如此无私、宽容地爱着自己的孩子。第一声啼哭,第一次哺乳,第一次笑,第一次翻身…… 这些,你都是在无记忆中完成,然而,在父母的记忆里,却从此多了多少鲜活的内容。当你日渐长大,你的心绪、喜怒、失衡的、偏激的、好的、坏的……你都在无意识中我行我素着,而在父母的内心里,却从此多了无尽的担忧,生怕一个不小心,你就在人生的轨道上走偏了,从此有了失眠,黑发间也满布银丝,身体也渐渐不如以前。

然而,追求自我的现代人,有多少人能感受到父母的爱呢? 相反,很多时候,因为生活中的琐事,与父母斗气,伤透了父母的心。

曾有这样一则报道:小吴是一名初三的学生,正要面临中考的他依然痴迷于游戏,为此,他的父母说了他几句,结果,小吴就想:“干脆眼不见为净,到一个没有人认识、父母也管不着的地方去。”“混出个样子给他们看看。”第二天,趁父母外出时,他偷偷打开父母平时放货款的床头柜,从里边拿走了一万元,来到北京。

但一个不到20岁的孩子,从未离开过父母,哪里有什么能力。在北京的一个月,他很快花光了从家里拿的钱,还没有找到工作,但他又不愿意回家,于是,他就动了一个歪念头——偷。

这天,北京火车站的民警在执勤时,发现一个小伙子鬼鬼祟祟,就把他带到审讯室。经过几个小时的开导,小吴才开口,把事情的前前后后都跟民

警交代了。

接到民警电话后，小吴的父亲老吴从安徽老家赶到了北京，一见到父亲，羞愧难当的小吴跪倒在父亲跟前，痛哭失声。

这样的场面我们在现实生活中恐怕并不少见，如果故事中的主人公小吴不和父母赌气，能多从父母的角度想想，就能认识到父母的任何举动都是为了自己着想，也就不会离家出走，更不会走上偷盗的道路，不过值得庆幸的是，他能迷途知返，反思悔悟。

那么，我们每一个为人子女者是否都能体会到父母的良苦用心？是否真正感恩父母给予自己的无私大爱？是否真的有对父母尽过孝心，行过孝道？

“慈母手中线，游子身上衣。临行密密缝，意恐迟迟归。谁言寸草心，报得三春晖。”你能体会唐朝诗人孟郊这首《游子吟》的真正含义吗？的确，父母总是对我们无怨无悔地付出，但你是否发现，母亲的两鬓已经出现了丝丝银发、父亲的背也开始佝偻起来？当你发现这些的时候，你的心中是否会掠过一丝酸楚？想到不久的将来，一直给予我们力量的、教育我们成长的父母或许会用无助的眼神、或许用询问的口吻，凝视和询问我们时，想必那种酸楚中掺杂着茫然吧。那么，无论出于为人子女的本分，还是从自己的实际生活和承受能力考虑，从现在开始，不妨换位思考，多理解你的父母吧！

心平气和与家人交流，避免家庭矛盾

任何人都知道，生活中，家庭成员之间免不了磕磕碰碰，可能有不少人在与家人争吵时都扮演了伤害者的角色，但指责的话刚脱口而出，你就后悔了。和对方说话总是生硬的，你的本意也许是好的，可说出来却全变了味，这时一场争执往往在所难免，错误信息的传递眼看就要引发家庭大战。而

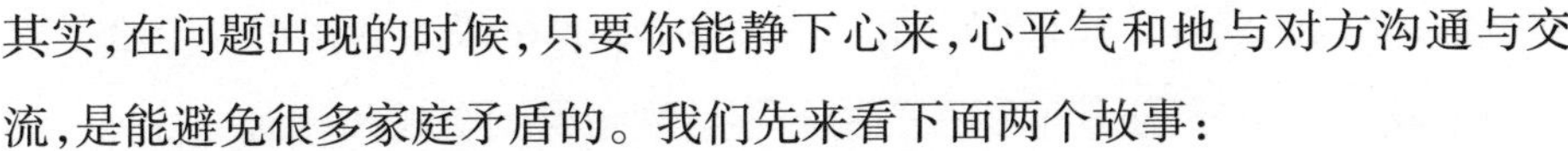

其实，在问题出现的时候，只要你能静下心来，心平气和地与对方沟通与交流，是能避免很多家庭矛盾的。我们先来看下面两个故事：

约翰夫妇俩因为孩子的教育问题闹了点矛盾，互不理睬。在晚上就寝前，丈夫递给妻子一张字条，上面写着："明天早上7点叫醒我。"第二天，丈夫醒来时已是9点半。他急忙穿衣，只见床上放着一张字条，上面写着："7点了，快起床！"

有一位先生下班回家后，发现他的妻子正在收拾行李。"你在干什么？"他问。

"我再也待不下去了，"她喊道，"一年到头老是争吵不休，我要离开这个家！"

先生困惑地站在那儿，望着他的妻子提着皮箱走出门去。忽然，他跑进卧室，从架子上抓起一个箱子，"等一等！"他喊道，"我也待不下去了，我和你一起走！"

的确，夫妻难免会因为一些生活琐事产生矛盾，但又不是快刀斩乱麻般地断绝情义，在这种"割不断，理还乱"的感情状况下，无论哪一方来点幽默，都能化解矛盾，破涕为笑。

实际上，每个家庭每天都在上演各种战争，婆媳间、夫妻间、子女间，但无论何种矛盾，都不能凭一时情绪，与对方大吵一架，而应该调节你的情绪，主动敞开心扉与对方沟通，这才是创造和谐关系的关键所在。

那么，为人长辈的我们，是不是也该掌握一些调节家庭矛盾的方法呢？为此，我们在与家人产生矛盾而进行沟通时，需要掌握以下原则：

第一，带着情绪时不要沟通。情绪会直接影响你的沟通态度，进而影响沟通的效果。据说拿破仑的军队有一条纪律，就是士兵犯了错误之后，当官的不能马上批评。因为马上批评，双方都会受情绪影响，不如放一放再批评效果更好。沟通亦然，带着情绪沟通，就很容易使沟通偏离原有的目的。

第二，双方都要站在对方的角度给予必要的理解和肯定。因为任何结果都有理由，既然对方会形成和你不一样的意见和选择，一定有自己的理由和考虑,你应该理解。如果你表示一下理解,那么在情感上就相当于给了对方一个极大的安慰,使其郁积在心中的不良情绪得到缓解和疏通。

第三,要诚恳地道歉。不要认为自己没有错,其实只要是与家人发生了矛盾,这里面就一定有你的错处。一个巴掌能拍得响吗?退一万步说,即使真的没有错,那么因为你和对方发生了矛盾进而伤害了家人的感情,这是不是错吗?所以你只要想道歉,就一定能找出道歉的理由。理解和道歉之后,你再把自己的理由和道理讲出来,对方便容易接受。

第四,不回避、不扩大、限定时间与主题。回避的实质是对抗、是不自信、是无奈;不对抗不是躲避,但是你可以采取一些技巧,比如说暂时撤离。如果情绪特别急那怎么办?你可以暂时撤离或者用幽默的方法把这个结打开。家庭生活中要学会幽默的技巧,"你说吧,我听你说",这是最好的。即便有一些争执,"好,那么我们吵 20 分钟,你先说,我后说",限定争吵的时间。

第五,不翻旧账、不指责,忌用"你总是……""每次……"这样的话语。用开放式语句:"我觉得……你看呢?"澄清问题,探寻"怎样你才比较满意?"然后试行一周或一个月。

第六,找到解决的方法。问题澄清之后那就该探索怎样办,彼此希望怎么样,然后可以试行,沟通了就应该有一个结果,两人各自生气甚至冷战好几天总会留下阴影的。吵架的过程要变成沟通过程,要澄清问题、探询结果,不要非要分清谁对谁错,家庭是个系统,个人出了问题往往是系统出了问题,运行模式出了问题,而不是某个人的错。而且风水轮流转,这次你主动谦让,下次我主动谦让,如果总有一方主动谦让,那这个沟通就奏效了。

家庭成员间意见不统一,有了矛盾之后,必须要及时地进行沟通。只有通过沟通,统一了认识,化解了矛盾,才能使"梗阻"的家庭关系通畅起来,而一味的争吵是起不到任何作用的,反倒会令亲情淡薄,关系不和谐,当然,沟通有道,只有掌握了这其中的道理、技巧,才能使沟通取得良好的效果。

求同存异、相互包容，创造和谐家庭

任何一个人，都希望自己生活在和睦、温馨的家庭中，然而，家庭本身就是由一些性格、生活习惯等不同的成员组成的，难免会出现一些不和谐的因素，但只要我们能做到心平气和，尊重、理解和包容对方，是能做到求同存异的。

虽然大家生活在同一片屋檐下，但仍是有自己思想的个体，依然有各自的爱好和价值观。家庭成员间的求同存异，就是要尊重对方与自己不同的方面，这也是一个人保持独立人格的基本要求。当然，这求同存异也不是放任对方，只要对方的行为不破坏家庭的稳定，有利于保持对方的身心健康，我们就应该支持。存异的目的是为了求同，最终的目的当然是为了家庭的温馨、家庭的幸福。

银行职员张先生就是个善于经营家庭生活的人。他这样陈述道：

妻子和一般女人有着相同的爱好——逛街，而且经常是日出时出门，日落时还不进门。因为这一点，我和妻子在结婚之初就闹过很多次矛盾。

记得那一次，是“五一”长假的第一天，她就拉着我去陪她逛街，我只好硬着头皮去了。谁知道，妻子对什么都感兴趣，一会儿看看这个，一会儿看看那个，对于自己想买的东西，不仅要货比三家，还要讨价还价，我实在受不了，就催她赶紧付钱，结果妻子不高兴了，回家后，我们吵了一架。

自从那次后，只要妻子再拉我去逛街，我都千方百计地找借口推辞，时间长了，她也就不喊我了，而是找自己的姐妹。

其实，刚结婚时，我也希望能把妻子的性格扭转过来，希望她也能和我一样在家看看报纸，看看新闻，多学点东西，但妻子却认为，把个人喜好和性格强加于人，无异于给别人制造痛苦，我的打算也就此作罢。

如何协调夫妻关系呢？后来，我在翻阅历史书和看新闻时，都看到“求同存异”四个字，这四个字给了我启示，夫妻间也可以求同存异。跟妻子商量，她也赞同这个观点。于是，我们进行进一步协商，一致认为，妻子好动，就让她去参与适合她的活动，我喜静，则由我去从事自己喜欢的事儿，只要不超过原则，即互不干涉；同时，我们觉得，还必须挖掘出一些共同点，否则，两个人的共同话题会越来越少。于是，我们买了副网球拍，傍晚时，我们就去小区的网球场锻炼。

实践证明，我们这套相处方法还是有效的。妻子再去逛街，一般只会告知我一声，我也不用跟着去了。而我则待在家中做自己喜欢的事，如上网聊天看新闻，读书看报写文章，互不干扰，各得其乐。如今我们的婚姻已走过了七年之痒，期间很少有矛盾和摩擦，夫妻恩爱和睦。我和妻子的性格如此不同却能和睦相处，我想应该就是求同存异的结果吧！

从张先生的经验之中，我们能看出，他之所以能和妻子和睦相处，恩爱如初，就是因为他们遵循了求同存异的相处之道。

夫妻是一家，朝夕相处、共同吃饭、同床共枕，双方能够走到一起肯定是因为对方有某些方面吸引了自己，或者在某些方面与自己有相同的一面。但牙齿与舌头，也有打架的时候，夫妻双方也不是任何时候都能保持高度一致，有时甚至在人生观、价值观等大的方面都有可能意见不统一。在这个时候，我们就应当做到求同存异，尊重对方的观点、尊重对方的行为，为了一个共同的目的——家庭和睦。

当然，除了夫妻之间，家庭成员每个人的性格不同，把自己的喜好、习惯强加于家庭中的其他人，必会引发很多矛盾。

因此，要想拥有一个和睦的家庭，就必须学会求同存异，在面对分歧的时候，我们需要掌握以下四要素：

第一，沟通。相互沟通是维系家庭幸福的一个关键要素。有什么话不要憋在肚子里，多同家人交流，也让家人多了解自己，这样可以避免许多无谓的误会和矛盾。

第二，慎重。在家里，遇到事情要冷静对待，尤其是遇到问题和矛盾时，要保持理智，不可冲动，冲动不仅不能解决问题，反而会使问题变得更糟，最后受损失的还是整个家庭。

第三，换位。有时候，己之所欲，也勿施于人。凡事不要把自己的想法强加给家人，遇到问题的时候多进行一下换位思考，站在对方的角度上好好想想，这样，你就会更好地理解你的家人。

第四，快乐。只有快乐的心情才能构建起幸福的家庭，所以，进家门之前，请把在外面的烦恼通通抛掉，带一张笑脸回家。如果所有的家庭成员都能这样做，那么这个家一定会成为一个最最幸福的家庭。

女婿要维护好和丈母娘的关系

在中国有“一个女婿半个儿”的说法，一个母亲，当她把自己的女儿交托给另外一个男人的时候，她是又喜又忧的，喜的是女儿终于找到了终身的依靠，忧的是这个男人能否真的让女儿幸福。因此，女婿和丈母娘之间的关系也是微妙的，这种姻亲关系有亲密的一面，还有相互提防、相互怀疑的另一面。因为丈母娘自恃是女儿的母亲，为了保护女儿，总以怀疑的眼光审视女婿，这是造成彼此不能和谐相处的常见原因。就像夫妻俩的相处需要信任和磨合一样，其实丈母娘与女婿之间也需要信任和磨合。而作为晚辈的女婿，如何让丈母娘信任，是家庭、婚姻生活的一个重要部分，而丈母娘一旦生女婿的气，那么，婚姻生活中的定时炸弹便埋下了。

小娟是独生女，前年秋天和先生小李买了一套一百多平方米的新房，条件十分舒适，于是邀请母亲搬过去一起住。

小李是教师，回家后不喜欢说话，不到吃饭时间就一直赖在电脑前打游戏或独自看电视，而小娟总是一下班就跑进超市买菜，回家直奔厨房忙着洗

切煮烧。

强烈的对比让小娟的妈妈非常生气，觉得能干的女儿正在重蹈自己年轻时的覆辙，把什么事都一个人大包大揽下来了。于是她告诫小娟不要把丈夫惯坏了。

而小娟却告诉妈妈，其实先生是因为工作太累才这样的，为了两个人生活得更好，他接了许多补课的工作，因此，小娟体贴地不让他分担家务。但即便小娟这样回答，小娟的妈妈还是不高兴，平时对小李也爱搭不理的，在女儿家住了不到半个月，就自己搬回老家了，并且，还明确对女儿说，下次回老家别把女婿带回来。

的确，在小娟的母亲看来，女儿受过良好的教育，有一份不错的工作，没有必要包揽所有家务。同时，她可能还认为女婿想让自己的女儿成为“超女”——让她既工作，又做家务；既要现代，又要遵守传统对女子的要求实在过分，在这样的情况下，母亲认为自己应该为女儿撑腰。但无奈的是，她的女儿并没有赞同她的观点，相反，还为自己的丈夫辩解，她自然心生不悦。可以说，自此之后，丈母娘和小李之间的关系便有了隔阂，如果小李是个聪明的人，就应该先和妻子小娟进行沟通，了解丈母娘生自己气的原因，然后改变一下自己的生活习惯，即便不包揽家务，也可以在丈母娘面前表现得勤快一点，那么，和丈母娘的关系也自然会变得融洽很多。

自古以来，人们都认为婆媳关系最难处理，实际上，女婿与丈母娘之间也是如此，但如果你想拥有和谐安定的婚姻生活，就必须保证千万别惹丈母娘生气。当然，生活中，磕磕碰碰的事太多，这就要求女婿们做到兵来将挡水来土掩，见招拆招，具体说来，你可以：

1. 以妻子做挡箭牌

女婿对付丈母娘的无理挑衅，最忌讳的做法就是硬碰硬。虽说女婿也是半个儿子，但你必须知道，这个“儿”只是名义上的，你跟自己亲妈怎么吵架都无所谓，亲妈永远不会不认你这个儿子。但丈母娘则完全不同，女婿一旦同丈母娘吵架，就等于是撕破了脸，以后会很难在一起相处。所以，作为

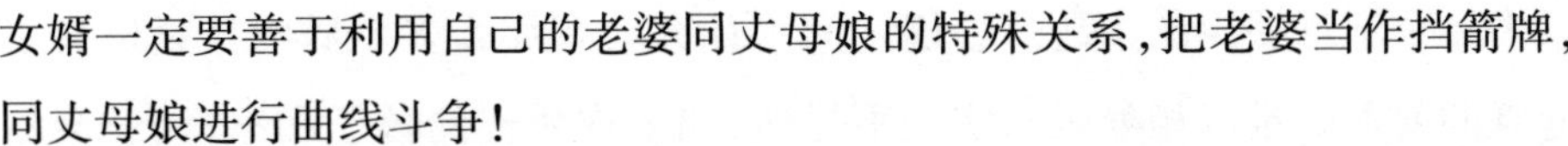

女婿一定要善于利用自己的老婆同丈母娘的特殊关系，把老婆当作挡箭牌，同丈母娘进行曲线斗争！

比如，如果你的丈母娘因为嫌你睡懒觉而摔盆摔碗，并在走廊里指桑骂槐数落你，你可以心平气和地搬来救兵——妻子，对她说：“你看你妈，把咱家的碗都要摔破了，还要花钱去买，你快去劝劝她！”接下来，就是你妻子和丈母娘之间的问题了。当她们上演战争的时候，你可以对丈母娘说：“妈，都是我们不好，惹您生气了，您年纪大了，不能动这么大肝火啊！来来来，您坐下，我给您倒杯水。”然后对妻子说：“你给我回屋去！”这样，就很好地化解了一场危机。

2. 有所为有所不为

作为女婿，要想在丈母娘手下活得滋润舒服又不至于背负什么“忤逆”或“不孝”的骂名，就一定要学会有所为有所不为。具体来讲，对于诸如做饭洗碗洗衣服打扫卫生之类的家务琐事，如果你没有特殊爱好，可以“不为”，这不是什么原则性的大事。但是当遇到关乎丈母娘切身利益的大事之时，就一定要挺身而出知难而上，这是收买丈母娘的最好的方法，高明的女婿不可不学。

3. 与丈母娘结成盟友

丈母娘与女婿之间的矛盾不管多深，也还是属于家庭内部矛盾，上升不到敌我矛盾的高度。因为毕竟她的女儿还是自己的老婆，有这层姻亲关系在，我们在绝大多数场合下还是要把丈母娘当成自己的盟友，而非水火不容的仇敌。所以，聪明的女婿总是时时刻刻对丈母娘保持着客气与礼貌，始终面带职业化的微笑，而这笑容背后的真实想法就不用深究了。

婆媳之间以诚相待，不要置气

俗话说：“多年的媳妇熬成婆”，婆媳之间的关系，向来是中国人家庭关

系中一个不可缺少的主题。婆媳之间为什么会有那么多矛盾呢？婆媳在一起真的就那么难以相处吗？实则不尽然，如果你爱你的孩子和家庭，就会希望婚姻稳定，为了自己的家庭能温馨与稳定，就算婆媳之间有再大的矛盾，也不要置气，更不能彼此恶语相向。而其实，只要彼此都用心相处、诚恳相待，婆媳之间是完全可以融洽相处的，我们先来看看下面的媳妇是怎么看待婆媳关系的：

记得婆婆在世时，总是把家里收拾得井井有条，从不计较我做了多少，把我当自己的亲生女儿看待。自从我来到他们家后，平时忙着上班，到了周末，总想着该做点事了，可是，婆婆却不让我做，她常常挂在嘴边的话是："你们工作了一天，已经很辛苦了，该歇歇了；星期天是国家给你们休息的时间，你们多睡一会儿，好好休息，这样，上班时精力才充沛。"每次，听了她的话，我的心里总有一种说不出的感动。她这样说，也这样去做了。她从没有上过一天学，却能说出这样的话，真是难得。

她和邻里相处得那么好，从她身上，我学到了许多为人处世的道理，学会如何做人，学会如何生活，学会如何生存。婆婆辛苦了大半辈子，还没来得及享福，就离我们而去。婆婆走了，我们便成了家中的顶梁柱，上有奶奶、公公，下有弟弟妹妹，还有刚刚周岁的儿子，肩上的担子很重，心里的压力更重。但我们始终记住婆婆临终前的叮嘱："要照顾好奶奶、孝顺公公、善待弟妹，照看好这个家。"奶奶在我们的悉心照顾下，晚年很幸福，她逢人便夸，她的孙媳妇真好。

婆婆去世了，现在弟妹都已成家，这时，我又张罗着给公公找个老伴，想让他晚年过得充实、活得开心些。我说服了全家，正式跟公公提出了此事，公公听了，高兴得不知说什么好。这几年公公过得很开心，邻居只要一见到我们就会夸我们说："你们真是开通人，真是孝顺的孩子。"

从这个儿媳妇的描述中，我们看到了一个明事理、会处事的婆婆，她心疼儿媳妇，也为儿媳妇做好出为人处世的榜样，而同样，我们也看到了婆媳间和睦相处、家庭其乐融融的景象。俗话说："婆媳婆媳，吵得不息"。可是，

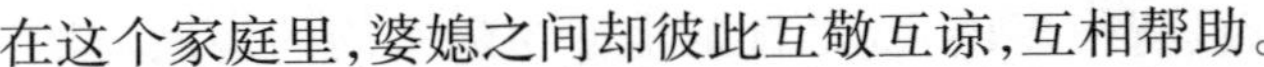

在这个家庭里，婆媳之间却彼此互敬互谅，互相帮助。

的确，婆媳之间的微妙关系长期以来都是影响家庭关系的重要因素。谈恋爱是两个人的事，可婚姻却是一个家庭和另一个家庭之间的互相磨合，婆媳关系若是处理不好，将直接导致一段美好感情出现裂痕甚至最终分道扬镳。其实，在家庭中换位思考很重要，有一颗宽容之心也很重要。同样都是女人，为什么不能做到静下心来互相体谅互相疼爱呢？不为别的，就算为了这个双方都深爱着的男子，不让他为难，为了全家人能更加幸福快乐地相处。要处理好婆媳关系，需要双方的共同努力，“婆婆”和“媳妇”们都应该好好研究婆媳相处的艺术，为此，婆媳之间可以做到以下几个方面：

1. 婆媳之间多就一些共同关注的话题进行沟通

矛盾大都是因差异产生，而婆媳之间的差异主要是代际价值观、生活方式和观念不同。而要使这些差异不成为婆媳关系矛盾的起因，双方就需要建立良好的沟通模式。

其实，婆媳之间有矛盾的地方也正是她们共同关注的问题，如经济分配原则、家庭事物、家人健康、孙子（女）抚养和教育问题等，双方应就实际问题进行探讨和沟通，商量和建立双方都能接纳的原则和方法。当然，如果婆媳双方能够拥有更多相同的兴趣爱好和生活习惯，则更能建立和谐的婆媳关系，增进双方的感情。

2. 把生活的重心多放到婆媳关系以外的世界

打个很简单的比方，如果儿媳和婆婆两个人都赋闲在家，那么，产生矛盾的机会就多，儿媳还不如积极努力地工作，把时间多花在工作上。

3. 关爱老人，与老人一起分享爱

比如，晚饭后，夫妻二人可以陪老人一起看革命电视剧，唠唠家常。付出爱心，也就会有良好的婆媳关系。

可见，沟通是联络感情的最好手段，跟自己的婆婆在某个闲暇的午后或晚餐后拉拉家常，听婆婆畅谈过去的岁月，谈谈自己的感想，夸夸优秀的老公，聊聊可爱的孩子，双方的距离就会迅速拉近。婆媳之间的沟通越直接越

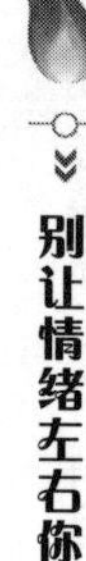

好，开诚布公的交谈可以澄清很多误会，是日常生活中最常用的沟通方法，也是出现矛盾时最好的解决之道。

丈夫是婆媳间最好的调和剂

婆媳关系一直是人们普遍关注的问题，但似乎从没有寻找到有效的解决方法。俗话说："同性相斥"，婆婆和儿媳都是女人，又有某些类似之处，在她们的内心深处，婆婆想得到儿子的爱，媳妇想独占丈夫的爱，于是两个人争着想要得到爱，谁也不想丧失被爱的幸福，遇到问题的时候，婆媳也就不能不吵架了。有婆媳存在的家庭，战争也似乎从来没有消停过，而夹在中间的男人，似乎也只能冷眼观看，毫无他法。

其实，要想遏制婆媳间的矛盾与战争，倒不是没有对策，但需要中间的关键人物的灵活应对，当好双面胶，让两个女人都能感受到你的爱，那么，很多问题也就迎刃而解了。

我们先来看看下面这位丈夫是怎么做的：

张先生是个孝顺的儿子，经常把父母接到身边小住。这不，前几天，他和妻子小芳商量，让父母来玩几个月。小芳倒也爽快地答应了。可是婆婆来后没几天，就提出要掌管家里财政大权，理由是她去女儿家，女儿、女婿就把财权交给她管。但小芳不同意。为此，小芳和婆婆两个人别扭了好一阵子。

也正因为此，小芳明显感觉到婆婆对自己的不满，她知道婆婆对自己成见已深，可她心里也很失望。婚前，总憧憬着婆婆会把自己当女儿一样疼爱，也下定了决心把婆婆当母亲一样孝顺，可现实却是那么令人失望。

而生性敦厚的张先生在老婆和母亲面前也只能是一副嘻嘻哈哈的样子，小芳知道，婆婆一定在他面前说了自己不少坏话，她当然也没有在张先生面前少说婆婆。之所以表面上大家都还过得去，是因为她和婆婆每次结的怨，到了张先生这里，就全部被他堵住了。每次小芳一开口，张先生就接着说，妈是有不对的地方，可那次，你生病，我没时间照顾你，她一夜没睡陪着你，还有……等他将一些事情说完，小芳的气也就消了一大半。

有一次，婆婆和公公一起出去逛街回来。婆婆当着小芳的面告诉张先生，她看上一款珍珠项链，要一千多元。并且强调说，这些年，老人都流行戴这个。张先生听了，点点头，小芳则一言不发，低头吃饭。婆婆看小芳和张先生没反应，有些生气地说，小芳能给她妈买，换了婆婆就不一样了吗？听了婆婆的话，小芳这才想起来，去年回老家的时候，她是戴了条珍珠项链，可那是假的，几十元买的。妈妈戴着喜欢，就让她拿了去。

小芳很委屈也很郁闷，连解释的话都没有说，就出了门。转了一圈，想到张先生和公婆，泪水就止不住地流下来。

可小芳还是回了家，客厅里没人，悄悄走近卧室，却听见里面传来说话声。婆婆果然是满腹怨气，正在历数结婚以来她的种种不是，最后一句话是："她对她妈妈孝敬，可她从没把我当她妈妈一样对待！"小芳听见张先生不紧不慢地回答婆婆说："她是没把你当成她妈妈一样对待，可你，不也没把她当成自己女儿一样看待吗？"婆婆沉默了。张先生接着列举了一些事例。最后小芳听见婆婆有些内疚地说："是啊，你这样一说，我是有不对，以后我也要注意。"

小芳悄悄回到客厅，当时她的感觉是："有了老公这句话，我这一辈子也值了！"

这样的家庭，是中国城乡千千万万个传统家庭的一个缩影，婆媳关系的丝线，剪不断，理还乱。像这样的家庭，如果丈夫能做好矛盾的调和者，做好双面胶，就像故事中的张先生一样，那么，婆媳之间必定是能融洽相处的。

关于如何做好婆媳间的双面胶，作为丈夫，你需要记住以下几条建议：

(1)区别"孝敬"与"孝顺"。什么意思呢？就是要尊敬老人，尽自己的孝心，但不能什么事情毫无原则一味地顺从。

(2)在老人面前体现对妻子的尊重。尤其不要在老人面前抱怨妻子或者拿妻子不当回事,只有你尊重妻子,你的家人才有可能尊重她。

(3)其他家人也不容忽视。除了父母以外,还有兄弟姐妹、七大姑、八大姨……不能小视这股力量,他们有时对婆媳关系的好坏起到了不可估量的作用。

(4)对婆媳关系不要存有不现实的幻想。永远不要幻想你的妻子和母亲能像真正的母女那样相亲相爱。试想你是母亲亲生的儿子,不也有闹矛盾的时候吗?婆婆和媳妇在一起生活怎么可能没有一点矛盾呢?

(5)适当的时候拿出领导者的架势。母亲说孩子今天晚上应该去唱歌,老婆说孩子应该去跳舞,你们不是争吗?得,听我的,在家画画!

(6)适当的善意的欺骗是必要的。但一定要掌握技巧,要做得滴水不漏,否则会适得其反。

(7)适可而止、量力而行。如果这两个人实在是很难相处,你又何苦费尽力气把她俩往一块捏呢?俗话说"距离产生美",不住在一起了,也就都能心平气和地回归自己的位置了。

家人间多点幽默,生活更快乐

提到家庭生活,我们想到的多半都是天伦之乐,的确,家庭生活是温馨、幸福的,但我们不能否认,家庭生活是琐碎的,每天除了柴米油盐就是锅碗瓢盆。常言道:家庭这盆稀泥,谁和得好,谁的家庭就和睦。谁家小葱拌豆腐,能弄个一清二白,那叫没水平。事实就是如此,家庭就是锅碗瓢勺交响曲,奏得和谐,那是上品,奏得不合谐,天天弄得鸡飞狗跳的,再富有的生活也没滋味。怎样合谐?幽默的交际方式绝对是一种润滑剂。

老张是个大家庭的家长,他的岳母、岳父、自己父母亲乃至小舅子都和他住在一起，但家庭关系很好，谁也没红过脸。而老张最骄傲的事，就是有个可爱、古灵精怪的女儿，小姑娘很是招人喜欢，小嘴也很甜，见了人都叔叔阿姨的叫。唯一不足的地方就是这孩子的牙齿不整齐，于是，老张和妻子商量让女儿带一段时间的牙套。

自从女儿带上牙套开始，老张和妻子就格外关心孩子的牙齿矫正程度，于是，一旦没事的时候，他们就会让女儿张大嘴扳着她的下巴仔仔细细地看。女儿每次都很配合，高兴地张大嘴巴问她的牙齿比以前漂亮了没有。老张发现，可能是这么小的姑娘带着金属牙套很显眼，现在，不光他和老婆对女儿的牙很好奇，家庭其他成员乃至周围邻居以及女儿的同学也经常央求女儿张开嘴巴让他们看个究竟。

这天放学，孩子舅舅替老张把孩子接回家后，老张放下手里的活儿，又如往常一样让女儿张开嘴想看看她的牙，女儿却紧咬嘴唇不让看，老张不解地看着她，问："咋了？我只是看看你的牙变齐了没有，变漂亮了没有，以前你都乖乖地让爸爸看的，今天这是怎么了？"女儿向站在一边窃笑的舅舅做了个鬼脸，嘿嘿一笑说："不让看，就是不让看，你若真想看得拿钱，我让舅舅看了好几眼，他一下奖给我好几百哩！"

小舅子和老张开的玩笑很巧妙，关心孩子、给孩子钱都是用幽默的方式，不过从这个事例中也反映出了家人对孩子的喜爱，以及老张一家人关系的和谐。

可见，在家庭里，幽默是最好的调合剂。幽默不仅可以帮助每一个家庭成员驱除劳累的工作、繁杂的事物带来的烦躁心绪，还能帮助其他人打开快乐的心扉。家里常有幽默，欢笑油然而生，烦恼溜之大吉，怒目变成笑眼，火气化作清风。让幽默成为生活的佐料吧，你会真切地感受到它的美好和奇妙。

家庭成员若能发现生活中趣味横生的事，或者开个玩笑，就可以使家庭生活摆脱沉闷。有幽默的家庭是富有生机的，因为人人都能感受到父母、子女或者亲人对自己的关心和爱护，这样的家庭就像一个乐园，欢笑和美好充

斥着每一个角落。这对小孩子健康成长，老年人安度晚年，中坚力量更好持家都是非常有益的。

某家庭中的一位大男子主义者对妻子讲："你什么都得听我的。"

他的妻子回答："可以，我病时听你的，没病时你听我的。"

此人听到妻子的回答，无言以对。

这里，妻子运用雍容得体的幽默感言来"回敬"丈夫，使得她那位傲慢的丈夫无言以对，幽默的回答使紧张的气氛变得活跃起来。这时，假若这位妻子以"凭什么都得听你的"针锋相对的话，恐怕一番激烈的唇枪舌剑在所难免。

有人说，一个家庭中，如果有富有幽默感的成员，那么，这个家庭肯定是和睦的。这是因为幽默是一种使人愉快的艺术，也是一种引发喜悦与愉快的方式。家庭生活的琐碎，以及工作与生活带来的压力，可能都会使我们多了许多烦恼，此时，一句幽默的话语就可以消除疲劳，使人备感生活的乐趣。幽默是美好的东西，更是智慧的产物，因此，它自然而然地成了许多人追求的生活和交际艺术，也有许多人用幽默追求家庭宽容和谐的境界。

总之，幽默能制造妙趣横生的家庭生活，这样的家庭生活会使人们时刻保持良好的心情，对生活充满向往和希望。这样的家庭中的成员无论是工作还是学习上，都是精神饱满、积极向上、劲头十足的。

第12章

教育孩子不动气，心灵健康要顾及

我们都知道，家庭对孩子的成长是至关重要的，家庭是孩子人生的第一所学校，家长是孩子最重要的启蒙老师。每个家长都望子成龙，望女成凤，而在教育孩子的问题上，他们显得过于急躁，孩子一旦出了什么问题，就乱了方寸，甚至与孩子斗气，以为大声呵斥就能让孩子听话。这些父母是否想过：你们要求孩子听话和了解你们的意思，但你们有没有了解过孩子的想法？沟通是要求父母主动将自己的想法向孩子表达，同时多倾听孩子的心声，做到互相沟通，互相了解。这样，才能了解孩子心中的所思所想，而后对症下药给予适当的引导，使孩子健康成长。

了解、理解孩子，改变教育孩子的方式

时代在发展，社会在进步，现代家庭中的教育，已经不像从前那么简单了，作为家长，若想获得家庭教育的成功，首要的是更新家庭教育思想和观念。每个时代有每个时代的家庭教育观念，21 世纪的家长为什么会在家庭教育中产生困惑？主要是现在社会变化太快了。现在我们应该把子女当作朋友，当作一个与家长有平等关系的生命体。为此，我们必须抛弃“天下无不是的父母”这种陈腐的观念。

要和孩子做朋友，就必须与时俱进，了解你的孩子在想什么，只有了解孩子才能和他们有共同语言。如果被问到“你了解你的孩子吗?”可能有的家长会说:“我的孩子，我能不了解吗?”曾经有人做过一次调查，设计了一些问题你的孩子最喜欢做什么？他最崇拜谁？曾经哪件事最打击他？

父母与孩子都写下这些问题的答案，然后彼此对照一下，结果发现，没有一位父母能回答对一半以上的问题。

的确，我们很多父母，他能记得孩子每次的考试成绩，记得孩子喜欢吃的食物，但就是弄不清孩子崇拜的偶像是叫迈克尔·乔丹还是迈克尔·杰克逊，他到底是喜欢打篮球还是踢足球。努力和孩子建立共同的爱好，了解孩子，懂孩子，孩子才有和你交流的兴趣和欲望。

最近，林女士和她上初中的儿子关系闹得很僵，她只好请自己一个做老师的姐妹刘老师来调解。

这天，刘老师来到她家，单独见了她的儿子。这个大男孩上小学时参加过刘老师组织的夏令营，对刘老师很热情，也很乐意和她聊。

“我妈对别人客客气气，对我却总是大发脾气。每天我妈下班一回来，我打开门，只要见她脸拉得老长，我便立刻跑回自己的房间，把门关紧，省得挨骂。”说着儿子举出几件实例。

“你妈也不容易，她在单位是领导，操心的事不少，她回家又要做饭，照顾你，够累的，爱发脾气可能是到了更年期……”

“更年期?”没等刘老师讲完，男孩就迫不及待地接过话头，“自打我上学，我妈脾气就这么坏，更年期怎么这么长？您给我来个倒计时，更年期哪天结束？我也好有个盼头!”

刘老师忍不住笑起来。她很同情这个男孩，事后她对林女士说：“我们不能怪孩子不理解我们，我们也该改变改变自己了，尽管改变自己不容易。平时，我们很在乎满足孩子的物质需求，注重对孩子生活上的照顾，却忽视了孩子内心情感世界，特别是忽略了自己在孩子心目中的形象定位。”

林女士听到儿子对她的看法，说了句：“如今当父母真难，我们小时候哪有那么多事!”可她还是答应要改变自己对孩子的态度。

的确，从这个案例中，我们看到了，在新世纪要做好父母、教育好孩子真是不容易。

的确，时代在变化，今天与昨天不同，今天与明天也会不同。作为父母，我们都能感受到现代科技发展给我们生活带来的变化，更何况是人生刚刚开始的孩子？很明显，那些旧环境下的教育模式，已经明显不适应新时代的需求了。

因此，作为父母，我们不妨学着在孩子面前“化化妆”——用新知识，新技能包装自己；“演演戏”——每天花上几十分钟，学点新知识，设计一些“脚本”，用自己的行为影响孩子，用新鲜的话题引导孩子。

做父母的首先要注意沟通的方式方法。先反思一下：您是否唠叨？您与孩子的话题是否永远都是学习、听话之类的？您是不是经常暗示孩子一定要考上大学？您是否发现，孩子越来越不愿意和您交流？您的孩子是不是觉得您越来越“土”？之所以请您反思，是因为孩子在长大，或多或少会表现出逆反心理，我们越是要求他们，他们越不听。最好的做法是改变我们自己的做法，打开与孩子交流之门，缩短与孩子的心灵距离。

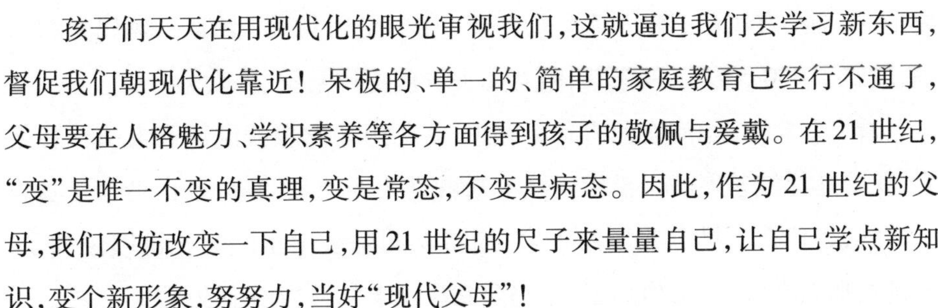

孩子们天天在用现代化的眼光审视我们，这就逼迫我们去学习新东西，督促我们朝现代化靠近！呆板的、单一的、简单的家庭教育已经行不通了，父母要在人格魅力、学识素养等各方面得到孩子的敬佩与爱戴。在21世纪，“变”是唯一不变的真理，变是常态，不变是病态。因此，作为21世纪的父母，我们不妨改变一下自己，用21世纪的尺子来量量自己，让自己学点新知识，变个新形象，努努力，当好“现代父母”！

学会和孩子沟通，别遇事就气急败坏

不能否认，每一个孩子都是伴随着问题成长的。面对孩子一些错误的行为，很多家长一直沿袭传统的教育方式——打压式，并和孩子斗气，企图将孩子的错误行为和观念遏制住，实际上，这种方式多半是无效甚至是适得其反的。因为如果我们总是板着面孔训斥，或者声泪俱下唠叨，久而久之孩子也不吃你这一套了，我们的教育如果只是让他感到恐惧和心烦，那么他除了逃避还能怎样呢？许多孩子身上的毛病，比如撒谎、顶撞、冷漠、暴力等，说不定就是对我们粗暴简单的教育方式的逃避和反抗。我们教育孩子时，情绪激动，忍不住劈头盖脸一顿臭骂，或者唠唠叨叨，教训人的话滔滔不绝，结果他也愤怒，越说越僵，双方都气急败坏，最后不仅教育的目的没有达到，反而破坏了做事的心情，很多的时间都耽误了。更可怕的是，下次再有类似的事情，孩子根本不愿意与你沟通了，家长和孩子之间的障碍就这样形成了。

有位妈妈就遇到了这样的困惑：

女儿上四年级了，整天蹦蹦跳跳，爱吃爱玩，对东西很不爱惜，新买的衣服，穿几天就不喜欢了，扔到一边不予理睬，对家人也漠不关心。为此，妈妈很是伤脑筋，正在她准备让女儿尝尝“家法”的时候，丈夫出来阻挠，他告诉

妻子，打是没有用的，不妨对女儿进行一次“忆苦思甜”教育。妈妈觉得有理，就花了400元买了两张票，陪女儿去看芭蕾舞剧《白毛女》。

看完回家后，她问女儿有什么感想，女儿想都没想就说：“喜儿去当白毛女，我看是让她爸逼的。借债还钱本来就是天经地义的事，杨白劳借了黄世仁的钱，为什么不早点儿还给人家，逼得女儿躲进山里？喜儿也够傻的了，黄世仁那么有钱，嫁给他算了，干吗要到深山老林去当白毛女？”

女儿的回答让妈妈目瞪口呆。

“我女儿好像是从另一个星球来的，怎么什么也不懂，真拿她没办法！”

这位妈妈困惑了。自己小时候看《白毛女》电影时，为喜儿流了那么多眼泪，恨死了黄世仁，可今天同样的故事，孩子怎么得出了相反的结论呢？

那么，到底该怎么办呢？孩子是打也打不成，骂也骂不得，文化教育也是无效。此时，丈夫对她说，孩子不懂历史，又没有体验，她不知道今天的好日子是怎么来的，当然会产生这么幼稚的想法。

于是，这天晚上，妈妈和丈夫都放下手头的事，同爷爷奶奶一起，谈起了那个艰苦年代的生活，刚开始，女儿有点不耐烦，但听到后来，女儿越听越有兴致，听完后，她说：“我终于知道妈妈为什么带我去看舞剧了，也明白奶奶为什么那么节约了，我以后也绝不乱花钱了。”听到女儿这么说，夫妻俩相视一笑。

这里，我们发现，这对夫妻的教育方法是正确的，当孩子有大手大脚、浪费的不良生活习惯时，他们并没有对孩子进行打骂，而是寻找更为积极的方法，在前一种方法行不通的情况下，他们便让孩子了解历史，了解父母所经历的风雨，继而让孩子了解到父母的良苦用心。

的确，可能很多父母认为孩子不懂事，不理解父母甚至不听话，但你真的了解孩子吗？他们与我们有着不同的成长环境，又怎么能要求孩子与我们有同样的行为习惯呢？而要改正孩子的行为和观念，强行压制是没有用的，正确的方式是根据孩子的具体情况进行巧妙引导。

所以，首先，家长应该有这样的意识：孩子是孩子，我们是我们，这是两

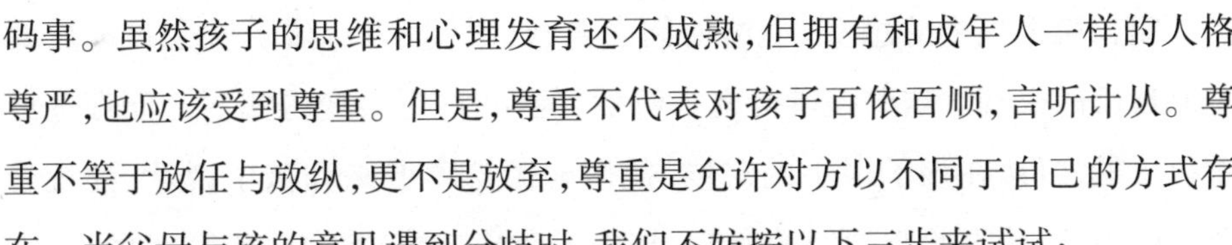

码事。虽然孩子的思维和心理发育还不成熟，但拥有和成年人一样的人格尊严，也应该受到尊重。但是，尊重不代表对孩子百依百顺，言听计从。尊重不等于放任与放纵，更不是放弃，尊重是允许对方以不同于自己的方式存在。当父母与孩的意见遇到分歧时，我们不妨按以下三步来试试：

(1)先考虑一下孩子的意见，看是否有道理。

(2)与孩子一起讨论，可以相互妥协，各让一步。

(3)如果双方意见统一了，就按照约定去做，如果不统一，要讲道理，有的事情也可以先放放再说。

另外，在与孩子沟通时，需要注意：

(1)注意场合和时间。与孩子交流感情的时候，最好是在睡觉前，这是孩子心情最为平稳的时候。

(2)创造和谐的沟通氛围。和谐的气氛永远是与孩子沟通的最好添加剂，要专心听他们的意见和看法，要理解他们的情感和需求。

(3)平等的对话艺术。聪明的家长与孩子谈话时，并不总是面对面坐着，而是并肩同行，朝着一个方向，这样谈起话来，显得轻松、自然、很有人情味，孩子愿意听、也乐于接受。

倾听孩子，认真对待孩子的想法

可怜天下父母心，所有的父母都爱孩子，但不是所有的父母都能走进孩子的心灵，都能与孩子进行愉快的沟通，很多亲子间的矛盾就是这样产生的。之所以造成这样的结果，主要是因为很多父母没有认识到孩子是一个独立的生命体，而不是自己生命的延续。我们很多家长，潜意识中把孩子看成是自己的附属品，甚至是替代品，在沟通中，也就无意识地剥夺了孩子的话语权。

家长漠视孩子的感受，不给他们发言权，时间一长，孩子就会自动放弃争取自己的权利。这些孩子会变得听话，但同时，也会变得懦弱。而那些尊重孩子的父母，在孩子很小的时候，他们就懂得蹲下来和孩子说话，注视着孩子的眼睛，认真聆听他们的意愿，与孩子商量对策，共同决定孩子的生活。这样的孩子，从小就有一种存在感，因为他们得到了父母的重视，他们在人际交往中有自信。因此，话语权就算是对不懂事的孩子，也是非常重要的。

我们先来看下面的故事：

秦女士的女儿是个很活泼且很喜欢说话的女孩，这一点不太像她妈妈。她女儿读高中的时候，也许是觉得自己已经长大了，常要求跟妈妈“平等对话”。

有一天，女儿双手拉着妈妈的胳膊，神秘兮兮地将她拉近了自己的房间。

“什么事啊，这么神秘？”妈妈不解地问，“搞什么鬼啊？”

“妈，我问你件事。”女儿关上房门，悄声对妈妈说。

“有什么话不能大声说啊？”妈妈有些生气。她觉得，一家人之间，用不着这样嘀嘀咕咕的。

“是我们女人之间的事儿，别让我爸听见。”女儿压低声音说。

“快说，有什么事？”妈妈有些不耐烦。

“妈，你在中学时有没有喜欢过男孩，有没有男孩喜欢过你？你当时什么感觉，怎么处理这样的事情的？”

“你是不是早恋了？快跟我说说是怎么回事，怎么突然问起这个问题？”妈妈有些着急地问女儿。

“你先回答我的问题，然后我再告诉你。”

“这种事情我怎么能跟你说呢，你还是孩子，还不懂。快跟我说，你是不是早恋了？”妈妈有些恼火，口不择言地说。

“你不说就算了，我也不想跟你说了。”女儿脸上没有了笑容。

“你快跟我说，你要急死我啊？”不懂女儿心思的妈妈，并不知道女儿内

心情绪的变化。

“你出去吧，我要写作业了。”女儿将妈妈推出房间，关上了门。

女儿和妈妈谈及一些女性的话题，其实是在寻找一个同性的榜样，或者说一个人生的同路人，希望获得成长和前进的心理能量，获得情感上的支持力量。可是，妈妈却拒绝坦诚地与女儿交流，堵住了母女间良好沟通的路径。

作为父母，如果希望你的孩子向你敞开心扉，那么，你就必须给孩子话语权，但给孩子话语权，并不是命令孩子：“告诉我！”而是应该把孩子放在与自己平等的位置，以朋友的身份鼓励孩子说，让孩子表达内心的真实想法与感受，在这个基础上，父母才有可能有的放矢地对孩子进行教育。除此之外，给予孩子话语权，还需要父母注意：

1. 用心倾听是最好的交流

很多时候，作为父母，我们可能都忽视了孩子的真正需要，他们需要的不是教训，而是父母的理解和倾听。而事实上，很多父母却常常不问青红皂白，就对孩子进行语言的狂轰滥炸，诸如：“什么？你在学校又犯事了？”孩子解释说，是老师冤枉了他，结果你根本不理会孩子的解释，接着训斥：“没犯错误老师能冤枉你吗？那么多学生为什么要冤枉你一个啊？还敢撒谎！”孩子听到你的话之后，原本还想解释什么，但他不说话了。其实，你知道吗？孩子这时候最需要的是你的一个拥抱，一个肯定的眼神。但你的否定却让孩子退缩了，他原本认为你是他的避风港，发现自己又遭到一番教育，甚至成为父母的出气筒，孩子还愿意和家长沟通吗？给孩子倾诉的机会，让孩子宣泄心中的郁闷，这对孩子的心理健康是非常重要的。

2. 适时回应，适当引导

我们说倾听很重要，这并不是不要家长说话，交流、交流，需要双方有来有往，那么，在很好倾听后，我们怎样给孩子回应呢？

更多的时候，我们要用适当的语言认同孩子的情感。比如说：“看起来你很生气”、“你有点控制不住自己了是吗？”、“听起来你很失望，真是不走

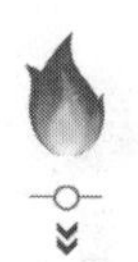

运”、“哦”、“嗯”、“我明白了”,或者说:“真有意思,要是我当时在场就好了,后来呢?”引导孩子说下去。

有些时候,我们听孩子说完之后就完了,但有的时候,为了解决问题,也可以给孩子一些建议。不过,给建议也是要讲方式的,一个原则就是,尽量少用自己的嘴巴给孩子建议,最好是让孩子自己分析找出办法。家长说得多了,孩子未必能听得进去,经过自己思考得出的结论,才会真正成为他自己的经验。

选择适当的批评方式,不要伤害孩子的自尊

为人父母,除了给孩子生命,还需要教育他们,而孩子犯错了,批评管教少不得,但孩子心灵是脆弱的,我们批评教育孩子,千万不能伤害孩子的自尊。

因此,任何批评,都必须要讲方法,如果孩子一旦犯错,就采取谩骂、呵斥的方式,那么,不但不能让孩子接受并改正错误,还会给相互沟通带来很多困扰。

该吃饭了,四岁的儿子拿着玩具不肯放下,叫了几遍也没反应,小琳决定来点硬的。儿子哭闹着不肯放玩具,挣扎间竟用玩具把妈妈的头给敲出了个大包。小琳这下可火了,生气地把孩子说了一顿。可是,说完之后,看着儿子哭得可怜兮兮的,小琳又心软了,开始后悔,自己这样批评孩子,会不会给他留下心理阴影?

和小琳一样,不少做妈妈的都有类似的困扰:孩子难免会犯错,不批评是不可能的,可我的批评会不会过火呢?或者说,怎样批评才能既起到教育的作用,又不伤害孩子呢?

心理专家告诉我们,在批评和尊重之间,了解孩子的承受能力,并选择

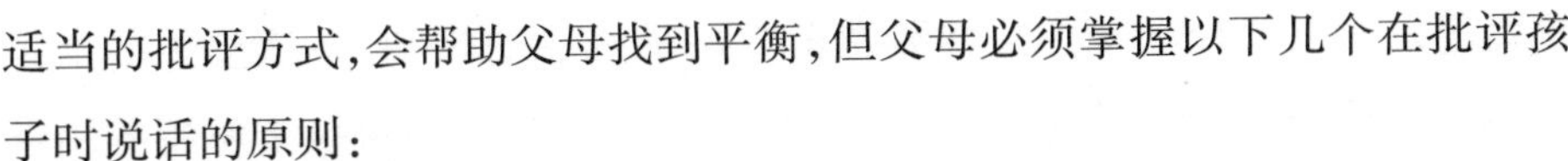

适当的批评方式，会帮助父母找到平衡，但父母必须掌握以下几个在批评孩子时说话的原则：

1. 注意时间和场合

批评孩子尽量不要在清晨、吃饭时、睡觉前。在清晨批评孩子，可能会破坏孩子一天的好心情；吃饭时批评孩子，会影响孩子的食欲，长此以往，会对孩子的身体健康不利；睡觉前批评孩子，会影响孩子的睡眠，不利于孩子的身体发育。

2. 批评孩子之前要让自己冷静下来

孩子犯了错，特别是犯了比较大的错或者屡错屡犯时，做家长的难免心烦意乱，情绪波动会比较大，很可能会在一时冲动之下对孩子说出不该说的话，或者做出不该做出的举动，这都可能会对自己和孩子产生极为不良的影响，因此，在批评孩子之前要先让自己冷静下来。

3. 先进行自我批评

父母是孩子的第一任老师，孩子所犯的错误，父母或多或少都会有一定的责任。在批评孩子之前，如果父母能先来一番自我批评，如“这事也不全怪你，妈妈也有责任”，“只怪爸爸平时工作太忙，对你不够关心”等等，会让家长和孩子的心理距离一下子拉得很近，会让孩子更乐意接受父母的批评，还可以培养孩子勇于承担责任、勇于自我批评的良好品质，一举多得，父母又何乐而不为呢？

4. 一事归一事

在批评孩子的时候，我们要明白自己的批评是为了让他知道做什么样的事会带来什么样的后果，而不是为了伤害他或给他打上“坏孩子”的标签，这样，就不会给孩子造成心理阴影。

5. 给孩子申诉的机会

导致孩子犯错的原因是多种多样的，有可能是孩子主观方面的失误，但也有可能是不以孩子的意志为转移的客观原因造成的。从主观方面来说有可能是有意为之，也有可能是无心所致；有可能是态度问题，也可能是能力

不足等。所以，当孩子犯错后，不要剥夺孩子说话的权利，要给孩子一个申诉的机会，让孩子把自己想说的话和盘托出，这样家长会对孩子所犯的错误有一个更全面、更清楚的认识，对孩子的批评会更有针对性，也让孩子更能心悦诚服地接受自己的批评。

6. 父母在批评孩子方面要形成“统一战线”

中国有句古话叫“严父慈母”，很多家庭至今还沿袭着这一传统，父亲和母亲在教育孩子方面，一个唱红脸，一个唱白脸，其实这对孩子的成长是不利的。因为如果这样，当孩子犯错后，他们所想的不是如何去认识和改正错误，而是积极去寻求一种庇护，寻求精神上的“避难所”，他们甚至可能因此变得肆无忌惮，为所欲为。所以，当孩子犯错后，父母一定要旗帜鲜明，保持高度一致，形成“统一战线”，共同努力，让孩子能正视自己所犯的错误并努力去改正自己的错误。

7. 批评孩子之后，要给孩子一定心理上的安慰

孩子犯错后，情绪往往会比较低落，心情往往也会受到影响。父母在批评孩子后，应及时给孩子一些心理上的安慰，从语言上来安慰孩子，比如说些“没关系，知道错了改正就行”、“我知道你是个聪明的孩子，自己会知道怎么做”、“爸爸妈妈也有犯错的时候，重新再来”之类的话。

然而，生活中，还存在这样的现象，家长们保护孩子自尊的意识强了，可有时，却把“对孩子的尊重”和“管教孩子”这两件事简单地对立起来，好像保护孩子的尊严，就要放弃最基本的管教和批评。其实，如果我们了解孩子在不同的年龄段对批评的接受程度，就完全可以根据他的承受能力，进行适当的批评。决不能因为担心伤害，就不批评、不管教！

多看孩子的优点，不要吝惜自己的表扬

对于任何一个家庭来说，孩子能否健康、愉快地成长是家庭能否幸福的

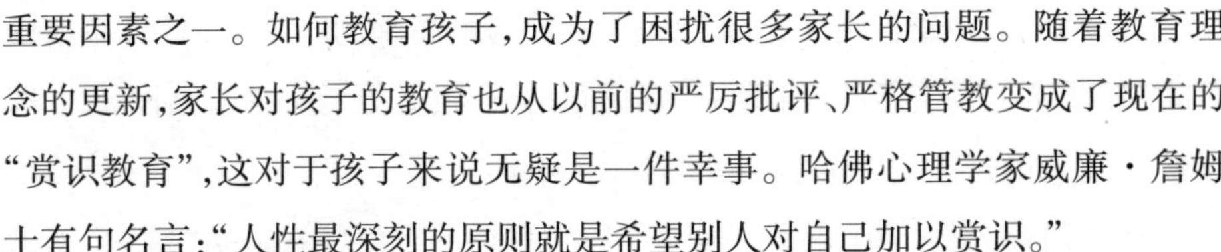

重要因素之一。如何教育孩子，成为了困扰很多家长的问题。随着教育理念的更新，家长对孩子的教育也从以前的严厉批评、严格管教变成了现在的“赏识教育”，这对于孩子来说无疑是一件幸事。哈佛心理学家威廉·詹姆士有句名言：“人性最深刻的原则就是希望别人对自己加以赏识。”

有人说，孩子是父母的作品，所以，任何家长都希望自己的作品足够优秀。为了让孩子长大以后谦虚为人，并取得更大的成功，他们在孩子很小的时候就给孩子灌输这样的观点，并在教育中一味地指出孩子的缺点，去强化它，孩子真的认为自己有那样的问题，孩子的心灵就容易倾斜。所以，为人父母的要学会中肯地指出孩子身上的缺点，多表扬孩子身上的优点，不要吝惜自己的表扬。

夏雨是个可爱的姑娘，但成绩却极差，是班级中的后进生，这令她的父母很是头疼。她的妈妈对老师说：“孩子自上学以来，被老师留下是常有的事。为了她的学习，我放弃了工作，每天检查作业，辅导她，还是很差，我早就对她没信心了。我很失败，我教一个孩子都没教好。您教这么多学生，对夏雨这么关注，我们很感谢您。”

孩子是一个家庭的未来，老师望着夏雨妈妈一脸的无奈，恻隐之心油然而生，说道：“夏雨其实一点也不笨，只是对学习没有产生兴趣，自觉性差些，我们的教育方法不适合她，我想只要家长和我们都能肯定她、鼓励她，她会进步的。”听了老师的话，夏雨的妈妈仿佛一下子看到了希望。

后来，妈妈开始对女儿实行赏识教育，孩子回家后，她即使再忙，也陪孩子一起做作业，并鼓励她：“乖女儿，你的字好像越写越好了，后面的如果也像这样，该有多好！妈妈相信你能从始至终都写好的。”夏雨听着，露出了惭愧又充满信心的表情。

除此之外，夏雨的妈妈在孩子遇到学习中的问题时，也会将心比心地说：“你会做这么多道数学题已经很不错了，妈妈那时候，做数学检测，一百道题只能答对三十题。”

后来，当妈妈再次去学校开家长会时，老师对她说：“夏雨现在学习很努

力，上课经常主动发言呢！课堂上总能够看到她高举的小手了，耳目一新的发言，让同学们对她刮目相看了，课间她不再独处了，座位边也围上了同学。”听到老师这么说，妈妈很是欣慰。

从这则教育故事中，我们认识到：我们家长一定要好好运用“赏识”这件法宝，不要认为孩子做好了学好了是应该的事而疏于表扬，渴望被人赏识是人的天性。心理学家曾经做过一个关于“孩子最怕什么”的调查，结果表明：孩子最怕的不是生活上苦、学习上累，而是人格受挫、面子丢光。美国心理学家威谱·詹姆斯有句名言：“人性最深刻的原则就是希望别人对自己加以赏识。”孩子是处于生理、心理变化关键时期的特殊群体，他们尚未形成独立的自我意识，非常在乎他人对自己的看法。因此，对孩子进行“赏识教育”，尊重孩子、相信孩子、鼓励孩子，不仅可以及时发现他们身上的优点，挖掘隐藏在他们身上巨大的、不可估量的潜力，而且能够缩短家长和孩子的距离，从而促进孩子的健康成长。

很多家长说，我该怎么夸孩子呢，总不能一天到晚说“好啊，乖啊”。这里就要谈到赏识教育的中心话题了，鼓励孩子，让孩子在“我是好孩子”的心态中觉醒，同时一定要注意表达的方式和内容。具体来说，你的赏识必须满足两个要求：

1. 真实

对于孩子的赏识一定要是发自内心的，而不是虚伪的。你可以不直接表达你的赞赏，比如，你可以说：“红红，你这条裙子哪里买的呀，我也想给我家安安买一条呢，却一直没见到，回头你能不能带我去？”你这样说，她也会觉得自己的衣服很好看，觉得自己的眼光得到了别人的肯定，你没有直接夸奖，但效果达到了。不要认为孩子是可以随便哄哄的，假惺惺的夸奖是会被他们识破的。

2. 表扬不要附带条件

有些家长虽然也认识到了赏识教育的重要性，但却担心孩子会骄傲，于是，他们常常会在表扬后还加上一些附带条件，比如说“你做这件事很对，但

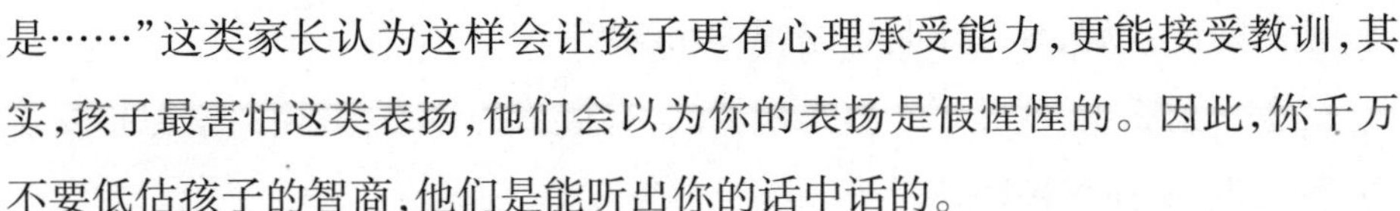

是……”这类家长认为这样会让孩子更有心理承受能力，更能接受教训，其实，孩子最害怕这类表扬，他们会以为你的表扬是假惺惺的。因此，你千万不要低估孩子的智商，他们是能听出你的话中话的。

对于孩子的表扬最好是具体的，比如“真乖，今天你开始自己学会叠被子了”、“我听李阿姨说你今天主动跟她打招呼了，真是个懂礼貌的孩子”。

懂得与孩子沟通的技巧，聆听孩子的心声

任何父母，都希望自己的孩子把自己当朋友，对自己倾诉成长中的烦恼与快乐，然而，孩子越大越难以沟通，这是很多父母共同的感受。这是由什么造成的呢？其实，孩子也想对父母说实话，只是很多父母不懂沟通技巧，在沟通中多半端着家长的架子，甚至和孩子置气，孩子又怎么愿意与你沟通呢？因此，父母在与孩子沟通时应掌握更多技巧，这对维持亲子间的感情关系很有帮助。

一天，儿子放学回家，进门就嚷：“妈，从明天开始，我不去学校了，你别劝我！”

如果平时孩子的爸爸在家，一定要严厉地训斥他。但妈妈却是个温和的人，她知道儿子肯定是受了什么委屈。

“为什么不去呢？”

“没什么，感觉不大舒服。”

“不舒服，哪里不舒服？怎么不早点请假回来呢？”

“不想耽误学习啊，你别问了，反正我不去。”其实，妈妈是聪明的，儿子说话这么有力气，怎么会身体不舒服，一定另有隐情。

“可是，今天不舒服，明天不一定不舒服啊，要不，妈妈带你去医院吧。”妈妈在说这话的时候，故意露出一点笑容，儿子明白，妈妈看出端倪了，于

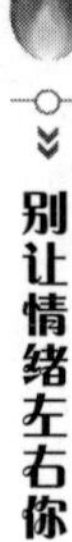

是，他只好说："妈，你儿子是不是很没用啊？"

"怎么这么说，我儿子一直是最棒的，有最棒的体格，最棒的学习接受能力，待人温和，还疼妈妈。"

听到妈妈这么说，儿子笑了，主动说出了今天遇到的事："妈，今天老师叫我们写一篇作文，我拼错了一个字，老师就嘲笑了我一番，结果同学们都笑我，真没面子！"

此时，妈妈没有说话，只是搂着伤心的儿子。儿子沉默了几分钟，从妈妈怀中站了起来，平静地说："谢谢你听我说这些事，我要去公园了，同学们还等着我呢。"

从这个故事中，我们看到一对母子间的和谐关系。这位母亲是善于沟通的，她看出了儿子没有说出实情时，并没有指责，而是顺着孩子的思路进行交流，最后让儿子主动说出了自己的委屈，当孩子发泄完之后，内心的结也就解开了。可见，如果我们懂得与孩子沟通的技巧的话，是能让孩子对我们倾诉心事的，这些技巧包括：

1. 语气温和，态度友善

父母应避免用高昂、尖锐并带有威吓的声音与孩子说话，尽可能以微笑、欢快、平和的语气说话，显示出友善和冷静的态度。

2. 多说"我"，少说"你"

父母应尽可能不用命令的口气与孩子说话，不要总说"你应该……"，而应常说"我会很担心的，如果你……"。这样孩子就会从保护自己不被指责的状态下转而考虑大人的感受，这个时候沟通才可能更有效。

3. 多用身体语言

必须让孩子知道，无论在什么情况下，你们都是爱他、支持他的。不管他说了什么或做了什么，或许你并不接纳他的行为，但依然关爱他。有时不说话，而利用身体语言，如微笑、拥抱和点头等，就可以让孩子知道你是多么疼他，不只是在他表现良好时。

同时，身体接触可表达亲昵的感情。有些父母只有在孩子小时候才表

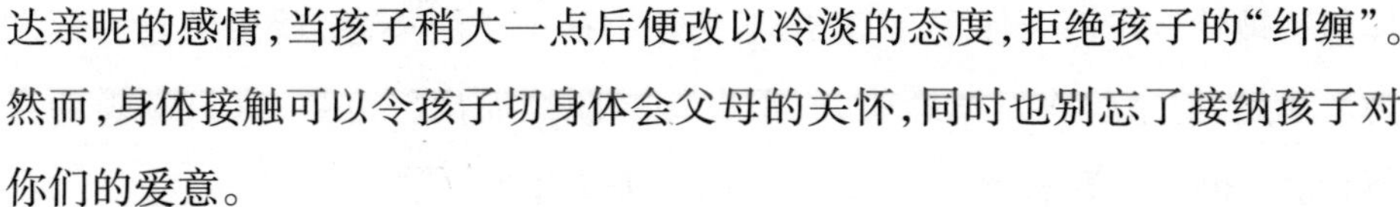

达亲昵的感情，当孩子稍大一点后便改以冷淡的态度，拒绝孩子的“纠缠”。然而，身体接触可以令孩子切身体会父母的关怀，同时也别忘了接纳孩子对你们的爱意。

4. 在孩子道出实情后，不可指责

有些家长在了解到孩子撒了谎之后，便对孩子横加指责，认为孩子不对自己说实话就是不诚实，不加严惩必将重新犯错。其实，孩子选择隐瞒某些事，必当是有自己的原因的，他不愿向你道明，本身就是对你知道事情后的态度有所顾忌，指责只会加深孩子对你的忌惮情绪，下次必然还会选择隐瞒。因此，聪明的做法是表明自己的立场，告诉孩子，你不会怪他，而只是希望他能把自己当朋友。

因此，掌握沟通技巧，与孩子进行良好的沟通，不但可以建立起亲密的亲子关系，而且能帮助孩子健康成长。

孩子的教育需要家长的耐心和智慧

我们都知道，家庭对孩子一生的成长是至关重要的，家庭是孩子人生的第一所学校，家长是孩子最重要的启蒙老师。父母与孩子朝夕相处，接触的时间和机会最多，父母的言行无时无刻不在影响着孩子，父母的教诲引导孩子从小走到大，对孩子今后的人生有着重大深远的意义。家庭教育作为孩子通向社会的第一座桥梁，对孩子的个性、品质和健康成长起着极其重要的作用。因此，作为家长，在教育孩子的过程中，切记不可急躁，对孩子有耐心是智慧的教育方法。

有这样一个小故事：

一个小孩在草地上发现了一个蛹，他把蛹带回家，想看看蛹怎样化为蝴蝶。过了几天，蛹上出现了一道小裂缝，里面的蝴蝶挣扎了好几个小时，身

体似乎被什么东西卡住了,一直出不来。小孩子于心不忍,就想助它一臂之力。于是,他拿起剪刀把蛹剪开,帮助蝴蝶脱蛹而出。可是,这只蝴蝶的身躯臃肿,翅膀干瘪,根本飞不起来,不久就死去了。

其实蝴蝶在蛹中的挣扎是它适应自然界的一个必经过程,没有这段痛苦的经历,它就无法强大。由这个故事联想我们对孩子的教育,我们应该认识到教育不是一两天的事情,教育过程中遇到的问题也不是一两次就能解决的。揠苗助长有害,欲速则不达是每个家长都应该明白的道理,对孩子要有耐心,我们要学会等待,要从一点一滴做起,以小见大。

当然,在教育的过程中,除了要有耐心外,还必须要运用我们的智慧。

林先生是一名物理教师,他在教育孩子这一方面很有自己的心得,他曾这样讲述自己的一次教子经历:

我的儿子上小学时,一次因为体育活动课玩疯了,回家时候忘带了语文书,他偷偷和妈妈说,不要告诉爸爸。吃晚饭的时候,他妈妈忍不住告诉我了,我就叫他不要吃饭了,把书找回来再吃饭。他哭着叫他妈妈和他去找书,在学校找保安拿到书,回来后表情舒展了。我跟他说,一个学生丢了书,就像战士丢了枪一样。他马上就回我:“战士丢了枪,鬼子来了可以躲起来啊!”我严厉地说:“是的,战士丢了枪可以躲起来,那么老百姓谁保护啊?”他无言了,我又说:“一个人不能忘记自己的责任啊!”

前几天孩子他妈妈去青岛开会,我和孩子两个人在家里,我发现他每天夜里都要检查煤气、检查家门。一天我因为去学校早了点,忘记拿牛奶了,回去以后发现孩子已经拿回家了,而且放到冰箱里,孩子长大了。

林先生对孩子进行的责任教育,并不是讲述大道理,而是从生活中孩子丢了书本这一事件入手,让孩子明白书本对于学生的重要性,从而让孩子明白做人必须要有责任感,后来孩子检查煤气、家门,拿牛奶等事,证明了林先生的教育起作用了。

的确,真正会教育孩子的家长往往都能遵循孩子成长的特点,凡事耐心引导,而不是不问青红皂白,向孩子发脾气。为此,我们在教育孩子的过程中，需要做到：

1. 倾听时，不打断，不急于作出评价

即使孩子的看法与大人不同，也要允许孩子可以有自己的想法。父母应考虑到孩子的理解能力，举出适当的事例来支持自己的观点，并详细地分析双方的意见。父母不压制孩子的思想，尊重孩子的感觉，孩子自然会敬重父母。

2. 分享孩子的感受

无论孩子是向你们报喜还是诉苦，你们最好暂停手边的工作，耐心倾听。若边工作边听，也要及时作出反应，表达自己的想法或感受，倘若只是敷衍了事，孩子得不到积极的回应，日后也就懒得再与大人交流和分享感受了。

3. 理解孩子的情绪

有时孩子也不清楚自己的情感反应，倘若大人能够表示出理解和接纳，他会有进一步的认识。譬如，当孩子知道奶奶买了玩具送给小表妹做生日礼物的时候，他也吵着要，此时大人应解释道："你感到不公平，但要知道这是给妹妹的生日礼物，你生日时奶奶也会给你礼物的"。通过这番对话，能帮助孩子了解自己，理解别人，从而变得通情达理。

4. 领会孩子的话意

婴幼儿在不开心、不满意时，就会直接用啼哭来表示。逐渐长大后，孩子也知道哭不能解决所有的问题，因此，当他不快、疑虑时，往往将自己的感觉隐藏起来。另外，孩子的语言能力尚未发展完善，不能以恰当的语句表达心中的想法。比如，当孩子生病时他会对你说："妈妈，我最恨医生。"此时你应顺着他问："他做了什么事让你恨他？"孩子若说类似于这样的话："他总是要给人打针，要人吃苦药水。"你可以表示理解地回答他："因为要打针吃药，你觉得很不好受，对吗？"这样，孩子的紧张心情会得以缓解，也会接受接下来的引导。

第13章

婚姻里面不动气，爱情美满要靠双方努力

“爱情”是人世间永恒的主题，而当一对恋人，带着恋爱中的轰轰烈烈和温馨缠绵，带着对未来生活的甜蜜憧憬走进婚姻时，才会发现在婚姻生活中更多的是平淡。婚姻中的爱情最终会慢慢地不再被经常提起，彼此更多的是相互的守候、相互的扶持，在婚姻中仅仅守住爱情是不够的，还要用心去经营、去维系，婚姻“围城”中开的是艳丽之花还是长满枯草，也要靠婚姻双方去保鲜，适当采用一些“心理智慧”，不仅能平息争端、掌握主动，还能让你们的婚姻在磨合的过程中更亲密、融洽而快乐。

夫妻间不斗气，爱情需要理智维护

生活中，人们常把相聚别离归结为一种缘分，的确，婚姻也正是因为爱情的瓜熟蒂落。两个人之所以结婚，正是因为爱的存在，而事实上，现实生活中，当夫妻双方因为某些琐碎小事而斗气之时，却忘了当初最动人的承诺——相爱一生。难道除了争吵、斗气之外，就没有其他的沟通方法了吗？当彼此间的感情被你一句我一句的数落消磨殆尽时，婚姻还能圆满吗？

小王和小梅虽是相亲认识的，但在见到彼此的那一刻，就被对方的气质深深吸引了，并迅速坠入爱河，经过一段时间的了解，双方都对对方感到满意。在双方父母的祝福下，他们结婚了。

一天晚上，小梅很晚还没回家，小王就给小梅的几个朋友打电话，结果他们都不知道小梅在哪，小王索性就坐在沙发上等，直到十点半小梅才回来。

见到小梅，小王劈头就问："你到哪儿去了，这么晚才回来？梅，你知道我爱你，你可不能对不起我呀！"

小梅听了这话就很生气，说："我怎么对不起你了？我在单位加班了，你如果不信任我，那咱俩就离婚！"

结果，结婚还不到一个月的小两口就离婚了。

的确，爱情与婚姻都是建立在真诚、理解和信任的基础上的。上例中，不能说小王不爱妻子，但他在见到妻子时却不问缘由，劈头盖脸地质疑对方，自然会让妻子生气，如果他能在小梅回来后，说出一番"梅，你这么晚回来真让我担心。现在社会治安不好，以后如果没要紧的事，晚上尽量早点回来，好吗？"等关爱性的话，对方听后感动都来不及，又怎么会心生

反感？

日常生活中，夫妻之间少不了要就家庭、工作、教育等一些问题进行沟通。很多的交流都是随意的，非正式的，基本属于一种“说话”的本能需要。但看似很简单的交流，也蕴藏着很深的道理，也有一定的讲究。如果不明白其中的道理，把握不好原则和方法，也会因交流生出矛盾来。很多夫妻之间的“疙瘩”就是在这些看似简单的，几乎没有什么艺术可言的交流之中结成的。

夫妻之间沟通，首先一定不要斗气，因为“态度决定一切”。态度诚恳、友善、平和，会让对方感受到你的爱和关切，沟通就成功了一半，反之就会适得其反，越沟通越僵。态度好给人的感觉是如沐春风，态度不好给人的感觉如寒风刺骨。谁愿意在“刺骨的寒风”中站立？

那么，夫妻间相处时该如何斗智不斗气呢？

1. 以尊重为前提

只要在交流中不突破这个底线，基本上就不会出现问题。夫妻在交流中出现的问题，几乎都是突破了尊重底线的“恶果”。人是非常在意脸面的，在意脸面就是在意尊重。有句话说得再明白不过了：“人活的就是一张脸。”夫妻彼此都是一个独立的个体，不是彼此的一部分，都有自己的人格，都希望在与人相处的过程中得到尊重，所以在日常生活的交流过程中，夫妻双方都要明白这一点，都要守住尊重的底线。只要你心中有尊重，你就会注意自己说话的态度和措辞，就不会说话不经过思考，信口开河，逮着什么说什么，把语言当成武器来伤害自己最亲近的爱人了。

2. 不要涉及对方的“交流雷区”

生活当中的每个人几乎都有自己交流的“禁地”，这禁地一般都是让自己非常伤面子的地方，是自己的“隐痛”。夫妻生活日久，应该都非常熟悉彼此的“交流禁地”，所以在日常交流过程中应做到“到此止步”。

3. 以理服人

有些人有个弱点，习惯于“熟不讲理”，因为熟了，所以说话办事就会不注意态度和方式方法了，容易简单成“直线条”。恰恰是这些直线条，往往在不经意间伤害了对方的感情。比如因为熟了，便不再拿自己当“外人”，说话便不分场合、不管深浅、没有了顾忌，有时还会骂骂咧咧，缺少了人们都很在意的尊重。夫妻之间更是如此，在一起生活时间长了，竟会熟到了忽略对方的存在，真正成了“熟视无睹”。“不讲理”的程度也更甚一层，有话也不好好说，开口就是讽刺、挖苦、打击、揭短，语言粗俗，态度蛮横。尤其是家中的“大男子主义”“大女权主义”者，甚至当着外人的面，也口不留情，常常弄得爱人窘迫异常，下不来台。这样的交流后果可想而知，无需多言。

夫妻在日常交流中把握好上述三点，如果再加上点幽默、风趣，交流便会成为夫妻日常生活中的一道亮丽的风景线。

信任是婚姻幸福的基础

人与人交往需要信任，婚姻也同样需要夫妻双方的信任，人与人之间多一份信任，就会少一分隔阂，夫妻之间，多一份信任，就会减少很多不必要的冲突和麻烦。可以说，婚姻中没有了信任，就没有幸福可言，所以夫妻必须相互扶持，彼此信任，生活才会更加的甜蜜，婚姻才会幸福。

有人说，婚姻犹如行驶在大海中的一只小船，有时风平浪静，一帆风顺；有时则有风暴，有暗礁，而这只小船，只有婚姻双方划动信任的桨，挂起理解的帆，同心协力才能到达幸福的彼岸。的确，婚姻中，爱需要自由的空间，再长久的婚姻都经不住质疑，婚姻一旦产生信任危机，便岌岌可危了。

小张和小李在大学时候就开始恋爱了，毕业以后，两人顺利步入了婚姻的殿堂，可以说，他们是周围同事、同学、朋友羡慕的模范夫妻。小张是个体贴的男人，在学校的时候，他就一直充当着大哥哥的角色照顾小李，而且无

微不至。而小李则像一只温柔的小鸟，总是偎依在小张的身旁。

婚后，小张提出自己创业，并要努力为妻子换个大房子。于是，他们便把几年存下的积蓄拿出来，开了自己的公司。从此，小张起早贪黑地工作，常常应酬到半夜才回家，然后倒头就睡，偶尔早回家，也是埋头查资料、写方案。

小李感觉到孤独了，刚开始，她总是在丈夫身边，希望丈夫和自己说说话，但丈夫太忙了，他期盼着成功，期盼着为妻子奉献高品质的生活。

后来，她喊着让他听："你总是这么晚回来！""我没有总是啊！"丈夫说。他没有想着留给两人一点交流的时间。

一年后，她问："你总和什么人在一起？""孙总、李小姐。"丈夫回答。

以后，她喊得更多，而他什么也不说，拿起报纸走到另一个房间。

五年后，他们如愿以偿，取得了阶段性成果，事业小有成功，可以实现买房计划了，而妻子提出买两套小房子，而不是计划中的大房子，虽然他们之间没有第三者。

他们之间似乎已经没有以前的默契了，正是因为小李对丈夫的猜疑和整天不断唠叨，使本来交流就少的小张更加心烦，猜疑原本就是幸福婚姻生活的最大杀手，有多少甜蜜的爱人正是因为猜疑而分道扬镳。

可能很多人会说，我在乎他（她），才会二十四小时想知道他（她）的行踪。的确，表面上看，猜疑是一种在乎爱人的体现，但实际上，这是与自身置气的一种表现，是一种无中生有的错误心理。信任，从含义上来讲就是指相信而敢于托付。当你选择和一个人在一起的时候，就证明你完全地信任他，把自己完全地交给了他。谁又愿意和一个不相信自己的人待在一起呢？所以说信任在婚姻中是最基本的，最重要的，信任，它是架设在人心之间的桥梁，是沟通人心的纽带，是震荡感情之波的琴弦。

婚姻是两个人的责任，"执子之手，与子偕老"。婚姻不是一个人的事情，婚姻里的人都要对婚姻负责，有这样一句妙语："婚姻是唯一没有领导者的联盟，但双方都认为他们自己是领导。"婚姻是要靠两个人共同经营

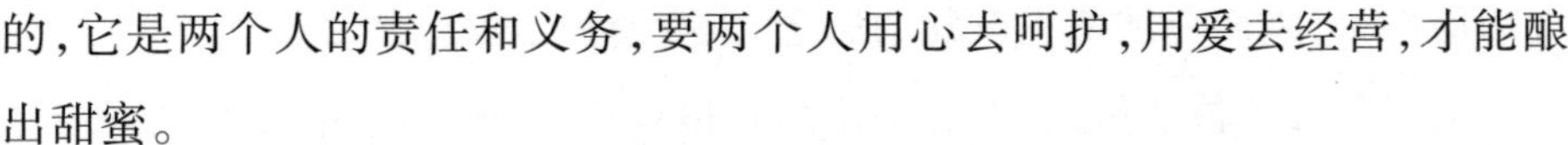

的，它是两个人的责任和义务，要两个人用心去呵护，用爱去经营，才能酿出甜蜜。

有人说婚姻就像天空中自由飞翔的风筝一样，夫妻的爱是牵系的线，夫妻的信任是把持的手。风筝要想起飞，需要风和日丽，广阔的天空，更需要坚固而绵长的线和始终把持线的手。夫妻间的爱越深，彼此的信任就越是稳固，婚姻就越是幸福。我想，只要夫妻的爱绵绵不断，彼此的信任永远坚持，婚姻的风筝一定会在空中飞得更加自由，更加绚丽多彩！所以，让我们学会给婚姻中的爱自由呼吸的空间，不要把风筝的线抓得太紧，不要让放飞的梦想只是童话，把线放松一点，让爱飞得更高更远，让爱在婚姻里有足够的空间。

距离产生美，给双方自由呼吸的空间

人与人在相处的最初阶段，总会保持一定的小心翼翼，熟悉了便会大而化之，相处久了难免会有磕磕碰碰。似乎有个说法叫：因不了解而在一起，因了解而分手，大抵有这么个意味。同样，在婚姻中，夫妻双方也是如此。距离产生美，给对方适当的空间就非常必要。

婚姻是爱情的升华，真正炽烈的爱是可以使人疯狂，使人迷醉……而婚姻恰似一道绳索，不同路的人拴到了一起，让他们互相分享彼此的快乐，互相承担彼此的挫折，婚姻将两个人之间的关系神圣化，固定化，它可以使人从爱情的盲目中清醒过来，迫使人们去思考幸福的真谛。但婚姻却决不能是爱情双方的精神枷锁，婚姻中，要小性子、缠着对方、不给对方空间，只会让对方感到窒息而对婚姻产生厌倦。

距离左右婚姻，在现实生活中有很多这样的佐证。“小别胜新婚”就是这个道理，有了距离，夫妻彼此才会有思念的空间，有了思念，对方的优点就

会历历在目，进而更加增进彼此的思念，夫妻感情也就会随之升华。

老王是某单位的员工，他有一位品貌俱佳的妻子，她在单位里是中层干部、先进工作者，在家里是贤妻良母，对丈夫照顾得无微不至。她从不让丈夫洗衣做饭，丈夫加班，她去送饭；丈夫穿的用的，全是她买，丈夫的皮鞋她擦；领带她系；丈夫"爬格子"，她总是左右侍候，端茶倒水。每每论起"内助"如何，老王的朋友总是羡慕他的"福分"，羡慕他们亲密无间，朝夕相伴。

但老王总觉得自己的妻子与人家的相比有天壤之别，半年后，老王居然与他的贤妻分手了，据说，单位和亲朋好友调解多次，妻子也不解地问他"哪点对不住你"，但他铁了心，坚持离她而去。很多同事曾直截了当地问他是否另有新欢，是不是喜新厌旧，他只是说："过腻了，这样活着，吊不起胃口。"

从老王的这段感情经历中，我们发现，朝夕相伴，无私奉献，爱情之火也不一定就能持久地燃烧。

婚姻中，彼此间有一点距离的张力，能营造出一种朦胧之美，它能将两人的心拴得更紧。人的精神世界是一块富丽的园土，需要相对的独立，每个人都需要一些空间，不只是物理的空间，还有心灵的空间。没有这个空间，爱情就不能自由成长。聪明的人，在恋爱的时候，懂得"距离"的重要性，他们懂得和对方保持若即若离的关系，用一点空间来稳固对方的爱意。

爱情更像是一个人梦中的呓语，充满了激情，充满了非理性的狂热；而婚姻则是一个郑重的承诺，它意味着一生的守护。"执子之手，与子偕老"是婚姻的终极目标。

"我们要天天思念，但不要天天相见；只需要悱恻缠绵，绝不要柴米油盐；有共同生活的经验，绝不用共同的房间……"曾几何时，一些年轻的夫妻悄悄过起了歌中所描绘的那种生活。一些人认为一对夫妻要想使自己的婚姻幸福，双方都必须有自己独立的生活空间。的确，两个人结了婚，并不意味着与过去的生活全部割断了联系，过去的生活有时甚至还对我们的人生起着关键作用，这就需要我们给对方一点自己打理自己的空间。可以说，认识到夫妻需要一定的距离是人类婚姻进入文明时代的标志之一，它表明了人们对爱情、婚姻已经有了更多的理解，夫妻之间留点距离还便于我们反省自己在婚姻里的得失。然而，婚姻要有距离并不是非得远离彼此不可，婚姻的距离也要有一个限度，超过了这个限度，婚姻一样会疲劳甚至夭折。

在婚姻中，距离与信任、亲密是有直接关系的。没有距离，婚姻会失去活力；有了距离，缺少亲密，两人之间也就逐渐失去了信任，婚姻又会变成一颗定时炸弹，把夫妻的感情炸得支离破碎。其实，绝大多数男女走进婚姻的根本目的绝对不是为了寻找距离，而是为了满足一种归属感。换句话说，在婚姻中，制造距离永远是一种手段，追求信任、亲密才是婚姻的最终目的。

婚姻像我们的身体，两人之间的充分信任，以及由此产生的亲密就是喂养它的"粮食"，你不能一天二十四小时都吃饭，否则的话，你就会被"粮食"撑死，然而，你也不可以整天不吃饭，因为吃饭毕竟是一个人生存的基本条件。因此，做任何事都要适可而止，婚姻也一样。

男人要扮演好保护者的角色

"大男人"、"大丈夫"、"大老爷们"、"小女人"、"小媳妇"等，从这些称谓中，我们可以看出，一个男人在家庭中自始至终居于核心地位。从古到今，中国的家庭模式就是"男主外，女主内"，作为丈夫，在家庭中，一定要充当好保护者的角色，一定要懂得呵护自己的妻子。

但现实生活中，很多男人都有大男子主义，甚至对妻子呼来唤去，你可曾想过，你的妻子感受如何？妻子不是你的私有财产，是有血有肉的人。因此，少对妻子发脾气，因为你是顶梁柱，你是孩子心中的"神"。男人的泪水默默流，才显得坚毅、刚强；男人的欢笑尽情释放，才会洒脱。

周末，小晴被女友约出去逛街了，出门的时候，老公正好不在家，也就没

有和他打招呼，没想到，兴致勃勃的她一回家，老公就丢下一句："上哪儿去了?"小晴逛街回来兴冲冲的心一下就冷冻了。她本来正要拿出购物的时候给丈夫买的衬衫，结果被这句话噎得火冒三丈。

"我去哪里要你管吗?"

可能很多男人都遇到过这样的情况，那么，别怪老婆这样回你，因为她在老公的这句话里听到的，除了怀疑就是质问。男人从来都不懂得温柔，即使本意是出于关心。其实，如果在结尾加上一句"老婆，我好担心你"，也许效果会好很多。

可能很多男人在婚前都对女友百般疼爱，尤其是在追求爱情的过程中更是使出浑身解数，说尽各种甜言蜜语，一旦结婚，似乎就有一种"既成事实"的感觉，认为只需要赚钱养家、给老婆充足的物质生活即可，实际上，婚姻中的女人同样需要各种体谅。男人常说，女人是一种奇怪的动物，你根本无法了解到她内心想的是什么。的确，男人很难读懂女人，更难读懂自己的妻子。也许男人根本就没有用心去读过，其实，女人既可爱的，也是脆弱的。而人群中，你最关心的女人——你的妻子，常常可能也会让你感到疑惑，可能她嘴里问你为什么不发表意见，心里却生怕你发表意见。她嘴里叫你滚开，心里却想你把她搂得更紧一点。

可能许多夫妻都有过这样的经历：很多时候，争吵都是因为一些鸡毛蒜皮的事，而一旦吵起来，就没完没了，闹得不可开交，甚至会引发婚姻危机。我们还发现，生活中，一些在众人面前说话柔声细语、举止行为都极为绅士的男人一到家中就变得怒目圆睁。殊不知忍一时风平浪静，退一步海阔天空，多用幽默少动气不是一样也可占尽心理上的优势吗?

任何一个女人，都希望自己的男人能体谅自己，这远比名牌衣服、高档家具更让她们觉得有幸福感。

为此，如果你不懂得体谅妻子，你必须做出以下改变：

1. 理解妻子的唠叨

女人在自己所爱的男人面前总是有说不完的话，不是因为女人话太多，

而是因为爱这个男人，所以才愿意和他分享所有的心事。

女人总是会问“你饿不饿呀”、“你冷不冷呀”诸如此类的问题，不是因为女人太琐碎，是因为女人关心男人的生活，因为男人很多时候太过粗心。面对妻子的唠叨，男人们不要觉得厌烦，要拿出自己的耐心。

2. 吵架时不要沉默

吵架的时候有些男性会想：“只要我闭上嘴不说话，就万事大吉了。”然而，对于女人来说，沉默是很可怕的，因为她们很重视别人的回应。可是在吵架的时候，老公却常常亮出沉默这个杀手锏。“他为什么不说话？是不是不屑于跟我说话？还是有什么事情瞒着我？他不再爱我了吗？”不要怪老婆的联想没逻辑，因为老公的沉默让她没有安全感，没有存在感。

3. 记住你们之间特殊的日子

女人希望男人记住诸如纪念日、生日之类的日子，不是期望得到更多的礼物，而是希望能怀念更多共同的记忆。作为男人，记住诸如此类的日子对于获取妻子的欢心是非常必要的。

4. 说些关心、爱护的话

勇敢地担负起养家的责任，不论老婆是独立型还是小鸟依人型的。即使老婆现在同你一样工作着，每月拿着或多或少的薪水，你也要把自己当作家里的顶梁柱，看到老婆回家累了还要做饭的时候，你说一句：“以后别这么辛苦，我来养你吧！”明智的老婆也会想到你的辛苦，得到了关心和承认，老婆工作的干劲会更大！

5. 别忘了说“我爱你”

在适当的时候真诚地对老婆说：“我爱你！”“爱你的一切！”也许有人会说：“老套！”但究竟有几个人做到了呢？

女人不耍性子,男人更喜欢

谈到婚姻,男人与女人的观点似乎永远都不一样,男人认为,妻子好,婚姻就幸福;而女人则不同意,男人是干什么的?男人又会反驳:“女人是一所学校,男人的好坏和女人有很大关系。”的确,女人细腻、女人聪明,婚姻这支“交谊舞”跳得是否和谐,很大程度上取决于女人。到底什么样的女人才最能打动男人的心呢?很明显,在男人眼里,女人最重要的品质莫过于善良、温柔、勤勉,综合来说,就是有女人味,没有男人喜欢粗言秽语、说话刻薄、脾气大的女人。

然而,现实生活中却有一些女人,她们动不动就和男人置气,耍性子,让男人不知所措,这样的女人,男人会喜欢吗,当然不会!我们先来看看这样一个生活中的场景:

妻子下班回来说:“喂,我今天要做活,你去接孩子,回来做饭!”

丈夫一听也火了:“你没见我正忙着吗?”

妻子也不是等闲之辈:“忙,就你忙,难道这个家的事都我一人包了?”

一来二去两个人就吵起来了,各自装了一肚子怒气。

这样的例子在生活中不胜枚举,从人们的接受心理看,盛气凌人最容易引起对方的反感。妻子希望丈夫做饭、接孩子,完全可以利用女性的性别优势,对丈夫撒撒娇,或许会是不一样的结果。比如:

妻子从单位回来,对正在看书的丈夫说:“晚上我得去单位加班,我知道你不想让你老婆累死,那今天你能不能帮我接接孩子,再做做饭?”

这种撒娇式的商讨口吻,对方是很乐意接受的。

丈夫说:“行,我这就去。”

这样说不但达到了目的,而且还可使彼此的关系更加和谐融洽。的确,一般情况下，能让人欣然答应的事情，通常是通过商讨的语气来达成的。当你需要丈夫帮助时，切莫用生硬的命令口吻，应委婉柔和一些，撒娇就不失为一个好方法。

女人味是一种独特的气质，漂亮的女人不一定有女人味，但有女人味的女人一定很美丽。漂亮的女人最多会赚来男人的回眸，而有女人味的女人则能让男人长久地对其痴迷和狂热。那些有心计的女人，都会把培养女人味当成自己必修的课程之一。

为此，生活中的女人们，如果你希望抓住男人心，从现在起就必须做到：

1. 少点责怪

女人真的很喜欢说这句话："都怪你！"虽然作为老婆，这么说的本意是撒娇，但是男人却会把它理解成一种责怪。男人会心想："我怎么这么吃力不讨好啊！每次遇到什么事情，都要问我怎么办，出了什么问题又要怪我。下次你跟我咨询任何事情，我还是闭嘴好了。"要知道，主意是男人出的，但是决定还是女人自己做的，没理由让男人来承担失败的后果。如果还想拥有老公这个"军师"，就别再总是说"都怪你"了。

2. 偶尔来点孩子气的表白

当你花了很多钱买了几张戏票，准备约丈夫一道看戏时，你可以在电话中用孩子的顽皮口吻说："我是个很坏很坏的坏小孩。我买了几张戏票，我如果告诉你票价有多贵，你一定会大发脾气。可是我保证，只要你不生气，我就从你的头顶吻到你的脚尖。"相信你的丈夫听了，会哈哈大笑地说："从头顶到脚尖，是吗？嗯，这个值得哦！"

3. 学会示弱

为了满足男性天生喜爱"保护"女性的欲望，适当表现一下"脆弱"是必要的。这种"脆弱"既可表现在生理上，如一副弱不禁风的样子，也可表现为精神方面的"脆弱"，像怕打雷或者容易掉眼泪。

爱情就像养花，要学会精心培护

“爱情”是人世间永恒的主题，由此成就了无数个凄婉哀怨让人断魂的爱情经典。遗憾的是，自古以来只有经典的爱情，却鲜有经典的婚姻。因为当轰轰烈烈的爱情被平淡单调无限重复的柴米油盐生活所替代时，再伟大的爱情弹指间也会灰飞烟灭。于是乎，就有了一种流行的说法——婚姻是爱情的坟墓。因为对于婚姻来说，曾经的亲昵、曾经的山盟海誓已经渐行渐远。虽然如此，人们还是乐此不疲地追逐爱情，这是为什么呢？道理也很简单，人们还是希望爱情常驻的。那么，如何让爱情常驻？很简单，为爱情保鲜。

婚姻是什么样的？贫穷不可以忍受，富裕不可以共享吗？平淡无奇？结婚几年过后，你们之间是不是已经毫无激情，剩下的只是无休止的争吵？你可曾反省过，在几年乃至几十年的婚姻中，你用心呵护过婚姻、为婚姻保鲜过吗？

一个男人事业有成，这天，是他与妻子的结婚纪念日，早上，秘书提醒他这点后，他给首饰店打了个电话，订了一枚最新款式的戒指，他对服务员说：“请把戒指包好，天黑之前送到我家给我妻子，我还要参加一个会议。”并让服务员帮忙写了一张卡片：“亲爱的，晚上我还有一个会议，抱歉不能与你共同庆祝。”

晚上，当他开完会后顿感疲惫，他独自来到天台准备透透气，就在到达楼顶门口的时候，他看见一个老师傅，在天台中央点了一排蜡烛，半跪在那里，对一位白发苍苍的老婆婆说：“老伴儿，今天是我们结婚四十年的纪念日，四十年来，谢谢你对我的照顾，我们无儿无女，我希望我们还能活四十年，彼此依靠。”简短的几句话，却充满了情意，男人的眼眶湿了，是啊，两个

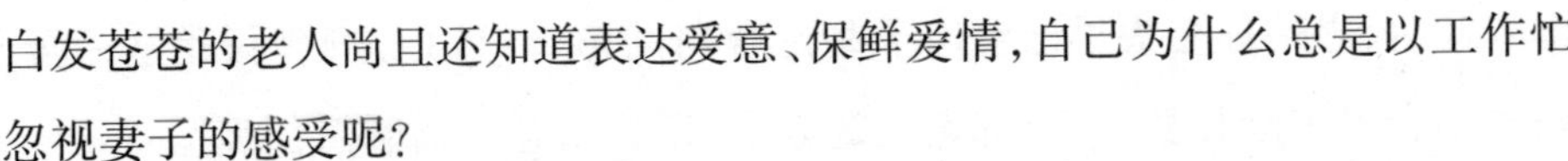

白发苍苍的老人尚且还知道表达爱意、保鲜爱情，自己为什么总是以工作忙忽视妻子的感受呢？

接下来的事情是，他跑下楼，发动引擎赶紧回家。当男人开车回家时，看到妻子对着一桌子的菜发呆，不禁失声痛哭。

他向妻子保证，以后每年都要带她去看看外面的世界，带她去吃最好吃的食物，看最美丽的风景，让她成为世界上最幸福的女人……就这样男人和他的妻子度过了一个快乐的结婚纪念日。

可是，让人久久思量的是，生活中，有多少人能和故事中的男主人一样，及时认识到爱情保鲜在婚姻中的重要性呢？

爱情就像养花，要学会精心培护，才能开放出灿烂的爱情之花。现代研究表明，爱情极易在男女婚后18至30个月后消失，俗称“爱情昙花症”，它将严重影响夫妻之间的感情和和睦的家庭生活。婚姻中，在当初那份心灵的悸动被烦琐的生活逐渐磨灭时，你意识到了吗？那么，到底怎么为爱情保鲜呢？以下有几条建议：

1. 经常表达对爱人的关注

把别的事全都忘掉，全世界都消失无踪，只剩下亲爱的他，把你全部的注意力都放在对方身上，专心与他为伴。

在感情中，感觉情绪是关键。而当全神贯注时，我们传达了一份“我尊重你，我在乎你”的意念，这份用心会让对方觉得备受重视，满足他心中渴望被重视的情绪需求。

2. 展现浓情蜜意

这里所指的是肢体上的亲密感。也就是说，每天别忘了动动口、动动手，用你的身体来表达爱意。最佳的示爱肢体语言，我相信你一定也清楚，包括热情拥抱、轻抚脸颊、牵手、搂腰以及亲吻等等。除此之外，你还想得到什么独门的做法吗？

仔细想想，上述的这些肢体动作，都可以说是爱意的展现，而这也是关键所在，因为身体的接触，会产生不可思议的巨大力量。

此时，恐怕你心头早已冒出了些许微弱的声音：可是，卿卿我我这一套，根本不合乎中国礼教，何况都老夫老妻了，还这么恶心肉麻做什么？

事实上，心理学研究发现，抱不抱有差别，摸不摸有关系。这是因为，当你以关怀的态度用身体接触别人时，彼此在生理上都会产生变化——压力激素降低，神经系统舒缓，甚至免疫系统功能也跟着增强。那是因为透过碰触、拥抱和亲吻，我们可以强烈地传递及接收爱的感觉，能够强化言语的情意，让爱情保鲜计划收到事半功倍的效果。身体的距离，往往反映出心的距离。

3. 小别胜新婚

偶尔短暂的分离，对于婚姻保鲜来说是非常有利的。恋爱不在于朝朝暮暮。俗话说，小别胜新婚，特别在闹了一些矛盾之后，短暂地分离，不但使双方都有时间去冷静地思考、反省，而且，分离后再相见时的神秘感也会成倍增长。

4. 创造生活情趣

创造生活情趣，改变单一的、日复一日的、没有变化的生活。比如，突然地给对方带来一个惊喜，或者将自己改换一番装束，变化一下发型，或者改变自己的房间布置等等，都会使恋人感到新鲜和愉快。

生活本就烦琐，多点包容才能爱得长久

俗话说：“婚姻如饮水，冷暖自知。”每个人都会步入婚姻的殿堂，和另一个人开始过一种新的生活。但正如钱钟书先生的《围城》中所描述的：围在城里的人想逃出来，城外的人想冲进去。的确，相爱容易相处难。

生活本就是繁琐的，每天柴米油盐酱醋茶，自然少了婚前的激情与浪漫。彼此之间更是认为婚后就应该好好过日子，一回到家，便认为可以好好

放松了，哪里还在意自己的形象。于是，什么缺点都暴露无遗，悠然地享受着对方的奉献与付出，似乎一切都是理所当然、顺理成章的事。生活的平淡，使人感觉付出了很多，而往往得不到对方的理解与珍惜。日积月累，开始有怨恨之心，面对生活的种种不如意，失落在心中一点点地聚积。

于是，责备与争吵便开始了，矛盾也产生了。夫妻双方总是认为自己付出的多，得到的少，于是，就会感觉到失望。而失望后，又会不停地抱怨，慢慢地失去了耐心，慢慢地灰心。但是为了孩子、为了家庭、为了自己的名声，也只好凑合着过完下半辈子。

有这样一个事例：两对夫妻组合打羽毛球，理所当然地是两位先生各自搭配自己的太太。奇怪的是，夫妻同一组打球，经常会以吵架收场，男的指责女的，女的指责男的，两个人互相埋怨，气得无法再打下去。这时候，裁判员建议他们换搭档，即各自的太太换到对方那一边去，去当"敌人"继续打球。效果如何？通常这么调换之后，两边无不"杀"得兴高采烈，满场沸腾。

其实，人们总是习惯于对自己身边的亲人过分苛刻，把宽容和客套留给了外人，婚姻中也是如此。丈夫或妻子可以对外人客客气气的，可以宽容别人对自己的伤害与过错，却不肯容忍自己的爱人有一点点的错误，哪怕是这点错误根本不值得一提。其实，宽容别人，就等于给了自己一个新的机会。想一想，生活在这竞争激烈的社会中，人真的很不容易，现实的压力，生活的压力……源源不断地涌过来。对哪个人好都不如对自己的爱人好，当你遇到挫折的时候，是你的爱人安慰你、容忍你，任凭你发泄；当你深夜不归的时候，是你的爱人在担心你、惦记你；当你生病起不来的时候是你的爱人嘘寒问暖、床前床后地照顾你。只有你的爱人，无论你曾经用多么重的话伤过他(她)，曾经让他(她)感到多么的心寒，他(她)却一如既往地关心你。所以，还是珍惜身边的人，好好经营婚姻，学会包容自己的爱人吧。

如果退一步，多想对方的好，少想对方的坏，多一点宽容，少一点责备，那么，情况是不是会好很多呢？比如，如果你发现对方一脸不高兴，那么，他(她)可能是在工作上遇到了什么不顺心的事，可能是被上司训斥了，也可能

是身体不舒服，而并不是因为你。这时，你不妨为他（她）端上一杯咖啡，对他（她）笑一笑，得到了你的安慰，他（她）的心情一定会好很多。

两个人因为爱走到一起，就要懂得为爱付出。对待爱人宽容一点，你会发现，生活会有所不同。允许自己所爱的人有自己的独立空间，爱他（她）就是连他（她）的缺点一起包容。没有了心中的不满，没有了怨恨的眼神，你会发现家里充满了温馨、和谐的气氛是那样的美好，你会发现生活有了很大的改变。

当然，有这样一句妙语："婚姻是唯一没有领导者的联盟，但双方都认为他们自己是领导。"之所以这样说，就是因为婚姻需要夫妻双方共同的经营。两个性格、成长环境不同的人走到一起，就必须要做到互相包容。很多夫妻之间，正是因为个性冲突而使婚姻亮起了红灯。爱情如水，婚姻似杯，当爱情沉淀的时候，当婚姻出现了波折，我们应该轻轻地摇摇杯子，用理解和包容来化解矛盾。

有人说，婚姻是最好的课堂。的确，婚姻能让我们学会很多东西，其中最重要的莫过于爱和包容。因此，任何一个处在婚姻中的人，都要懂得用美的眼光审视婚姻，审视与自己同甘共苦的爱人，更要学会从淡了的茶水中品出一种淡然的清香，学会在平淡的过程中品味婚姻的馨香。

理性对待婚变，让爱情绝处逢生

生活中的每一个人，都希望自己事业顺利，爱情顺利，能与自己的爱人长相厮守，这是人们的美好愿望，但实际上，并不是所有人都时时刻刻能享受到甜蜜的爱情。最令人们伤神的是遇到感情危机、良好的情侣关系难以为继，此时，我们该如何是好呢？好言相劝有时候并不见效，而苦苦哀求也只会让你丧失尊严和人格，死缠烂打更是会让对方心生厌倦。此时，我们应该做的是冷静下来，不与自己斗气，不与对方斗气，理性处理，宽容对方，让对方重新感受恋爱与婚姻中的甜蜜，从而让婚姻绝处逢生。

一名男子在经历了几年的打拼后，事业有成，但对自己的婚姻却产生了厌倦的情绪，对妻子的闺蜜产生了好感。在几经思索后，他决定宴请妻子的闺蜜，而对方也答应了他。

出门的时候，他向妻子撒了个谎，说晚上有应酬，晚点回来，妻子也没说什么。

男子到达时，妻子的闺蜜已经等候已久。于是，男子开始与其交谈，席间，自然免不了提起他们共同熟识的人——妻子。男子抱怨妻子如何如何地让他感到厌倦，说妻子只懂得柴米油盐，不懂得浪漫。在他试图握住妻子女友的手表白心意的时候，妻子女友对他说，对不起，时间到了，我答应了我的朋友。

他惊讶的问："你朋友是谁？"

妻子女友说："你的妻子。"

他愕然了，一副垂头丧气的样子。他居然觉得很惭愧，怎么能这样对待任劳任怨的妻子呢？

当他拖着沉重的脚步回到家推开家门的时候，妻子在等他。妻子对他说，这不怨你，我还有做得不好的地方。他感到无地自容，只有深深的愧疚和感动。他们紧紧地拥抱在了一起。

后来的日子，他们彼此之间多了一份信任，一份恩爱。

对待爱人感情的出轨，一百个人有一百种处理方法。有的人以报复来求得心理平衡，有的人扯着对方的衣领上法院，有的人找"第三者"撕打成一团。但故事中的妻子是一位大度的女人，当朋友告诉她她的丈夫有出轨的想法时，她并没有气势汹汹地和丈夫吵闹，而是给丈夫一次反思的机会。然后心平气和地承认自己的不足，并表示自己是爱丈夫的。她的智慧与宽容挽救了她的家庭以及幸福。

婚姻中出现了第三者，其实，双方都有着不可推卸的责任，这是情感专

家调查的结果。而此时,宽容就是一副拯救婚姻的良药,不仅能帮助夫妻双方增进感情,更能把婚外情扼杀在萌芽状态。

当今社会里,物欲横流,感情泛滥,情又为何物?婚姻总是被背叛、出轨、一夜情这样的毒素所充斥。一些男人女人经常会用一句最简单的话——"对爱人没有了激情"作为出轨的理由,去追寻激情。可是,激情过后,他们才发现外面的世界虽然精彩,可是也好无奈和虚伪,平淡才是真,爱人才是你永远的守候。而在此过程中,作为受伤害的一方,如果你向爱人表达愤怒、不满甚至与之展开战争,那么,只会加快对方离开的脚步,而如果你能冷静处理,尊重其选择,那么,他(她)必当会顾及旧情、念及你的明理、善良等,婚姻才有转机。

当然,婚姻三部曲,"相敬如宾"到"相敬如冰"再到"相敬如兵",从一往情深,到两两相负,从相看两不厌,到相看两厌,从"执子之手,与子携老"的美好夙愿到"转过身之后从此陌路",感情蜕变之神速让人难以接受,当婚姻里的情感陷入危机时,你可能会慨叹"早知今日不该当初",就会有"如果当初如何如何,现在就不会怎样怎样……"的想法。但处理感情问题,切不可急躁,必须冷静,才能找出问题的根源。如果冷静分析之后,还找不到在一起的理由,那就应寻找出路了。

现代的爱情和婚姻应该越来越宽容,婚烟不是买卖,谁都不是卖给对方的,有缘分才能一辈子白头到老,没有缘分大可不必强迫对方对你"从一而终"。该你的,永远会是你的,不该你的,强迫得来的婚姻没有任何幸福可言。

总之,如果你的婚姻亮起红灯,冷静处理,不激化矛盾,不扩大纷争,既是保护自己,也许还会给婚姻一线生机。退一步讲,即使分手也并不是世界末日,面对分手,从心灵上呵护自己,从经济上为自己考虑倒是必要的。因为即使没有了婚姻,但生活还要继续……投入地爱,但不失去自己,的确是现代人面对婚姻所需要的基本智慧。

第14章

与上司打交道不动气，善解人意让领导信任你

一个人来到一个企业，很重要的一件事情就是要学会和周围的人相处，而这中间，建立并保持良好的上下级关系，对自己以后的成长是非常有利的。那些在职场如鱼得水的人，往往都不会意气用事、违逆领导的意思，他们懂得揣摩领导的心思，随时为领导鞍前马后，维护其面子，表达忠心，说“顺耳”的忠言。而如果你也深谙与领导相处之术，你就已经是一个职场交际老手了，这样你自然能获得领导的接纳和支持，从而顺利推展工作！

即便不满，也要维护领导的面子

身处职场，我们免不了要与周围的同事和领导相处，学会为人处世以及说话都很重要。那些能在职场如鱼得水的人，往往都不会意气用事，口无遮拦，尤其与领导相处时，他们更是懂得揣摩领导的心思，随时为领导鞍前马后。因为他们深知，一个领导是比下属更在乎面子的，因此，我们要切记，无论何时，都要维护领导的面子。

唐朝时，唐太宗常常对魏征当面指责他的过错感到生气。一次，唐太宗宴请群臣时酒后吐真言，他对长孙无忌说："魏征以前在李建成手下做事，尽心尽力，当时确实可恶，我不计前嫌地提拔任用他直到今日，可以说无愧于古人。魏征每次劝谏我，当不赞成我的意见时，我说话他就默然不应，他这样做未免太没礼貌了吧？"长孙无忌劝道："臣子认为事不可行，才进行劝谏，如果不赞成而附和，恐怕给陛下造成其事可行的假象。"太宗不以为然地说："他可以当时随声附和一下，然后再找机会陈说劝谏，这样做，君臣双方不就都有面子了吗？"

唐太宗的这番话流露出作为领导对尊严、面子和虚荣看得十分重要，他是一代明君，最能听进去劝谏之言，尚且有这样的想法，更何况作为常人的领导呢？所以，在工作中，当领导有失误需要我们指出时，一定要顾全领导的面子。

当然，我们除了要在说话、办事时顾及领导的面子，还需要帮领导留住面子。其实，作为领导，也和我们一样都要面临各种人际关系。你的领导在处理各种人际关系的时候，也会因经验或能力的不足而面临尴尬的局面，或与客户争吵，或被他的上司批评，或被同级嘲笑……面对各种压力，他们也有控制不住局面需要人帮助的时候。但是在自己的下属面前，他们又要保

持一定的尊严，所以他们很少主动开口要求下属给自己提供帮助。因此，作为下属的我们，遇到这种情况，应该自觉地帮领导寻找一个台阶，帮领导“打圆场”，尽快让领导摆脱难堪的局面。这样，我们的领导一定会心存感激，与领导站在了同一条战线上，我们也就成了领导的心腹。相反，如果领导遇到困境而你熟视无睹，一副事不关己的样子，那么他自然会找借口发泄对你的怨气。

秦海是个聪明的小伙子，他在办公室人缘不错，领导也喜欢他。这主要是因为他有一张特别会说的嘴。

有一次中午休息时，办公室的同事们不知怎么就谈起了“存在方式”的话题，聊得不亦热乎。而在办公室的主管也很想参与下属们的讨论，但却因为怕其他人说闲话，而不敢加入。于是，他只好借故去饮水机接水，听听下属们聊的是什么。这时，他听得入神，一不小心打破了一个茶杯，“咣”的一声，办公室一下子安静了下来。主管顿时很尴尬，不知道说什么好。这时候，秦海只是耸了耸肩，说：“这个茶杯想改变自己的存在方式。”大家便都轻松欢快地笑了起来。主管也松了口气。于是，秦海就这个问题问主管：“主管，我们也想听听您关于‘存在方式’的观点呢。”

这下正中了主管的下怀，他向秦海投去了感谢的目光。于是，整个办公室就“存在方式”这一话题，上下级之间热火朝天地聊了起来。

自打那次以后，主管与秦海之间走动得似乎勤多了，私下里，二人居然成了铁哥们。

案例中，下属秦海为什么和领导私下里成为好朋友？因为他在领导处于尴尬境地时，帮领导打了“圆场”，领导对其甚为感激，自然就视之为心腹，彼此间的关系也就更深一层。的确，在职场中，做事能力差不多的两个人，语言表达能力不好的那一位，升迁机会往往要比那个既会办事又会说话的人少得多。那些善于说话，并能在关键时刻懂得“为领导说话”的人，往往更得领导欢心。

的确，作为下属，辅助领导完成工作任务是天经地义的事，但要想让工作开展得更顺利和愉快，我们还要学会和领导搞好关系，当领导陷入尴尬境地的时候，我们要帮领导寻找到台阶，不仅能让领导尽快恢复正常工作的状态，而且还能缓和气氛，最重要的是，领导会因此感激你，把你视为贴心的工作搭档。

接受上司的教训，理解上司的“苦心”

人非圣贤，孰能无过，身处职场也一样，在工作中，我们自然免不了要犯一些小错误，而作为领导，要站在公司大局利益和下属工作能力的增强等多重角度考虑问题，对待我们工作的失误，自然是要提出一些批评，有些领导，甚至会训斥我们。批评乃至训斥，都是对我们的一种否定，我们心里自然会不痛快。这是人之常情，但我们不要因为被领导批评就产生抵触情绪，认为领导是故意刁难而顶撞领导，甚至对领导怀恨在心，这样，就把领导的好心当成了恶意，因为领导之所以批评甚至训斥你，是因为他们重视你，希望你能成长、进步。

宋代大文豪苏东坡的才气是人尽皆知的，但他还有一段不为人知的从业经历。苏东坡可以说是少年才俊：22岁时就考中进士，27岁中制科三等上。朝廷为了表示对人才的器重，任命苏东坡到凤翔府作通判，上任以后，苏东坡的工作就相当于现在职场的助理，他的任务是协助他的上司陈公弼处理日常事务。

陈公弼是一个老实严谨的人，做事认真细致，对于苏东坡每次写的公文都一字不差地审阅然后批注，经常把苏东坡的文章改得面目全非，而且几次还当着众人的面批评苏东坡，让苏东坡很是难堪。这些都让自恃才高的苏东坡心里很不舒服，于是，他决定“报复”一下陈公弼，以示自己的不满。一次，凤翔府衙的花园里修了一座亭子，要求各工作人员都写一篇文章表示对

亭子的看法，苏东坡就写了一篇带有讽刺意味的文章。陈公弼对下属的这一做法并不介意，反而叫人把苏东坡的这篇文章刻于亭子上。其实，陈公弼对苏轼并无恶意，只是觉得苏东坡少年得志，缺少社会历练，对其以后的官场生涯会不利，因此常常设置一些困难来磨炼苏东坡。步入中年之后，苏东坡才逐渐理解了陈公弼的用意。此后，他对陈公弼非常敬重与怀念，于是决定为陈公弼立传。东坡在一生中只写了四部传记，而关于当代人物的只有一部，就是《陈公弼传》。

这则故事中苏东坡原本以为上司陈公弼是给自己穿小鞋，到后来才知道陈公弼是为了自己好，希望自己可以历练成才。

其实，职场中也不乏这样的人，把领导的批评当恶意，不理解领导的苦心，和领导的关系搞得很紧张，其实，这主要还是我们不能以一个正确的心态面对领导的批评。

尽管我们不能否认，有些领导批评下属是为了一己私利，但这些情况毕竟是少数，勤勤恳恳工作的下属，领导又怎么会与之为敌呢？领导一般不会把批评、责难别人当成自己的乐趣。既然批评，尤其是训斥容易伤和气，因此他在提出批评时一般是比较谨慎的。领导批评我们，不管是什么原因，肯定是对我们的工作不满，他批评你，是因为关心你，希望你可以在他的督促下积累更多的工作经验，在他的督促下更好地表现自己，而一个领导如果对你视若无睹的话，他犯不着批评你。而如果你把批评当耳旁风，依旧我行我素，其效果也许比当面顶撞更糟。因为，你的眼里没有上司，让上司面子尽失。

俗话说“忍一时风平浪静，退一步海阔天空”，面对领导的批评，我们何不把它当成一场暴风雨呢，风暴过后自会平息，我们还要努力工作，面对新的挑战。选择审时度势，选择回避才是明智之举，当上司批评我们时，意气用事、逞口舌之快只会与领导树敌。作为一名员工，学会压制自己的情绪化冲动，理智地看待问题是至关重要的，尤其是在领导面前。

为此，面对领导的训斥，我们切不可动气，而应该做到：

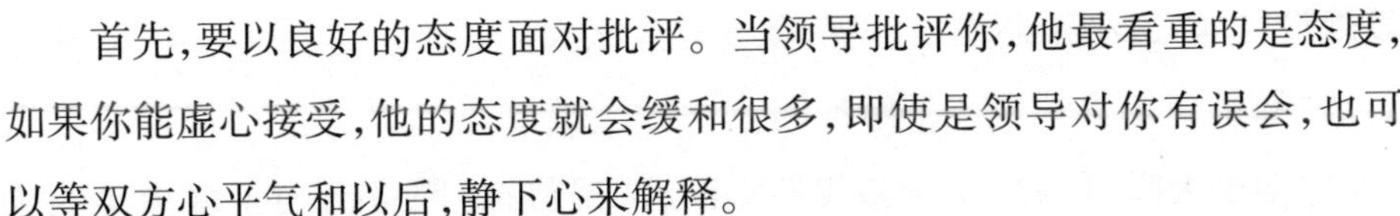

首先，要以良好的态度面对批评。当领导批评你，他最看重的是态度，如果你能虚心接受，他的态度就会缓和很多，即使是领导对你有误会，也可以等双方心平气和以后，静下心来解释。

其次，应适时感谢领导的批评教育。如果上司的责骂中有你所能立刻明白的教训，最好在上司批评完后，将被指责事项逐一"复习"，并尽可能地陈述善后对策或改善方法，诚恳地请求上司给予指导。如果有机会的话，在事后也可以对上司的训示加以感谢。

总之，下属能完全接受教训、理解上司的"苦心"，且积极地谋求改善，还对教训心存感激，这对上司而言，是再高兴不过的事了。这样即使你真的做错事情，上司也会觉得你是可以原谅的。因为在这一瞬间，让上司深切地感受到他的价值，并且得到指导人的成就感和满足感。

领导摆架子是在树立威信

中国人素来讲究尊卑有分、长幼有序，现代社会，领导与下属之间虽然不存在尊卑问题，但我们发现，做领导的似乎总是喜欢摆架子，这一点，可能令作为下属的你很是看不惯，你会向其他同事表达你的不满，在领导面前你也摆出了更大的谱儿来。而实际上，这样做，是一种对领导行为的不理解，更是让自己和领导为敌，要知道，和领导作对，是无法立足于职场的。

而实际上，摆架子是领导身份的象征，所谓"摆架子"，就是与群众和下属保持一种距离，领导"摆架子"，是一种区别于一般人、显示自己身份的需要。作为下属的你不必为此心里不平衡，甚至看不惯，相反，你应学会拿捏准这份"距离感"，不要刺破领导的光环，这才是你的聪明！

昔日小李的同事兼哥们儿岑峰升职当了销售部经理，这天，小李和老王参加完岑峰的庆功会后，两人一起相邀回家，路上，小李对老王说："王哥，你

发现没，岑峰这小子还没上任呢，就变化这么大!”

“哪里变化了?”老王不解地问。

“架子大呗，你看，今晚和我们喝酒，那架势，就跟自己当了多少年的领导似的，真看不惯，要是真坐上了经理的位子，日后还指不定怎么飘飘欲仙呢!”小李不满地说。

“是吗? 那要是你，难不成还和之前一样，与下属打成一片，一点领导样子都没有吗? 这日后还怎么安排工作?”

听完老王的话，小李不知如何回答，只好低头走路。

的确，老王的话是对的。岑峰是做领导的，掌握了一定的权力，自然有一定的权威和威严。

有许多下属觉得领导“架子”大，不好接触，而不去接触。其实，领导的“架子”只是下属心中的一种感觉，对领导的架子和脾气过分地敏感，根源在于你内心的自卑感。领导也是人，只要你抱着和领导平等的心态，你和领导相处也就会更容易些。

领导“摆架子”绝非是一个简单的问题，它还包含着相当多的领导艺术和奥妙，更有着心理学上的微妙含义。作为下属，如果正确地理解了领导需要“架子”，爱摆“架子”的原因，就能解开人生的一系列的疑惑和谜团。

那么，领导为什么会摆架子呢?

“架子”会给领导带来神秘感。许多领导很喜欢通过“摆架子”，从而使自己显得比较神秘。因为领导处于各种利益、各种矛盾的焦点，他若想实现自己的目的，就必须懂得掩藏自己，使自己的心机不被窥破。可见，领导的“架子”不仅仅是为了炫耀，还是一种因为害怕被下属看穿而采取的防范性措施。做领导实在是太累了。

“架子”有助于领导处理各种事务。架子的实质就是一种距离感，在不同的场合、时间，对不同的人行使不同的架子就会形成不同的人际距离。领导可根据自己的需要来调节这种距离，从而把不同人的积极性和进取心调动起来，为实现自己的意图服务。相反，若没有层次感或过于随和、友善，是“仁有余，力不足”，不能达到这样的效果，不利于领导处理棘手的问题。

“架子”会使领导产生满足感。对中国人而言，通过获取权力来实现自己的人生和社会价值一向是一个十分重要的衡量标准。领导也需要人生价值得以实现的满足感，于是有些时候会沾沾自喜或洋洋得意，自觉不自觉地表现出某种“架子”。

总之，架子的实质就是一种距离感。领导需要利用它来显示自己的权威，增加自己的神秘感，使自己显得更有魅力，并利用它来调节人际关系和处理事务。不要苛求领导，而要从环境和人性的角度去接受他、理解他、分析他，并想办法去适应他。

作为一名下属，你的职位升迁权就握在上司、领导手里，不管你信还是不信，事实就明摆在那儿。你一定要知道领导也是人，他具有人的一切属性，他更需要下属的抬举与尊重，希望你不要犯傻、意气用事，动不动就去碰一碰他的底线，以不吃领导那一套为荣！

学会应对爱挑刺的女领导

现代社会，女性早已和男性一样驰骋于职场，有些女性在工作能力上远远强于男性而成为领导者。而受“管理者男性为主”的传统思想影响，人们对女上司的要求比较苛刻，认为理想的女上司既要工作独立，表现优秀，还要容貌姣好，善解人意。而调查发现，超过一半的人认为，跟女上司相处需要花费更多的心思，需要更好的沟通技巧。的确，相对于男性来说，女性更细腻、敏感，在工作上也就更追求完美，于是，很多下属面对那些爱挑刺儿的女领导感到束手无策。

曾经有一名网友在网上求助，希望其他网友能为他支招：

“我是一名男文秘，原本，男性做这行就不怎么吃香。自从进入这家公司以来，我一直告诫自己要勤勤恳恳的工作，最起码要对得起这份工作。实际上，我的工资并不高，才一千多块钱，另外，公司基本没什么福利，我这个文秘还干了所有杂活，这倒还好，最关键的是，我也不知道为什么，我好像得罪了我的女上司，她总是没事找事，一天不说我她就难受。上班就是煎熬啊，以前单位的规定，到我这儿全改了，不管事情大小，责任全都赖我头上。记得有一次，头一天她明明告诉我周二的会议是上午九点的，让我第二天提醒她，我给她发了短信，也发了邮件，但后来，她迟到了，就把责任推在我身上，说我通知错了时间，虽然我有证据，但我知道，和上司斗是没有好结果的，那样我会死得更惨的。说真的，我自己觉得也没招她惹她啊，我现在真的很烦恼啊……遇到这种极品的女上司应该怎么办啊？”

估计有很多人都遇到过案例中所说的情况，当你的领导是位吹毛求疵的女性时，你的工作难度似乎大很多，她似乎总是看不惯你的行为，对你的工作指指点点，即使你已经做得足够完美，但在她眼里，你还是必须再重新做一遍，面对这样的女领导，你必定感到很恼火，但无论如何，请记住，她毕竟是领导，千万不可与之动气，更不可顶撞她。

而如果你能参照以下建议，即使不能得到她的青睐，至少也不会惹恼她：

1. 真心实意地尊重女领导

真心实意地尊重女领导，并且让她知道。既然大家认为女性的成功比男性更不容易，她理所应当得到你的尊重。如果你对她不满，请不要和她的性别联系起来，现代企业重视结果远远高于过程，性别已经不是企业招募人才的主要条件之一，所以不管你的女上司是何种性格，专心做好自己的份内事更重要。勤于沟通，善于沟通。工作压力谁也不小，通力合作，互相依赖才能完成目标。所以应该经常和她交流看法，了解各自对目标的观点。适时地关心她，比如她感冒时的一片药，疲惫时的一杯咖啡，或者生日时的小礼物等。

2. 理解女性的情绪

一个人无论怎样坚强，当她的家庭、情感或身体出现某些异常变化后，就容易显露出脆弱的一面。这种脆弱往往会被她带到工作中去，这时你会发现她无端地烦躁、莫名其妙地发火，尤其是处于更年期的女上司，有时脾气会十分暴躁。遇到这种情况，你千万不要试图去改变她，可以选择“躲避”的方式并努力适应她，有不少男职员经常会领教女上司的情绪问题。处理这些事一定要慎重，即使被她训斥也千万不要耿耿于怀，男人做事要心胸宽广，不到万不得已，千万别做辞职的决定，毕竟，有份合适的工作不容易。

3. 做事小心谨慎

凡事都要慎重，多从领导的角度考虑，是否有破绽或漏洞，是否有让领导不放心的地方。小心谨慎总是好的，多疑的领导看到你谨小慎微，处处都为了达到让她放心的样子，女领导挑刺儿的行为自然会减少。

4. 争取其明确回答

有时候，领导之所以爱挑刺儿，是因为我们的工作成效与其期望值有一定的差距，而造成这一结果的原因是因为我们没有正确领悟领导的话，争取领导的明确回答有助于坚定领导的信任，防止她前思后想反复无常。争取到了领导的明确回答，也就堵住了她的口，否则就是领导自己出尔返尔。

冷静面对急躁的领导

身为下属，在领导手下工作，难免要看领导的脸色行事，一旦赶上领导工作忙、气不顺，些微的差错，保不齐也会招来一顿狠批。明明是新来的年

轻人犯了错误，领导却把脾气发到老员工身上；看到领导阴沉着脸，员工也都战战兢兢，大气也不敢出……有些下属是天生的性情派，凡事凭自己的兴致行事，甚至与领导对着干，这无非是硬碰硬，得罪了领导也影响了职场前途。面对领导的"灰色情绪"，下属应该如何应对呢？

要把握这一点，首先要从领导与下属的关系说起。其实，领导与下属的关系就好比一个大家庭中的长辈与晚辈之间的关系，如果长辈遇到不顺心的事，那么在这个节骨眼上如果我们再犯错的话，就等于撞在了刀口上，结果是被家长抓过来教训一顿。

文秘专业的菲菲毕业后在一家小型公司担任经理秘书一职，身为秘书，本身应该工作清闲，但菲菲却不是，因为这家公司小，所以公司很多杂事都被菲菲一手包办了。菲菲努力地工作着，可能是性格的关系，她和经理的相处一直也是不温不火，但战争还是爆发了。

那天菲菲在办公室整理这个月财务部送上来的报表，第二天经理开会时需要这份文件。此时，经理满脸不高兴地走了进来，问她："小王呢？"那些报表大部分都是一些数字，需要认真、专心地整理，一听到有人打扰，菲菲也就火不打一处来，头也没抬丢了句："不知道。"

领导一听这话，这菲菲怎么不把领导当回事儿啊，他拉长声音说："不知道？那你知道什么？在一个办公室对面坐着，他人不在，你不知道他去了哪里？"这一下，菲菲更火了，心想自己那么卖力工作，难道不是为了公司？一来就问小王，虽然我们对面坐着，但是对方也不会去哪里都向我报告吧。

菲菲心里是如此想的，但是却没有如此对领导说，只是生着闷气说："我只有两只眼睛，都在做统计，没有一只眼睛在看小王。如果你找他，就打他手机吧！"领导听了，火更大了，果真打起小王的手机，该她倒霉的是小王的手机也关机了！那天下午经理简直暴跳如雷！对于菲菲卖力的工作，他压根就没有看见，时不时地丢一句批评的话。

事实上，小王已经跳槽了，带走了公司很多资料。于是，每次开会，上司抓不住小王做典型，就拿菲菲做范例，说她如何只顾做自己的工作，不关心

公司的总体情况等。

菲菲很后悔，当时也不会忍，脑子一热就和上司吵了起来。

其实，案例中员工小王的跳槽，也并不是秘书菲菲的错，毕竟每个员工的职责不一样，都有自己的工作，不可能二十四小时都盯着周围的同事。但作为下属，菲菲的确有失职之处，当领导问及此事时，即使自己没错，也不能出口狡辩和顶撞，这只会火上浇油，给领导的印象也就更恶劣。相反，如果她换一种方式和领导说话，比如态度谦卑一点，语气和缓一点，告诉领导：“实在不好意思，因为一直在忙统计报表的事，没注意到，这是我的失职，很感谢您的提醒，我以后一定会注意的。”恐怕也不会有后来的结果。

的确，领导不是神，也会有情绪，在工作中也会出现有失偏颇的时候，当他心情不好时，他很可能会对你发脾气或者误解你，你都不必与上司争论，而应该加以理解，先虚心接受其批评，事后，也不要为了这点小事找领导纠缠不休。

其实，无论上司对你的批评是否是正确的，你都要调整好心态，并学会“利用”上司的批评，他对你错误的批评，只要你处理得当，有时会变成有利因素。但是，如果你不服气，发牢骚，那么，这种做法产生的负效应将会让你和上司的感情距离拉大，关系恶化。

当然，如果上司在公开场合对你提出了错误的、不公正的批评，你一方面可以把解释的机会放到私下，另一方面，用行动证明自己，切不可当面顶撞，这是最不明智的做法。既然你都觉得自己在众人面前下不来台，那爱面子的上司呢？如果你能虚心接受批评，给足他面子，那么，起码能说明你大气、大度、理智、成熟。只要这上司不是存心找你的茬，冷静下来他一定会反思，你的表现一定会给他留下深刻而难以磨灭的印象，他的心里一定会有歉疚感。

及时完成并汇报工作，别让领导动气

一个人来到一个企业，很重要的一件事情就是要学会和领导相处，建立并保持良好的上下级关系，从而对自己以后的成长更加有利。而作为下属，免不了要和上司在工作上有往来，也就难免要向领导汇报工作，一个成功的职场人士也必然是一个善于汇报工作的人，因为在汇报工作的过程中，他能得到领导对他及时的指导，从而更快地成长，同时在汇报工作的过程中，他能够与主管上司建立起牢固的信任关系。可见，我们要想赢得上司的信任，就必须掌握领导的心理，学会巧妙地汇报工作，把话说到上司心坎上，令上司满意于我们的表现。

小王是某外贸公司分公司的一名主管，他在公司已经整整工作七年了，可以说是老人儿了，上级领导对他都信任有加。

一天，公司老总来分公司考察并开会，会上，老总直接对分公司经理说："你现在好像一天都很忙啊，好像都不汇报工作了。"小王听完，心里一惊，自己不也是好久没有对经理汇报工作了吗？他想，这段时间，工作是很忙。但是也没有忙到没有时间去向上司汇报工作情况的程度，怪不得总经理这些天好像对自己有意见似的。如果每天、或者每两天抽出一个小时的时间走进上司的办公室，向他汇报自己的工作，可能就不会是这样的情况了！

想到这里，小王立即安排秘书为自己做详细的工作记录，第二天他走进上司的办公室，对老总说："总经理，这是我近来的工作进度，请您审查。"上司露出微笑："有进步啊！"小王也报以微笑。

从案例中，我们发现，在与领导沟通时，主动的态度十分重要。主动汇报工作，与领导及时交流，不仅能及时更正错误或不当的工作方法，还能让领导放心。而实际上，很多下属往往慑于周围人际环境的压力，唯恐领导责

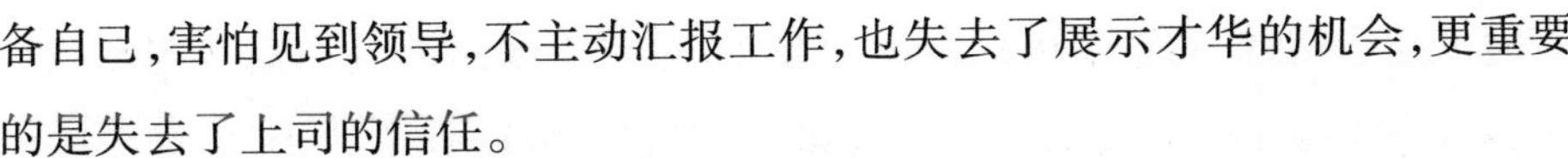

备自己，害怕见到领导，不主动汇报工作，也失去了展示才华的机会，更重要的是失去了上司的信任。

但我们需要注意的是，我们的工作汇报一定要因人而异，对于不同的领导，汇报的详尽程度是不同的：对那些只重结果的上司，只强调工作成果，切忌喋喋不休地详述过程；而对那些看操作细节的领导，你则最好事无巨细都报告清楚。

那么，我们应该怎样汇报工作呢？

1. 主动汇报

作为上司，都有这样的心理：即使再忙，都希望能掌握每个下属的工作动态。因此，如果我们能主动汇报工作的话，那么便是给上司吃了颗定心丸，上司自然也会满意我们的表现。

2. 表达服从

古往今来，上下级之间，下级服从上级，这是天经地义的事，虽然也有很多下级冲撞上级，但他们都为此付出了代价，当今职场，这一规则更是不可动摇。在汇报工作的时候，这一点更是我们应该注意的。也就是说，汇报工作，我们要尽量把焦点放在“汇报”上，而不能越权，更不能说越位的话。

3. 条理要清晰

给领导汇报前不妨先打好腹稿甚至是文字汇报稿，一、二、三、四、五，言简意赅，层次分明，用最精练的语言，准确地表达自己的汇报意图。

4. 汇报要有重点

给领导汇报工作时，有时是一件事，有时是两件事甚至几件事，但对每件事都应考虑周全，突出重点，千万不可重复表达，啰唆冗长，力求做到重点突出，这样既节约了领导的时间，又体现了自己对工作的熟悉程度、对问题的把握能力以及语言表达能力，同时又提高了工作效率。

5. 多提解决的方法

汇报工作最重要的是提出解决问题的方案而不是简单地提出问题。要记住，汇报问题的实质是求得领导对你的方案的批准，而不是问你的上司如何解决这个问题，否则事事都由上司拿主意，要下属还有什么意义呢？我们去找领导汇报工作时要预备多套方案，并将它们的利弊了然于胸，必要时向领导阐述明白，并提出自己的主张，然后争取领导批准你的主张，这是汇报的最标准版本。假如你进行的总是这样的汇报，相信你离获得晋升已经不遥远了。

6. 关键处请示领导

聪明的下属善于在关键处多向领导请示，征求他的意见和看法，把领导的意志融入各项事情中。关键处多请示是下属主动争取领导好感的好办法，也是下属做好工作的重要保证。

第15章

与下属沟通不动气，好领导要了解下属的心意

身处职场，任何一个领导者进行的各项工作，离开下属的支持都是无法开展的。现实工作中不乏管理经验丰富的领导，他们在管理下属的过程中，似乎显得更加游刃有余，这是因为他们从不和下属斗气，而是善于运用一些管理艺术，无论是批评指正下属的工作，还是为下属下达任务，甚至是激发下属的积极性，他们都能赢得下属的支持，轻松取得工作的胜利。

好领导不动气，批评下属有巧计

俗话说，人无完人。作为领导者，在管理企业的过程中，难免会遇上员工和下属犯错误的情况，此时，你如何批评下属就体现了你的领导艺术。有一种“三明治批评法”，比方说，有的人遇到一件事情，事情做得不够好，大多数情况下，直接去批评的话效果一定不好，那你要先使用赞美，然后使用小小的批评，最后再去赞美，这就是所谓的“三明治批评法。”

众所周知，三明治中间一般都是最好吃的东西，把批评放在赞美的中间，批评也就容易被下属消化了。美国著名的女企业家玛丽·凯·阿什就采取了“先表扬，后批评，再表扬”的三明治做法，在企业管理上收到了理想的效果。她在接受采访时说：“批评应对事不对人。在批评前，先设法表扬一番；在批评后，再设法表扬一番。总之，应力争用一种友好的气氛开始和结束谈话。如果你能用这种方式处理问题，那你就不会把对方臭骂一顿，就不会把对方激怒。”

美国一位著名社会活动家曾提出一条原则：“给人一个好名声，让他们去达到它。”研究调查表明，那些被赞美的人宁愿做出惊人的努力，也不愿让赞美的人失望。因此，作为领导者，应该努力发现下属的一些闪光点，你给下属一些阳光，他会还你一片灿烂。

因此，聪明的领导者在下属犯错误时，绝不会与下属斗气、劈头盖脸一顿臭骂，而是会掌握批评的艺术，让下属心甘情愿地接受。

刘女士是某外企的公关部经理，公关部是公司的门面，自然对员工的穿着有一定的要求。但这天，新来的刘小姐却身着一身街头服饰，对此，刘女士不能不管，但她并没有直接批评小刘，而是这样委婉地说：嘿，小刘，今天的发型很漂亮啊（第一步——赞美），如果配上咱们公司的职业装（第二

步——批评)，你会更精神更漂亮！(第三步——赞美)。

这种批评方式就是“三明治批评法”。使用这种批评方法，被批评的一方会觉得自己受到了激励，也就能心平气和地接受批评了。

的确，批评本身就不是一件愉快的事情，所以管理者应该注意自己在批评时的态度，即便有些个人成见，也要始终保持友善的语气。那么，具体来说，我们该如何使用“三明治批评法”呢?

1. 在提出批评之前，先对下属充分肯定

这有助于减轻他的恐惧心理，然后适时地提出批评，让其理智地思考自己的过错，而不是陷入情绪的对抗当中，最后再次给予肯定和表扬。让下属怀着积极的心态离开你的办公室。

2. 不要伤害部下的自尊与自信

批评下属要把握一个核心，就是不损对方的面子，不伤对方的自尊。例如，“我以前也犯过这种错误……”、“每个人都有低潮的时候，重要的是如何缩短低潮的时间”、“像你这么聪明的人，我实在无法同意你再犯一次同样的错误”、“你以往的表现都优于一般人，希望你不要再犯这样的错误”。这样委婉的说法，既达到了批评的目的，又保护了下属的自尊。

3. 友好地结束批评

没有人喜欢被否定，即使你的部下也是如此，如果批评不当，很容易让对方感到一定的压力，对其造成心理负担，甚至对你产生对抗情绪，这并不利于以后沟通工作的开展。为了避免这一点，你可以在批评结束时，以友好的态度表明你的期望，比如，“我相信你一定能做得更好。”这是一种鼓励。而如果你说“今后不许再犯”，对方势必会认为这是一种警告，这无异于是另一次打击。

4. 选择适当的场所

下属也是爱面子的，公共场合的批评会让他下不来台，因此，你最好不要当着众人的面指责，指责时最好选在单独的场合。你独立的办公室、安静的会议室、午餐后的休息室，或者楼下的咖啡厅都是不错的选择。

总之，三明治批评法就如三明治一样，第一层总是认同、赏识、肯定、肯定下属的优点或积极面；中间这一层夹着建议、批评或不同观点；第三层总是鼓励、希望、信任、支持和帮助，使之后味无穷。这种批评法，不仅不会挫伤下属的自尊心和积极性，而且还会使他们积极地接受批评，并改正自己的不足。

树立威信，不要与下属过于亲密

生活中，当我们意外遇见某个名人或者某领域的专家的时候，我们一般都会显得格外惊讶，并倍感荣幸。或者我们去看医生，那些喜欢“拒人于千里之外”的医生，我们反倒更相信他们的实力，这就是“距离感”制造出来的权威。其实，工作中作为领导者，如果你也想在下属心中树立威信的话，也就应该与下属保持适当距离，而不能讲哥们义气，和下属打成一片，甚至吃喝不分、公私不分等。

的确，无论什么情况、什么形式的人际交往，都需要保持一定的空间和心理上的距离。法国总统戴高乐就是一个懂得树立威信的人，“保持一定的距离”这深刻地影响了他和顾问、智囊和参谋们的关系。

在戴高乐担任总统的十余年内，他做出了这样的规定：他的秘书处、办公厅和私人参谋部等顾问和智囊机构，工作年限都不能超过两年。曾经，他对新上任的办公厅主任总是这样说：“我使用你两年，正如人们不能以参谋部的工作作为自己的职业，你也不能以办公厅主任作为自己的职业。”

这一规定出于两方面原因：一是在他看来，调动是正常的，而固定是不正常的。这是受部队做法的影响，因为军队是流动的，没有始终固定在一个地方的军队。二是他不想让“这些人”变成他“离不开的人”。

这里，我们发现，戴高乐是个很会靠自己的思维和决断生存的领袖，我

们也发现他之所以做出这样的决定，就是因为他能看到和下属保持距离的好处，若领导决策过分依赖秘书或某几个人，容易使智囊人员干政，进而使这些人假借领导名义，谋一己之私利，最后拉领导干部下水，后果是很严重的。可见，戴高乐的做法是令人深思和敬佩的。

管理工作中，任何一个领导，都避免不了要与员工、下属或上级沟通。对于这一点，很多领导者认为，多沟通、保持亲密的关系，自然会拉近双方的心理距离，这必当有利于管理工作的进行。而事实上并非如此。试想，一个原本很受下属敬佩的企业领导，后来由于与下属“亲密无间”的相处，他的缺点显露无遗，结果不知不觉地使下属改变原有的看法，甚至变得令下属失望和讨厌。另外，企业领导与下属“亲密无间”的相处，还容易导致彼此称兄道弟、吃喝不分，进而在工作中丧失原则。因此，企业管理心理学专家的研究认为：企业领导要搞好工作，应该与下属保持亲密关系，但这是就像“亲密有间”的关系。就像雾里看花，水中望月，往往给人“距离美”的感觉一样。

但领导者在制造距离的时候，还需要注意以下几个方面：

1. 适当的关心

任何一个员工，都对那些亲切的领导表示好感，并愿意支持他们。为此，为了和下属保持融洽的关系，作为领导，在日常工作中，当下属有困难时，应主动询问。对力所能及的事应尽力帮忙。当然，在工作中，领导者要对不同工作能力的员工给予不同的帮助。

2. 少说多听

如果你想当一个有威信的领导，就不要让自己成为一个话筒，而应该多听下属说，把话语权交给他们。许多成功的企业家都能成功管理下属，实际上，他们的窍门并不那么神秘，他们只是鼓励别人说话，同时设法闭上自己的嘴巴。

3. 物质上的往来应一清二楚

一般的领导，自然会遇到他人求助于自己的时候，也可能会给予物质上的一些好处，对此，领导者一定要心知肚明，对涉及到贿赂问题的物质应加以回绝。另外，关于相互借钱、借物或馈赠礼品等物质上的往来，每一项都应记得清楚明白。向同事借钱、借物，应主动给对方打张借条，以增进同事对自己的信任。在物质利益方面，无论是有意还是无意地占同事的便宜，都会引起对方的不快，从而有损自己在对方心目中的形象。

4. 把握好度，以免造成孤立无援的境地

要知道，即使你是领导，也依然只有在下属的支持下，才能开展好工作，如果距离太远，那么必当会曲高和寡，孤立无援。

利用“南风法则”，下属自然归心

身处职场，任何一个领导者进行任何一项工作，离开下属的支持都是无法开展的。而要取得下属的支持，就必须要对下属进行人文关怀，领导者只有正确把握好方式方法，坚持用真诚、平等、温暖的情怀去管理，才能让人感觉到春天般的希望，才能使全“家”上下有共同的奋斗目标和价值追求，对家有强烈的归属感和认同感，有充分的信任感和依托感。如此这般，才能人人心情舒畅，保持积极向上的心态，齐心协力干事。

法国作家拉封丹写过一则寓言：

北风和南风比威力，看谁能把行人身上的大衣吹掉。北风首先使劲地吹，一时间寒风凛冽、冰冷刺骨，结果行人把大衣裹得更紧了。南风则徐徐吹动，行人于风和日丽中，觉得暖意融融，于是开始解开扣子，继而又脱掉了大衣……这便是所谓的“南风法则”。

这则寓言故事，给领导者的启示是：“感人心者，可先乎情。”领导者对待下属，要多点“人情味”，实行温情管理。所谓温情管理，是指企业领导要尊重员工、关心职员和信任下属，以员工为本，多点“人情味”，少点官架子，尽力解决员工工作、生活中的实际困难，使员工真正感觉到领导者给予的温

暖,从而激发他们工作的积极性。

事实早已经证明,凡是具有蓬勃生命力的企业,都有一套能让员工从内心自然接受的管理方法。所以,员工在能在企业这个大家庭里感到工作虽有压力,但更有动力、更有希望。虽有劳累,但不觉得心累,更充满工作的快乐感、幸福感和愉悦感。在这一方面,松下公司的做法值得很多领导者效仿。

在松下电器公司,包括松下幸之助在内的所有领导,都很注重员工的利益,并从内心真正关心他们,正是因为这样,员工们才愿意与公司同甘共苦,共渡难关。

20 世纪 30 年代初,世界经济都陷入萧条状态。很多厂家为了自保,都不断裁员,减少工人的薪酬。但松下公司却没有这么做。那时候,松下幸之助因病在家休养,但此时,他依然站出来说,坚决不能裁员,也不能降薪。相反,他决定,生产实行半日制,工资按全天支付。与此同时,他要求全体员工利用闲暇时间去推销库存商品。松下公司的这一做法获得了全体员工的一致拥护,大家千方百计地推销商品,只用了不到 3 个月的时间就把积压商品推销一空,使松下公司顺利渡过了难关。

其实,在松下的成长史中,还有好几次更为严重的危机,但正是因为松下幸之助始终都坚持和员工共存亡的信念,不忘民众的经营思想,使公司的凝聚力和抵御困难的能力大大增强,每次危机都在全体员工的奋力拼搏、共同努力下安全渡过,松下幸之助也赢得了员工们的一致称颂。

从松下的管理经验中,我们看到了温情管理为员工营造了一种和谐的工作氛围,让员工感到了家一般的温馨,增进了企业内部的相互信任,增加了员工对公司的忠诚度。

因此,作为领导,一定要关心下属,这是实施温情管理、调动员工积极性的重要方法。领导可以关心员工的方面实在太多,无论是工作还是生活,无论是员工的现状还是未来,无论是员工自己还是他们的家属,都可以成为领导者的关注对象。例如,当员工家中有事,你可以出面帮忙;当员工出差,你要考虑是否帮助其安排好家属子女的生活；当员工遇到了不幸的事，你一定要第一时间出现，帮助他渡过难关，甚至还要发动大家给予帮助，解除员工的后顾之忧。

总之，温情管理能够激发员工的工作热情和聪明才智。“人非草木，孰能无情”，如果企业实行温情管理，处处关心员工，事事尊重员工，员工就会在工作中倍感舒适和温馨，就会“投之以桃，报之以李”，以饱满的工作热情，充沛的工作精力，充分发挥自己的聪明才智，为企业做出更大的贡献。

赏罚分明，让下属更有动力

我们发现，任何一个领导者的工作是否顺利并能否有成效地完成，是与下属的积极性分不开的，而影响下属积极性的原因有很多，领导者是否奖罚分明无疑是其中的一个重要因素。奖励和惩罚都是激励措施中不可或缺的手段，对员工的成长和发展都有积极的作用。奖励是正面强化的手段，是对某种行为给予肯定，使之得到巩固和保持；而惩罚则属于反面强化，是对某种行为给予否定，使之逐渐减除。这两种方法，都是管理者驾驭员工不可或缺的手段。

但赏罚都是讲策略的，比如，如果过度褒奖一个员工，容易使下属产生飘飘然的感觉；而过度惩罚一个下属，则容易使之丧失自信心。因此，有丰富经验的领导在赏罚时绝不凭一时兴致，而是用心权衡，让赏罚不失偏颇。在过去的领导生涯中，领导者总结出了一套行之有效的激励方法与艺术，视作自己的独家秘方。

1. 赏罚分明

三国时期杰出的军事家诸葛亮执法严明，赏罚分明。对于以私废公、放肆专权的李严、廖立等均绳之以法；而对于严明守法、廉洁自律的官吏，如蒋

琬、费祎等，则大加褒扬、一再提拔。正因为诸葛亮以法治军、赏罚分明，因而蜀军士气旺盛、战斗力相当强。

其实不仅古人需要重视治军方面的法纪严明，当今企业领导也需要在管理员工方面做到赏罚分明。

现代企业中，任何组织、任何部门，为了调动员工的积极性，为了规范员工的行为，必须同时制定奖励和惩罚条例，并保证其严格实行，不得轻视或取消任何一条。而建立企业标准化管理体系和绩效考核机制无疑是最好的途径。

也就是说，每件事情在赏罚问题上都要做到细致化，关于具体的工作任务，应该规定如何做，做好了如何奖励，做不好如何惩罚。只有将规定做到条理化、细致化，才能让考核做到公平、公正，员工的积极性才会提高，因为从员工的角度看，如果你希望多奖少罚，你就必须努力工作，把工作业绩提上去。当然，在实行前期，员工和老板都会持观望态度，但在实行两三个月后，等员工尝到了甜头、老板看到了效益的情况下，他们便会更相信公司的管理制度。

2. 在惩罚前先激励

无论是批评还是惩罚下属，都要注意员工的感受，如果先对下属夸赞、激励一番，那么，下属接受起来也就容易得多。

曾当过美国总统的约翰·卡尔文·柯立芝就是个懂得批评艺术的领导者。

他有一位漂亮但又粗心的女秘书，经常会在工作中犯一些小错误。一天早晨，这位漂亮的女秘书走进办公室，柯立芝便对她说："今天你穿的这身衣服真漂亮，正适合你这样漂亮的小姐。"这句话出自柯立芝口中，简直让女秘书受宠若惊。柯立芝接着说："但也不要骄傲，我相信你同样能把公文处理得像你的人一样漂亮的。"果然从那天起，女秘书在处理公文时很少出错了。

柯立芝的一位朋友听说这件事后，就问柯立芝是如何想到这个妙招的，柯立芝回答:“这很简单,你看见过理发师给人刮胡子吗?他要先给人涂些肥皂水,为什么呀?就是为了刮起来使人不觉得痛。”

3. 奖励应适当,并要注意在奖励中加入期望

下属的心中都怀有渴望被他人褒奖或认可的心理,可见,适当的奖励对于员工树立自信心、不断追求上进可能带来奇妙的功效,小功不赏,则大功不立。奖励某一种行为,这一行为就频繁出现,这就叫作强化。强化分为多种方式,其中一种方式就是固定时间的强化,即每隔一定的时间,就提供强化物,强化做出的行为。

另外,为了防止员工飘飘然,懈怠不前,在奖励完下属,一定要表达你的期望:“这个月你是我们的销售冠军,很不错,希望你继续努力,争取获得更大的成就。”

总之,好的领导者并不是大包大揽员工的工作、溺爱员工,而是应该本着帮助员工成长、从提高企业效益的角度出发,做到恩威并施,赏罚分明。而赏罚的关键是要严明、公正,即“赏不可不平,罚不可不均”,不分人的贵贱,谁有功就赏谁,谁违纪,哪怕是“皇亲国戚”也要严格惩罚,从而通过奖励和惩罚这两种正负强化激励手段,来达到鼓励先进,鞭策后进,提高绩效的目的。

抓大放小,给下属表现的机会

现代社会,任何一家企业,任何一个领导,都深知人性化管理的重要作用,人性化管理的特征为尊重人、信任人、爱护人和激励人。同时,人性化管理要求领导者给予下属权利,让下属在工作中充分发挥主人翁精神,以此激发员工的责任意识,提高生产率和工作质量。

然而,现实工作中,一些领导,似乎总是不放心下属的工作能力、组织能

力、管理能力，因此，他们在管理下属时，总是凭兴致而定，凡事事必躬亲，大事小事一概包揽下来。久而久之，下属不但失去了成长、学习的空间，还逐渐依赖领导，而作为领导者，往往身心俱疲，还不被下属理解。

因此，领导者在管理工作中，将员工当做工具、封建家长式的作风应当被抛弃，取而代之的应是尊重员工的个人价值，合理地设计和实行新的员工管理体制，最重要的是要做到给予下属权利，把员工看成企业的重要资本、竞争优势的根本，并将这种观念落实在企业的制度、领导方式等具体管理工作中。

另外，给予下属权利也是为领导者自身分担工作的重要方法，在领导工作中，面对看似无法完成的工作任务，领导者最有效的办法就是要知人善任。这样领导可以腾出一些时间和精力抓大事，下属也可以小试牛刀。

蓝迪是一位陆军军官，他曾经加入了一家管理咨询公司，在这家公司，他是除了创办人以外唯一不是工作狂的人。

再后来，他去了另外一个国家，创办了自己的公司。这家公司的员工工作很努力，因此，公司发展得很快。而他们也很羡慕蓝迪，因为蓝迪的工作很简单，每天除了参加重要客户的会议外，其他事务则授权给年轻的合伙人处理。

蓝迪认为领导者应该懂得把握主要工作，他把所有精力拿来思考如何在与重要客户的交易中增加获利上，然后再用最少的人力达到此目的。

在他的下属看来，蓝迪似乎是个超人，他似乎没有同时处理过三件以上的急事，通常一次只有一件，其他的则暂时摆在一旁。为蓝迪工作的人在时间效率上充满挫折感，因为同蓝迪比起来，他们的效率实在是太低了。

可以说，蓝迪就是个工作效率高的领导者。他之所以能成功管理自己的团队，就是因为他懂得抓大放小，放下那些琐事，把主要精力放在更为重要的事情上。而和蓝迪不同的是，很多企业领导者每天不得不面对繁忙的工作，还有来自公司、同事及下属的压力。各方面的压力使他们穷于应付，却抽不出时间做真正该做的事——解决根源性问题、统筹布局、培养下属等。压力还使他们心力交瘁，持续处在焦虑状态之中，使得他们在工作中难以发挥最大成效。诚如一位管理者所言："做一个主管，要注意目标，就像游泳一样，要一边游一边看前方，不要一头撞到池壁才知道到了。不要花太多时间在小问题上，要多花时间在目标上。"

当然，授权并不是放权，它具有一定的灵活性，是管理者将自己职权范围内的一部分授予下属，从而为自己分担工作任务。

当然，授权不是简单地派任务。管理者要将下属的能力及期望考虑进去，并且，要让下属了解自己在授权下必须达到哪些具体目标，以及在什么时间内完成，只有在明确这几点后，授权才能产生效能。只有做到这一点，才能让下属找到成功完成任务的自豪感，也才能起到真正的激励作用。

另外，下达指令型的授权其实就是没有真正的授权，领导必需随时随地地监视下属，而下属离开领导者的指导就会不知所措，这样的团队怎么可能有执行力呢？无论多么圆满的计划，多么宏大的目标，成功与否只能依赖领导者一个人，这种状况对于一个企业来说是相当危险的。

因此，将部分权力分给下属，一定要做到"该放手时就放手"，沉浸于权利的领导只会扼杀自己取得更大业绩的潜力和可能性。

根据下属需求制订弹性管理制度

现代社会，作为一种现代化的管理方式，人性化管理已经是大势所趋，相对于其他各种类型的管理方式而言，是一种根本性的超越，是更高层次的管理方式。这种管理方式要求领导者在管理下属的过程中了解下属，根据每个下属的不同个性、不同情况，采取弹性化的管理，但是现实中的很多领导却不明白这个道理。比如很多公司的奖惩制度上写着："所有员工应按时上班，迟到一次扣50元，如果迟到60分钟以上，则按旷工处理，扣100元。"

但很多情况是,因扣除工资而产生的逆反心理导致的隐性罢工成本反而有可能高于所扣除的工资。从表面上来看,管理者似乎赚到了所扣工资的钱,实际上是损失更多。而弹性工作制却不强求准时,而是每天都必须有效地完成当天的工作。

美国某保险公司曾经实行过员工自己选择上班时间这一弹性工作制度。当关于这一制度的可行性报告出炉时,公司首席执行官费尼根却不同意,因为他认为这是一种纵容、迁就员工的做法。他无法相信,弹性工作制度能一举多得,既能让员工获得便利,又能让公司提高收益。后来,在纽约某一非盈利机构的劝说下,这位首席执行官才答应进行试验。

试验的结果让费尼根最终相信,因为有助于提高员工的参与感,弹性工作制的确有提升生产力之效,即便是在营运艰困时期亦然。

美国最大的仓库式量贩店好市多人资主管马修斯表示,弹性工作制度给好市多带了更多的效益,员工的积极性比以前提高了很多。比如,对于会计部门加班这一项,在传达了弹性工作的想法后,员工们根据自己的时间工作,结果,不但没有影响工作,反而使得工作的准确率提高,还减少了 42% 的加班时间,也就为公司减少了 42% 的加班成本。好市多西雅图总部的 3000 名员工中,2008 年有约 10% 的人加入弹性工作计划,今年会有更多员工加入。

的确,随着生活节奏的加快,人们对于自由的要求越来越高,传统朝九晚五的工作方式受到越来越严峻的考验。据一项市场调查显示,国内多半以上的白领工作者开始更钟情于自由的工作,他们认为必须有更灵活的工作方式来激起他们的工作热情,帮助他们以更好的精神状态来面对每天紧张的工作和生活。“弹性工作制”应运而生。

据了解,世界各地很多大企业也逐步开始实行“弹性工作制”,在日本,三菱电机、日立制作所、富士重工业等大型企业也都不同程度地进行了类似的改革。在欧美,超过 40% 的大公司采用了“弹性工作制”。而在我国,近年来也涌现出越来越多试行该种制度的工厂和企业。

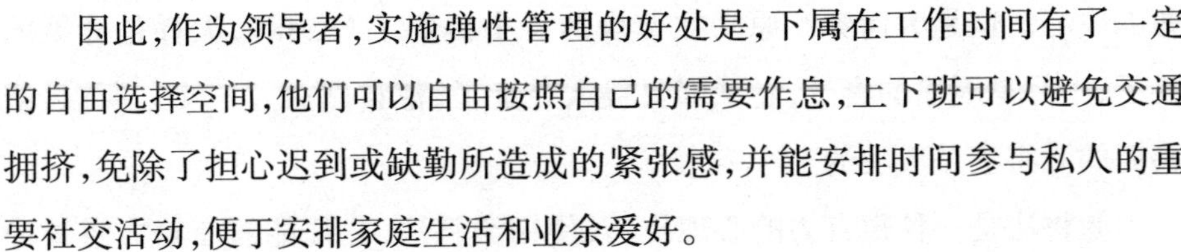

因此，作为领导者，实施弹性管理的好处是，下属在工作时间有了一定的自由选择空间，他们可以自由按照自己的需要作息，上下班可以避免交通拥挤，免除了担心迟到或缺勤所造成的紧张感，并能安排时间参与私人的重要社交活动，便于安排家庭生活和业余爱好。

由于员工感到个人的权益得到了尊重，满足了社交和尊重等高层次的需要因而产生责任感，提高了工作的满意度和士气。

当然，对于企业的管理者来说，实行弹性管理制度，并不是完全对员工听之任之，因为太过放松会“覆水难收”。另外，管理者一定要有自己的主见，不要因为下属有想法或者提出了意见，就随便更改或者颁布新的规定。你要多与下属沟通新的想法，听听他们的意见，并传达出自己的意见，才能让新政策落实的机会增加。

规定时间，激发下属的工作积极性

人们常常说：“树怕剥皮，人怕激气。”人们都有不服输的心理，越是被否定，越是要证明自己；越是受压迫，越是要反抗。作为领导者，在工作中，也可以利用激将法帮助员工达成工作目的。比如，如果你希望你的下属接受一项任务，那么，你可以告诉他，此项工作的难度很大，没有一定的工作能力和时间是无法完成的。他可能心里已经在想：“是不是太小看我了，我偏要试试，把时间控制在10个月内！”结果，他真的10个月不到，就大功告成了。

在刘备夺取汉中的作战中，诸葛亮就曾连续两次使用激将法，调动老将黄忠用智破敌的积极性，使这位年近70的老将军，在这次作战中立下汗马功劳。又如，诸葛亮首次下江东，履行联孙抗曹的使命。诸葛亮知道其中的关键是周瑜，而且他也知道周瑜的性格，于是他使用了激将法。他和周瑜见面时闭口不谈时局，却背诵了曹操的《铜雀台赋》，周瑜听罢勃然大怒，终下抗

曹的决心。这是为何呢？原来在曹操的诗中提到了“二乔”，大乔是孙策的妻子，小乔是周瑜的妻子，妻子都要被人夺走了，他自然火冒三丈。所以，诸葛亮的激将法是成功的。

激将法是一种很有力的心理技巧，使用激将法，往往能够使对方感情冲动，从而去做一件他平常不会做的事。可以说，周瑜与黄盖都被诸葛亮这一计谋“利用”了。

另外，如果你熟悉《西游记》，你也可能知道，孙悟空也经常采用激将的方法来刺激猪八戒去做一些他不愿意做的事。这一计谋通常在那些争强好胜的人身上更起作用。

作为领导的你，如果直接对下属下达一个有难度的工作任务，他可能不愿意涉险，即使接受任务，也不一定会全力以赴。不过，人们还有一种心理，那就是，如果我战胜困难，我该多有面子！几乎每个人都有挑战自身潜力的渴望，对成功怀有强烈渴望的人尤其如此。他们渴望挑战困难，以此来超越自己，证明自己。对于这样的人，你越是表明某事难干，他越有可能去干。

辛辛监狱曾被称为西方最恐怖的一座监狱，多少管理人员因为无法胜任自己的工作而离职。很明显，这座监狱是缺少管理人员的，为此，纽约州州长艾尔·史密斯很是头疼，到底该找谁呢？最后，他派人把新汉普顿的刘易士·路易斯请来。

刘易士在知晓州长把自己叫来的目的后，很是为难，因为他知道这份工作的难度。典狱长来了又走——其中有一个只干了3个星期。他必须考虑他的前途，这是否值得冒险？

史密斯州长自然能看清楚刘易士的想法，于是，他决定以激将法让他答应。他说：“年轻人，我不责备你吓成这样子。这不是个容易应付的地方，它需要一个大人物到那边去坐镇。”

刘易士一听，州长这不是看不起自己吗？于是，他答应去辛辛监狱，并且待下去。他一直没离开，成了当代最著名的典狱长。

他的著作《辛辛二万年》卖了数十万册。他曾在电台里广播，他的监狱

管理的故事也被改编成十几部电影。而他对罪犯"人性化"的管理措施，为监狱改革带来了奇迹式的改变。

刘易士为什么这么爽快地就接受这份艰巨的任务？就是因为史密斯的那句话——"我不责备你吓成这样子。这不是个容易应付的地方，它需要一个大人物到那边去坐镇。"这句话点明了这项任务的艰巨性，也激发了刘易士挑战的欲望。

不过，对下属巧言激将，一定要根据不同的交谈对象，采用不同的激将法，才能收到满意的效果。犹如治病，只有对症下药才有疗效。因此，在运用这一心理策略的时候，要注意以下几个方面：

1. 了解下属的弱点

逆反心理能否起到应有的作用，就要看我们是否了解对方的弱点。"请将不如激将"，也要了解"将"的"致命伤"。比如那些爱表现的下属，我们不妨从反面说："我知道您也是能力有限……"这样一激，对方肯定答应你的请求。

2. 因人而异

我们在运用这一心理策略的时候，要先了解对方，因人而异。要对对方的心理承受能力有所了解，如果激而无效，那么也是白费力气。

3. 掌握火候，语言不能"过"

如果说话平淡，就不能产生激励效果；如果言语过于尖刻，就会让对方觉得你瞧不起他。因此，语言不能过急，也不能过缓。过急，欲速则不达；过缓，下属无动于衷，无法激起下属的好胜心，也就达不到目的。

第16章

与对手交锋不动气，隐藏实力看准机会再出击

人生在世，谁都有几个对手，没有对手，也许轻松，但也是人生的悲哀。因为，没有对手，说明了你不被别人重视，你的价值被贬低，你有可能失去了前进的目标。对于有竞争对手的人来说，在与对手切磋、较量的过程中，切不可做事急躁、冲动，凭一时之气，过度暴露自己、张扬自己，而应该少说话、多做事，保存并提升自己的实力，让对方摸不清你的虚实，待时而发，在关键时刻一举取得胜利！

没遇到机会前保存实力，蓄势待发

当今社会，处处存在激烈的竞争，与对手较量，难免会产生利益的冲突，此时，那些以大局为重、聪明的人都绝不会逞一时之勇，与对手斗气，而是先隐忍过去，隐藏实力，并伺机而动，厚积薄发。尤其是当自己还羽翼未丰时，更要懂得韬光养晦，这是保存实力、积蓄力量的重要手段

在中国古代做人的艺术中，这就叫“大智若愚”，它被演绎为一套内容极其丰富的韬光养晦之术，这也是人际交往中的重要策略。另外，生活中，我们常说“山外有山，人外有人”，要知道，你的那点小本事也许在那些真正的高手面前只不过是小把戏，班门弄斧只会让人笑话。最为重要的是，如果你锋芒太露，向对手彰显了你的实力，那么，便从某种程度上激励了对手，给自身却带来了危机。

隋炀帝年间，皇帝十分残暴，人民越来越忍受不了他的暴行，纷纷起义，甚至出现很多官员倒戈，转而投向农民起义军的现象，为此，隋炀帝的疑心很重，对朝中大臣，尤其是外藩重臣，更是易起疑心。唐国公李渊曾多次担任中央和地方官，所到之处，悉心结识当地的英雄豪杰，多方树立恩德，因而声望很高，许多人都来归附他。这样，大家都替他担心，怕他遭到隋炀帝的猜忌。

正在这时，隋炀帝下诏让李渊去行宫晋见。而李渊此时正卧病在床，根本无法前往，隋炀帝很不高兴，产生了些许怀疑。当时，李渊的外甥女王氏是隋炀帝的妃子，隋炀帝向她问起李渊未来朝见的原因，王氏回答说是因为病了，隋炀帝又问道：“会死吗？”

王氏把这消息传给了李渊，李渊更加谨慎起来，他知道迟早会被隋炀帝所不容，但过早起事又力量不足，只好隐忍等待。于是，他故意广纳贿赂，败

坏自己的名声,整天沉湎于声色犬马之中,而且大肆张扬。隋炀帝听到这些,果然放松了对他的警惕。这样,才有后来的太原起兵和大唐帝国的建立。

李渊的做法是典型的韬晦之术,假如李渊当初不是自毁声誉、低调做人,而是怒火中烧或者起兵的话,恐怕会在实力悬殊、时机不成熟的情况下失败,也就不会有后来造福于黎民百姓的大唐盛世。

李渊这一境遇,自古以来,很多成功人都遇到过,在与对手较量的过程中,他们一般都懂得隐忍,在时机不成熟、不足以与对方抗衡的情况下,故意制造出一种假象,在暗中积极准备、出奇制胜,以有备胜无备,这样做的目的是为了减少外界的压力,或使对方降低对自己的防备,一般情况下,他们都能出其不意,而实际的表现却又超出外界对自己的估计,而过分地张扬自己、表现自己,往往就会经受更多的风吹雨打,因为暴露在外的"椽子"自然要先腐烂。

因此,一个人在社会上,如果不合时宜地过分张扬、卖弄,那么不管他多么优秀,都难免会遭到明枪暗箭。

对此,我们要做到隐身,就必须锻炼自己的韧性。

宋代著名大文学家苏东坡在评论楚汉之争时就曾说:"汉高祖刘邦所以能胜,楚霸王项羽所以失败,关键在于是否能忍。项羽不能忍,白白浪费了自己百战百胜的勇猛;刘邦能忍,养精蓄锐、等待时机,直攻项羽弊端,最后夺取胜利。刘邦可以成大业是他懂得忍下人之言,忍个人享乐,忍一时失败,忍个人意气;而项羽气大,什么都难以容忍,不懂得'小不忍则乱大谋'的道理。大业未成身先死,可悲可叹!"女词人李清照也叹:"至今思项羽,不肯过江东。"

我们还需要在低调中修炼自己,积累自己的实力。这需要你把每件任务当成自己唯一的追求去做,不达目的绝不罢休,调动所有的储备和资源,寻求一切可能的帮助。没有这种锲而不舍的精神,你可能一辈子也做不成什么大事。

当然，我们强调要养精蓄锐，火候未到，锋芒不露，但这并不等同于让你做事畏首畏尾，不敢放手施展抱负。只是凡事都该有个“度”，张扬与内敛之间，就看你如何把握！

总之，养精蓄锐、懂得蓄势待发无论在官场、商场还是政治军事斗争中都是一种进可攻、退可守，看似平淡，实则高深的处世谋略！

主动示弱是一种生存的智慧

在日常交往中，与对手过招，我们已经习惯于向对方展示我们的强项、长处和优势，总是努力去做个强者，树立自己的强势地位以压倒对方。但事实上，这样做只会让对方产生“逆反心理”——我要证明，我比你优秀！在这种心理的支配下，他们往往会更加勤奋，那么，我们最终要战胜对手的难度就无形中加大了，而如果我们不逞一时之强，先向对手示弱，便能使其对你放松警惕，能为你赢得更多的机会争取胜利。

在我们熟知的勾践灭吴的故事中，勾践之所以最终能一举灭吴，就是因为他懂得示弱，让吴王放松了警惕。

越王勾践退守会稽山后，就向全军发布号令说：“凡是我的父辈兄弟及和国君同姓的人，哪个能够协助我击退吴国的，我就同他共同管理越国的政事。”大夫文种向越王进谏说：“我听说过，商人在夏天就预先积蓄皮货，冬天就预先积蓄夏布，行旱路就预先准备好船只，行水路就预先准备好车辆，以备需要时用。一个国家即使没有外患，然而有谋略的大臣及勇敢的将士不能不事先培养和选择。就如蓑衣斗笠这种雨具，到下雨时，是一定要用上它的。现在大王您退守到会稽山之后，才来寻求有谋略的大臣，未免太晚了吧？”勾践回答说：“能听到大夫您的这番话，怎么能算晚呢？”说罢，就握着文种的手，同他一起商量向吴国求和的事。

越王派文种到吴国去求和。文种对吴王说:“我们越国派不出有本领的人,就派了我这样无能的臣子,我不敢直接对您大王说,我私自同您手下的臣子说:‘我们越王的军队,不值得屈辱大王再来讨伐了,越王愿意把金玉及子女,奉献给大王,以酬谢大王的辱临。并请允许把越王的女儿作大王的婢妾,大夫的女儿作吴国大夫的婢妾,士的女儿作吴国士的婢妾,越国的珍宝也全部带来;越王将率领全国的人,编入大王的军队,一切听从大王的指挥。如果大王您认为越王的过错不能宽容,那么我们将烧毁宗庙,把妻子儿女捆绑起来,连同金玉一起投到江里,然后再带领现在仅有的五千人同吴国决一死战,那时一人就必定能抵两人用,这就等于是拿一万人的军队来对付大王您了,结果不免会使越国百姓和财物都遭到损失,岂不影响到大王加爱于越国的仁慈恻隐之心了吗?是情愿杀了越国所有的人,还是不花力气得到越国,请大王衡量一下,哪种有利呢?”

纵然吴国大夫伍子胥反对,但吴王夫差还是接受了文种的意见,同越国订立和约。

勾践正是因为接受了文种的意见,向吴国求和,才打消了后来吴王对他“卧薪尝胆”的嫌疑,并放松了对他的警惕,为勾践招兵买马、复兴越国赢得了充分的时间。

在现实生活中,在激励的竞争环境下,在对手如云的今天,幸运和成功都容易招人嫉妒,这时,与人生气、吵架都没有用,倒不如来个主动示弱,再加上针对对方的某些优点真诚地给予一些赞美,就会缓和他人的嫉妒心理,为自己赢得一个适合发展的好人缘、好环境。

示弱,必须善于选择适宜的内容。比如说,如果你在某一领域很出色,那么,你就可以把示弱的内容放到其他领域,你不妨说说自己曾经闹过的无伤大雅的笑话、遭遇的尴尬等。如果你事业有成,那么,你不妨谦虚点说自己是运气好而已。

示弱有时还要表现在行动上。如果现在的你有一定的成就,完全具备和别人竞争的条件,也要尽量回避退让。因为成功的你已经成为别人嫉妒

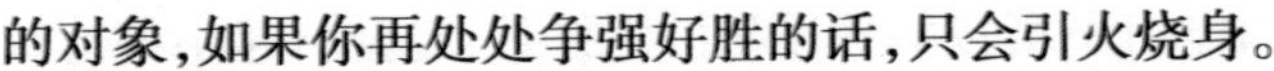

的对象，如果你再处处争强好胜的话，只会引火烧身。

人都有一种好胜的心理，尤其在与对手较量的过程中，这就需要我们为人处世别争强好胜。能够主动示弱是一种智慧。可以说，在为人处世中，懂得示弱是人际交往中掌握主动权的“灵丹妙药”，也是谦逊为人、低调处世的制胜法宝。

向竞争对手学习，变被动为主动

当今社会，竞争激烈，每个人都希望超越竞争对手，这样你才能获得晋升的机会，你的前途自然就会一片光明。那么如何超越竞争对手呢？唯一的答案就是向他们学习、请教，这样，不仅能取人之长，补己之短，汲取竞争对手成功的经验，借鉴他们失败的教训，全面提高自己的综合竞争力，还能让他们感受到我们知识与能力的不足，自然会对我们放松警惕，这也就为我们自身的完善提供了契机，使我们最大限度地发挥自己的优势和长处，最终超越竞争对手，为自己提供最大的提升空间。

“小姜毕业一年多就被提升为业务经理，真了不起，大有前途呀！祝贺你啊！”在外单位工作的朋友小叶十分钦佩地说。“没什么，没什么，老兄你过奖了。主要是我们这儿水土好，领导和同事们抬举我。”小姜说完后，见同一年大学毕业的小吴在办公室里，便压抑着内心的欣喜，谦虚地对他说：“小吴，今天小叶来了，晚上一起吃个饭呗，我正好有个问题要请教你呢。到时候别忘了。”小吴虽然也嫉妒小姜被提拔，但见他这么谦虚，也就笑盈盈地主动招呼小姜的朋友小叶：“请坐啊！”

案例中，小姜的做法是对的，很明显，小吴是他明里暗里的对手，对于自己暂时的成功肯定是嫉妒的，而他主动降低姿态请小吴吃饭，并请教他，表现出自己的虚心，自然也就压制住了小吴的不满。而不难想像，小姜此时如

果说什么“凭我的水平和能力早可以提拔了”之类的话，定会引起小吴的嫉妒。身在职场处于优势时，自然是可喜可贺的事。如果别人一奉承，你就马上陶醉而喜形于色，这就会无形中加强别人的嫉妒心理。可见，在办公室里，言谈中多一些谦虚的话，就能有效地减弱同事们的嫉妒心理。

日本企业家福富先生曾经有过这样一段工作经历：

那时候，他才17岁，他的同事们都是一些有经验的老员工，对于这样一个年纪轻轻的毛头小子自然会轻视。因此，福富决定要做出一番成绩来，向对手证明自己的实力。

对于老员工们的鄙视，他并没有退缩，而是大大方方求教，总是力求从中学会一点东西，知道一些事情。

后来，他即使在公司遇到老同事，也不会避而不见或者躲开，而是主动上前，躬身行礼并谦虚地招呼说：“我难免有做不到的地方，请多指教！”面对这样一个谦虚的年轻人，谁又能拒绝得了呢？于是，他们就会以长者的风度指出他应该注意和改正的地方。福富洗耳恭听，然后立即按照他们的指导改正自己的缺点，以求做得更好。

功夫不负有心人，两年后，他明显成长了许多。后来，老板居然破格提拔他为公司的部门经理，此时的他才19岁。

看完以上这个典型的案例后，我们得出个结论，如果你要想在职场中尽快得到提升，那么就应该勇敢地向竞争对手去学习，变被动为主动，提高学习能力，注重学习细节，以促进自我的早日成功。

然而，实际上，现代社会，一些人特别是具备高学历的人都很自负，他们认为自己无所不知，专业知识丰富，平时的工作方式虽然与同事们有差距，那也是自己的工作风格和个人魅力的所在，这样的细节问题不是评定自己的工作能力的标准。真的是这样吗？要知道，你的文凭只代表你过去的文化程度，它的价值往往只体现在你的保底薪金上，而它的有效期最多也就3个月。你如果要想在优秀的企业中站住脚，就必须从当小学生做起，积极主动地向旁边的人学习。反之，你就不可能在竞争激烈的职场当中有所成就。

当然，竞争对手不仅存在于职场之中，但面对竞争对手，一定要放低身份，表现自己的良好修养，这一点，在与比自己身份低的竞争对手说话时尤为重要。偶尔说一说“我不明白”、“我不太清楚”、“我没有理解您的意思”、“请再说一遍”之类的话语，会使对方觉得你富有人情味，没有架子。相反，趾高气扬、高谈阔论、锋芒毕露、咄咄逼人，容易挫伤别人的自尊心，引起他人的反感，以致他人筑起防范的城墙，从而导致自己的被动。

另外，放低姿态，不是低声下气、奉承谄媚。说话、做事时放低姿态是一种艺术。尤其是在我们得意之时，与同事说话，要谦和有礼、虚心，这样才能显示出自己的君子风度，淡化别人对你的嫉妒心理，维持和谐良好的人际关系。

少说多做，成绩是靠行动创造的

我们可能都有这样的心理，一旦认定对方是我们的竞争对手，便产生了与之对立的心理，便想在气势上压倒对方，于是，很多时候在冲动之下，我们会逞口舌之快，而实际上，与其争辩，倒不如多点努力用实力实话。那些成功者，能在激烈的竞争中脱颖而出，并不是因为他们说得多，而是因为他们做得多，他们相信所有的机会、好运都是通过自己的行动争取来的。

约翰是个很勤奋的小伙子，在获得企业管理专业的硕士学位后，他就在一家国际性的化学公司工作。因为学历较高，刚进公司，他就被安排在了管理层的职位上，这令很多人不满意，尤其是那些和他年纪相当的小伙子们，因为他们还在基层摸爬滚打。为了服众，约翰请求也从基层做起，这令上司很欣赏。

但约翰并不聪明，甚至有点笨，在很多业务问题上，他总是做得很慢。约翰的迟钝是明显的，为此，他的上司也开始为他着急：“抓紧点，约翰，动作

快一些！”

然而，约翰似乎还是那么慢条斯理，永远都不着急。看到约翰蜗牛般的工作速度，人们开始不满，并用各种语言嘲笑他：“如果约翰去当邮递员的话，那么，我们永远别指望收到东西了。”

即使他们这样说，约翰既没有生气，也没有说任何话，而是还按照自己的进度工作、学习。就这样，约翰来公司也已经半年了。此时，公司决定举行一场专业知识和业务能力考试，第一名的人将会被选拔为公司储备干部。

令大家奇怪的是，平时少言寡语、工作速度缓慢的约翰却一举夺得了第一名，此时，他们才明白，做得好才是成功的硬道理。

的确，少说多做才是充实自己的最根本方法，案例中的约翰工作慢条斯理、不缓不慢，看似愚笨，甚至被对手嘲笑，但他并不生气，也不与之辩驳，而是拿行动来证明自己才是最优秀的，这是一种值得我们学习的精神。

孔子在《论语》里曾两次提到“敏于事而慎于言”，可见孔子对少说多做十分重视。然而，要真正做到“敏于事而慎于言”这一点，我们就要克服自身的缺点才行。

在现实中，很多人都容易犯这样的毛病，一打开话匣子就难以再止住。他们往往会急功近利，总想表现自己。稍有一点成绩就生怕别人不知道，就开始到处“宣传”。也许他根本就没有料到，事情只是刚刚开始，接下来的工作还会有很多问题需要去解决，但由于他自己并没有搞清事情的真相和具体要求就夸下了海口，这样的结果往往会事与愿违，而在竞争中失败，也会使得事情毫无回旋的余地。

也许有人会说，少说多做会吃亏的！其实不然，如若能够真正做到少说多做，那你一定更容易成功。

曾经有一位科学家针对一批受过训练的保险推销员进行了考察：在这批推销员中，科学家分别抽出了业绩最好和最差的10%，然后对这两批推销员进行抽样分析，结果发现同样是受过训练的推销员，之所以在销售业绩上有如此巨大的差异，有个很重要的原因——说话的多少。业绩差的那一部

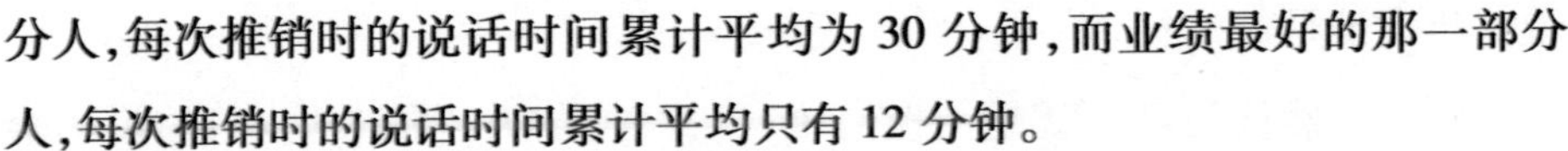

分人，每次推销时的说话时间累计平均为30分钟，而业绩最好的那一部分人，每次推销时的说话时间累计平均只有12分钟。

为什么说话只有12分钟的推销员却会取得比说30分钟话的人好得多的成绩呢？

其实道理很简单，那些说得少的人，他们就会把更多的时间花在听上，那么，他们所获得的有用的信息也就越多。并且，在倾听的过程中，他们可以对客户的信息进行思考、分析，并揣测出客户的购买需求和自己推销存在的问题，从而找出解决方法，这样一来，自然而然就会创造出优秀的业绩来。

当然，少说，并不是让我们不说，而是让我们说该说的话，恰如其分地说话，绝不可胡说、乱说。古语有言："君子三缄其口。"古语亦有云："不得其而言，谓之失言。"在竞争过程中，如果你想成功，如果你想成就一番事业，你就一定要以高标准来要求自己，让自己真正做到"敏于事而慎于言"。

巧妙转移话题，装糊涂避锋芒

现代社会，无论是商业还是政治或者是其他任何活动，似乎都存在一些竞争对手。面对竞争对手，人们可能会不自觉地卖弄自己的才华，或者与对手针锋相对。而实际上，如果你着实比对手优越，能在竞争中胜出倒也无妨，但如果对方胜出，那么无异于自己打了自己的耳光。而一个真正有实力和梦想的人是不会把自己的那点小才能挂在嘴上，到处宣扬自己的本事的，即使当别人试探他时，他也会巧用转移话题的办法避开对方的注意力，从而隐藏自己的真实想法，为自己赢得更多的时间和空间来达到自己的目标，这是一种大智若愚的处世智慧。因此，年轻人，当你力量不足或者在对手向你"示威"时，不妨采取这一办法，避开对方的锋芒。

一天，曹操邀请刘备来喝酒。酒酣之际，曹操心血来潮，便问刘备："你

说这年头谁是英雄?”

刘备自然认为自己就是一世枭雄,但此时,却万不能表明心迹,说了会有性命之忧,于是,他只好与曹操打起了酒官司,顾左右言其他。谁知道,刘备说了半天话后,曹操倒不耐烦了,就直接说:“别绕了！这年头真正的英雄人物就是你跟我。”

此时,天上一声巨响打雷了,刘备居然吓得筷子都掉地上了。曹操纳闷,便问:“怎么啦?”

刘备赶紧把筷子拾起来,然后顺口说了句:“这么大的雷,吓死我了。”老曹哈哈一笑:“大丈夫怎么可以怕雷呢?”刘备赶紧接口:“孔子是圣人,他也怕打雷,别说我了。”

此时张飞关羽两人担心曹操会杀刘备,闯了进来,见刘备没事,关羽连忙掩饰说自己来舞剑助兴。

曹操说:“这又不是鸿门宴。”然后斟酒让他们压惊。后来三人一起出来,刘备说:“我在曹操的地盘上天天种菜,就是要让他知道我胸无大志,没想到刚才曹操竟说我是英雄,吓得我筷子都掉了。又怕曹操生疑,所以我就说自己怕打雷掩饰过去了。”关羽张飞佩服得不得了。

可以说,放走刘备是曹操一生中最大的失误,因为曹操已经看出刘备是当时真正的英雄,曹操甚至说了这样的话:“今天下英雄,唯使君与操耳!”曹操“煮酒论英雄”是为了试探刘备有无称雄的志向,刘备自然心知肚明,他就是担心曹操把他当做对手,就是怕曹操把他当作英雄。如果那样,刘备不但不可能成就自己的伟业,甚至可能会丧失性命,于是在曹操追问他天下英雄有哪些人时,他假装糊涂,处处谨慎,用一些其他人物来搪塞,比如袁绍、袁术、刘表等。以刘备的胸怀,这些碌碌无为之人,又怎么能入他的眼睛?而这些搪塞之语都被曹操的评价一一驳回,针针见血。而刘备称自己害怕打雷,更是让曹操认为刘备是胸无大志的人,从而放走刘备,为刘备的崛起奠定了基础。

通过上面的故事可以看出,现实生活中,我们与他人竞争,无论说话、做事都不可狂妄，要尽量放低自己，让对方感觉到你已经示弱了。很多时候，这会为你的成功提供新的契机。

直言直语、做事不经过思考是一个人致命的弱点，也会让你在对手面前暴露无遗，当对方了解你的真实想法以后，便会对你大加防备甚至刻意与你为敌。可能你在吐露心声的时候，的确没有任何顾虑，只考虑到自己的“不吐不快”，如果，当你想到你的这句不经意的话会给自己带来麻烦时，你还会无所顾忌地说话吗？“枪打出头鸟”，太过嚣张会成为众矢之的，因为通常情况下，人们都会对那些对自己构成威胁的人采取措施。而隐藏自己、避其锋芒，才会保存自己。

知己更要知彼，百战才可百胜

古人云：“知己知彼，百战不殆；不知彼而知己，一胜一负；不知彼，不知己，每战必殆。”这句话的含义是，战斗中，同时了解敌军和自己的情况，就能做到战无不胜；不了解敌人而只了解自己，那就胜败参半；既不了解敌人，又不了解自己，那估计只能以失败告终。自古以来所有的战斗中，成功者之所以成功，就是因为了解对手，而失败者之所以失败，重要原因之一就是对对手的无知和轻视。

我们先来看下面这个故事：

东晋时期，秦王苻坚控制了北部中国。公元383年，苻坚率领步兵、骑兵90万，攻打江南的晋朝。晋军大将谢石、谢玄领兵8万前去抵抗。苻坚得知晋军兵力不足，就想以多胜少，抓住机会迅速出击。谁料，苻坚的25万先锋部队在寿春一带被晋军击败，损失惨重，大将被杀，士兵死伤万余。秦军的锐气大挫，军心动摇，士兵惊恐万状，纷纷逃跑。此时，苻坚在寿春城上望见晋军队伍严整，士气高昂，再北望八公山，只见山上一草一木都像晋军的士

兵一样。苻坚回过头对弟弟说:“这是多么强大的敌人啊！怎么能说晋军兵力不足呢?”他后悔自己过于轻敌了。

出师不利给苻坚心头蒙上了不祥的阴影,他令部队靠淝水北岸布阵,企图凭借地理优势扭转战局。这时晋军将领谢玄提出要求,要秦军稍往后退,让出一点地方,以便晋军渡河作战。苻坚暗笑晋军将领不懂作战常识,他想利用晋军忙于渡河难于作战之机,给它来个突然袭击,于是欣然接受了晋军的请求。

谁知,后退的军令一下,秦军如潮水一般溃不成军,而晋军则趁势渡河追击,把秦军杀得丢盔弃甲,尸横遍野。苻坚中箭而逃。

这就是“草木皆兵”的故事与淝水之战,苻坚为什么会大败？因为他在指挥战斗的过程中,仅凭自己的感觉,而不对敌军进行深入了解,以至于淝水之战中彻底丧失作战能力。

同样,现代社会,在与对手较量的过程中,我们也必须谨记这一点,而实际上,那些能够称得上对手的人,必定是与我们实力相差不大的,也是值得让你学习的。要进步、要超越,就得战胜对手,并且不断寻找新的对手。在你没有战胜对手以前,在对手比你强大时,与其说是对手,不如说是你的目标。

要战胜对手,就得了解对手的优点,重视对手的优点,攻击对手的缺点,贬低对手、抹黑对手是无益的。不了解对手就不能战胜对手,知己知彼,百战百胜,连对手都不了解又如何取胜呢？了解了对手的优点,学习对手的优点,才能找到战胜对手的方法。对手的优点是用来学习的,不是让你贬低的,因此,不仅要发现对手的优点,而且要寻找他隐藏的和潜在的优点。任何时候,形式都不可能完整地反映内容,除了表现出来的优点之外,对手身上还有许多没有暴露的优点,对手的身后有许多你注意不到的点点滴滴的努力,这都是你不了解的。学习对手之长,弥补自己不足,才可以提高自己。

要战胜对手,就得放低身段,承认自己的不足,找到自己的缺点。谁最明白和了解你的缺点？当然是对手了,因为对手攻击的关注点就是你的缺点。任何人都有弱点，都有盲点，在对手的眼里，也许你浑身都是缺点。许多人总是听不得逆耳之言，受不得别人的批评，忍受不了别人的嘲弄、讽刺、挖苦、打击，然而，凡是能够刺痛你、揭你短处、让你不安的肯定是你的不足之处，认识到才能纠正，没有认识，何谈改正？更不要侈谈提高了。所以，我们要虚心、愉悦地感谢别人对你的攻击，因为被攻击后你能够更深刻地认识自己的缺点，被打得越疼，越长记性。

要重视对手，尊重对手，向对手学习。无视对手、蔑视对手，其实是大忌，看不起对手的人、狂妄自大的人，是不会进步的。所以我们要“高看”对手，只有真正地从心底重视对手，你才可以更多地了解对手，从对手身上学到更多的东西。从气势上可以蔑视对手，但是，从战术上必须重视对手，不重视对手的人，必然被对手打败。

参考文献

[1]吴文铭. 受益一生的心理学启示[M]. 北京:中国纺织出版社,2008.

[2]严一冰. 50 个打动人心的交际技巧[M]. 北京:海潮出版社,2008.

[3]罗芬芬. 生气不如争气,斗气不如斗志[M]. 北京:中国致公出版社,2009.

[4]符文军,白山. 斗气不如斗智[M]. 北京:北京工业大学出版社,2012.